# 云计算：从基础架构到最佳实践

祁　伟　刘　冰　路士华　冯德林　编　著

清华大学出版社

北京

# 内 容 简 介

本书定位于企业级私有云数据中心的规划、实施与运维服务体系建设，并配合实践用例系统地介绍国内外云计算进展和数据中心向云计算的演变趋势，以及实现云计算特征的关键技术。本书分为 4 篇，第 1 篇系统介绍云计算背景、原理、数据中心发展趋势、主流架构等；第 2 篇介绍服务器虚拟化技术；第 3 篇介绍云计算架构，重点内容有私有云资源平台架构、服务交付架构、运维流程架构、IaaS 最佳实践等；第 4 篇介绍 Hadoop 平台，主要内容有分布式文件系统(HDFS)、分布式计算框架(MapReduce)、分布式非关系型数据库(HBase)3 个平台的搭建、部署、原理、使用、编程等。

本书既注重原理与架构的讲解，又注重实践操作，力求使读者能够理论联系实际。本书采用的均是当前业界主流的技术与产品，既有商用平台，也有开源平台，并围绕这些平台提供了丰富的应用示例，这些例子均来自于云数据中心一线架构与运维，具有较高的实用价值。作者基于多年的技术积累和经验编写本节，相信能帮助读者快速获得相关知识。

本书非常适合从事传统 IT 模式云计算、虚拟化、Hadoop 工作的初中级运维工作者，从事云计算技术研究的企事业单位开发人员学习和参考，同时也适合高校计算机相关专业的专科、本科和研究生学习使用。

**图书在版编目(CIP)数据**

云计算：从基础架构到最佳实践/祁伟编著. --北京：清华大学出版社，2013（2014.11 重印）
ISBN 978-7-302-33121-6

Ⅰ. ①云⋯ Ⅱ. ①祁⋯ Ⅲ. ①计算机网格 Ⅳ. ①TP393

中国版本图书馆 CIP 数据核字(2013)第 151399 号

**责任编辑：** 杨作梅
**装帧设计：** 杨玉兰
**责任校对：** 李玉萍
**责任印制：** 何 芊

**出版发行：** 清华大学出版社
    **网 址：** http://www.tup.com.cn, http://www.wqbook.com
    **地 址：** 北京清华大学学研大厦 A 座    **邮 编：** 100084
    **社 总 机：** 010-62770175      **邮 购：** 010-62786544
    **投稿与读者服务：** 010-62776969，c-service@tup.tsinghua.edu.cn
    **质 量 反 馈：** 010-62772015，zhiliang@tup.tsinghua.edu.cn
    **课 件 下 载：** http://www.tup.com.cn,010-62791865
**印 装 者：** 北京鑫丰华彩印有限公司
**经 销：** 全国新华书店
**开 本：** 185mm×260mm   **印 张：** 23.75   **字 数：** 575 千字
**版 次：** 2013 年 8 月第 1 版      **印 次：** 2014 年 11 月第 2 次印刷
**印 数：** 4001～5500
**定 价：** 48.00 元

产品编号：049440-01

# 前　　言

计算机技术的发展经历了从大型主机(MainFrame)、个人计算机(Personal Computer)、客户机/服务器(Client/Server)计算模式，到今天互联网计算模式的演变。我们有幸经历了这一过程，从 20 世纪 80 年代 MainFrame 主机的哑终端使用方式，到今天广泛流行的互联网 Web 应用模式，正所谓"合久必分，分久必合"。今天，个人电脑、移动设备、智能手机正以前所未有的速度爆炸式增长，这主要得益于互联网，尤其是 Web 2.0 的发展。这些计算能力有限的轻量化设备正逐渐蜕化为终端的角色，计算需求更多地依赖于通过互联网连接的远程服务器资源。

作为计算资源的提供者，需要拥有足够的计算能力。其最大的挑战是如何具备超高的计算性能、海量的数据存储和网络吞吐能力，以及近乎无限的扩展能力。今天，要满足这些需求不会也不可能回到大型主机的计算模式上(通常称为向上扩展，Scale-Up)，而是从服务器集群化的计算模式(通常称为向外扩展，Scale-Out)寻找突破。从 2005 年开始接触并引入服务器虚拟化技术，到今天平均单台物理服务器可承载超过 30 个以上虚拟服务器，虚拟化技术对应用的整合能力令人惊叹。我们也较长时间地关注分布式计算模式，并对 Hadoop 进行过多方面的测试，分布式计算与分布式存储相结合为资源扩展提供了无限的潜力。

今天，使用智能化终端设备，可以从互联网获取多种多样的资源和服务。由于互联网庞大、复杂的结构，人们习惯将互联网上提供的资源以云团标识。而以互联网方式直接获得计算资源和存储资源的服务也就顺理成章地称为云计算。本书将以虚拟化技术和分布式技术为主，介绍云计算"云端"资源的架构及最佳实践，望广大读者能从中受益。

本书以基础架构讲解和案例开发(部分案例源代码可从官方网站下载)为主，全书共分为 4 篇，共 13 章。

第 1 篇由第 1 章组成，属于概述篇，系统地介绍国内外云计算的背景、进展、原理、架构、产品、服务，以及数据中心向云计算的演变趋势。

第 2 篇由第 2 章至第 6 章组成，属于虚拟化篇，详细介绍虚拟化的历史、背景、原理、产品，并以商用 VMware 平台为例，介绍其基础架构、重要特性、主要功能、编程接口等；以开源 KVM 为例，介绍其主要特色、命令接口使用、编程开发等内容。

第 3 篇由第 7 章至第 10 章组成，属于云计算架构篇，介绍私有云数据中心的资源平台架构、云计算服务交付架构、云计算运维流程架构、云数据中心网络架构、云数据中心共享存储基础架构，并通过案例介绍规划、设计和搭建一个支持端到端交付的 IAAS 私有云的方法。

第 4 篇由第 11 章至第 13 章组成，属于 Hadoop 篇，主要介绍分布式文件系统(HDFS)、分布式计算框架(MapReduce)、分布式非关系型数据库(HBase)的背景、架构、原理、功能、使用方式、编程接口，并通过几个示例演示使用这些平台的方法。

本书在编写过程中得到了微软、戴尔、思科、EMC、Oracle、华为、浪潮、中国电信、宏杉、BMC 等公司以及部分高校、研究所不同程度的支持，或提供资料，或展开技术交流，或提供产品试用，这里一一表示感谢；本书能够问世，也感谢一直以来支持我们的家人和

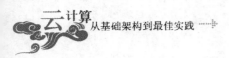

朋友。

　　本书在编写过程中，参考了部分专著，也参考了一些期刊和网站的最新内容，限于篇幅不能一一列出，在此向相关作者表示感谢。

　　由于作者水平有限，书中难免存有疏漏和错误，还请业内专家和广大读者包涵并不吝指教。作者联系方式：13910081121@139.com，my2005lb@126.com。

编　者

# 目 录

## 第1篇 概 述

## 第2篇 虚 拟 化

# 第3篇 云计算架构

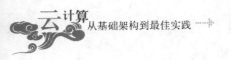

# 第 4 篇 Hadoop

# 第1篇 概　　述

## 第1章

### 云计算概述

【内容提要】

本章是对云计算进行概念性介绍，试图从外在形态到内部结构等多种视角认识云计算，并展示云计算的本质特征和历史演进。

**本章要点**

- 云计算的特征
- 云计算的支撑技术
- 云计算落地的主要形态

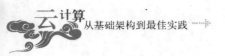

云计算已成为近年来非常热门的一个词，其涵义阐述可谓众说纷纭。对于云计算的认识，有的侧重于运营模式、有的侧重于技术架构和技术产品。基于技术的观点，有的强调并行集群、有的强调虚拟化。不同的企业更是根据自己的商业应用，有的强调服务器、有的强调用户端、有的强调网络、有的强调存储。

给云计算下一个广泛认同的定义也许是一件困难的事，但每个人都会在心中有一个"云计算"的景象，它是各自在各自不同场景下对云计算的真实感受。

# 1.1  从案例看云计算

先从几个真实的案例认识一下什么是云计算。

**案例一：**

2008 年 3 月 19 日，美国国家档案馆公开了希拉里·克林顿在 1993—2001 年作为第一夫人期间的白宫日程档案。这些档案具有极高的社会关注度与新闻时效性，华盛顿邮报希望在第一时间上传互联网，以便公众查询。但这些档案都是不可检索的 PDF 文件，若想将其转换为可以检索并便于浏览的文件格式，需要进行再处理。而以华盛顿邮报当时所拥有的计算能力，需要超过一年的时间才能完成全部档案的格式转换工作。显然，这样的效率不能满足新闻的时效性和公众对于信息的期盼。因此，华盛顿邮报将这个档案的转换工程交给 Amazon EC2(Elastic Compute Cloud )。Amazon EC2 同时使用 200 个虚拟服务器实例，在 9 个小时内将所有的档案转换完毕，以最快的速度将这些第一手资料呈现给读者。华盛顿邮报在 9 个小时内使用了 1407 小时的虚拟服务器机时，仅需要向 Amazon 公司支付 144.62 美元的费用。

**案例二：**

Giftag 是一款 Web 2.0 应用，其以插件的形式安装在 Firefox 和 IE 浏览器上。互联网用户在浏览网页时，可以利用这个插件将心仪的商品加入到由 Giftag 维护的商品清单中。这个应用一经推出，便广泛流行起来，注册用户数量激增，每天 Giftag 的服务器都要响应数以百万计的请求，并存储用户提交的海量信息，服务器很快就不堪重负。为此，Giftag 将应用迁移到 Google App Engine(GAE)平台，基于 GAE 开放的 API，Giftag 可以利用 Google 具有可伸缩性的计算处理性能响应高峰期的用户请求，利用 Google 的分布式数据库存储用户数据。Giftag 从一个初创的 Web 2.0 应用平稳过渡到一个稳定的、持续增长的网络服务。在这一过程中，Giftag 公司避开了高昂的基础设施投入风险和 Web 应用复杂的软件配置。在 GAE 平台上，Giftag 可以将自己的精力集中于应用本身，而将诸如服务器动态扩展、数据库访问、负载均衡等各个层次的问题交给 GAE 平台来解决。正是由于 GAE 将 Web 应用所需的基础功能作为服务提供给了 Giftag，才使得其可以专注于应用的开发和优化。

**案例三：**

哈根达斯是著名的冰激凌供应商，其加盟店遍布世界各地。公司需要一个 CRM(客户关系管理)系统对所有的加盟店进行管理。当时哈根达斯用 Excel 表单来管理和跟踪主要的加盟店，用 Access 数据库来存储协议加盟店的数据，通过虚拟专用网(VPN)来访问数据库。

因此，公司急需一个能够让分布在各地的员工沟通协作的解决方案，并且该方案应该能够根据不同的需求进行灵活配置。哈根达斯公司选择了 Salesforce CRM 企业版，应用系统在不到 6 个月的时间就上线了。哈根达斯公司用更少的成本获得了超预期的效果。如果哈根达斯公司要搭建自己的 CRM 平台，传统的做法是先聘请一支专业的顾问团队研究公司的业务流程，建模分析并提出咨询报告。然后再雇用一家 IT 外包公司，进驻自己的公司对平台进行开发。同时，还需要购买服务器、交换机、防火墙、各种各样的软件，以及租用带宽等。哈根达斯公司采用如同在超市选购商品一样选择自己需要的功能模块，让 Salesforce.com 进行定制集成一个属于自己的 CRM 系统，系统的上线和维护也将由 Salesforce.com 的专业团队负责。

上述案例如果说是典型的云计算应用，我们就可以从用户的视角归纳出一些云计算的关键特征。

- 网络是实现云计算的基础。云计算是伴随互联网的进步而发展的。当互联网用户的网络传输速度普遍在 14.4kbps 拨号接入等低速网络带宽时，没有人会考虑采用云计算。云计算时代的用户将严重依赖网络。只有网络通畅才能按需向用户提供服务。
- 云计算提供按需分配和使用计算资源、存储资源和应用软件资源的能力。用户根据实际需求向服务商动态购买计算资源、存储资源和应用软件资源，而不是直接采购软硬件系统。

以网络为基础，按需分配和使用计算资源、存储资源和应用软件资源，这是一个再朴素不过的逻辑。因此，云计算的出现是自然的，更是必然的。云计算并不是突然出现的，可以找出其发源和演变的历史轨迹。

- 电厂模式。从其他行业取经对 IT 行业本身发展是不可或缺的一步。在 IT 界，"电厂模式"的概念有着深远的影响，许许多多的 IT 人在不断地实践着这个理念。电厂模式的意思是利用电厂的规模效应来降低电力的价格，并让用户使用起来更方便，且无需维护和购买任何发电设备。
- 效用计算。在 20 世纪 60 年代，计算设备的价格非常昂贵，很多人就产生了共享计算资源的想法。人工智能之父麦肯锡 1961 年在一次会议上提出了"效用计算"(utility computing)的概念，其目标是整合分散在各地的服务器、存储系统以及应用程序，将其共享给多个用户，让用户能够像把灯泡插入灯座一样来使用计算机资源，并且根据其使用量来付费。但由于当时互联网等很多强大的技术还未诞生，尽管这个想法一直都为人称道，但难以将其变为现实。
- 网格计算。网格计算中的网格含义是"grid"，其英文原意就是来源于电力的格。网格计算主要研究如何把一个需要非常巨大的计算能力才能解决的问题分成许多小的部分，然后把这些部分分配给许多相对低性能的计算机来处理，最后把这些计算结果综合起来。网格计算没能在工程界和商业界取得预期的成功，普遍认为是由于其过于技术化，忽略了普通用户的现实需求。

今天的云计算与前面的电厂模式、效用计算、网格计算何其类似，都是希望 IT 技术能像使用电力那样方便，并且成本低廉。但与效用计算和网格计算不同的是，今天许多关键性的支撑技术日渐成熟，用户的需求也渐成规模。

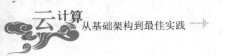

让我们借助尼古拉斯·卡尔在《大转变》中有关电力发展史的描述再讲述一下"电厂模式"："开始因为直流电传输距离短，所以发电机成为很多需要使用电力的企业和个人的选择，但是由于长距离传输交流电技术的不断成熟，英特尔的关于电厂的想法成为了现实；之后由于电厂规模不断增大，电力的价格也随之降低，而且使用起来更方便；最后，电厂模式成为了主流。"回过头来再审视一下 IT 技术的发展，会与电力技术的发展相似吗？发电机好比现在的机房及基础设施，交流电技术好比现在的互联网，而电厂和云计算数据中心更是何其相似。

"电厂模式"的愿景是美好的，只要接入网络，企业和个人就能按需使用计算资源、存储资源和应用软件资源，同时卸去了维护系统的重担，而且价格低廉。但现实是：要真正实现"电厂模式"，绝不是一朝一夕的事情。

# 1.2　从服务产品看云计算

上述云计算用户案例涉及的 Amazon EC2、Google App Engine(GAE)、Salesforce.com 也可以说是当前比较典型的云计算服务产品了。现在我们认识一下这些云计算服务产品。

## 1.2.1　Amazon 云计算服务简介

在开展云计算服务之前，亚马逊(Amazon.com)是美国最大的基于 B2C 的电子商务公司。为了满足旺季的销售需要，Amazon 不得不购买很多服务器以应对超常的客户访问量。但是旺季过去之后，这些服务器就处于闲置状态而得不到充分的利用。为了让这些服务器能够得到充分的利用，Amazon 开始尝试将这些物理服务器虚拟成虚拟服务器，并以在线交易的形式租给愿意花钱购买虚拟服务器的客户，这就是今天 Amazon 云计算服务的雏形。

### 1. Amazon EC2

Amazon Elastic Computing Cloud(EC2，亚马逊弹性计算云)是 Amazon 向公共用户出租虚拟机的商业化服务。任何用户只需要创建一个账号，并绑定有效的信用卡，即可获得一台完全属于自己的虚拟服务器。

用户登录服务界面，选择希望虚拟服务运行的"Region"和"zone"后(相当于选择运行虚拟服务的数据中心)，就可以创建自己的虚拟服务器了。

虚拟服务器的创建过程很简单，只需按照 EC2 的提示一步一步进行即可。EC2 提示用户选 CPU 个数、内存容量、硬盘容量等配置参数；然后，EC2 会询问用户需要安装的操作系统，如 Windows 或 Linux；更进一步，用户可以根据 EC2 提供的工具创建一个个性化的操作系统，这个个性化的操作系统可能是修改过内核模块的 Linux 操作系统，或者预装了一些软件的 Windows 操作系统等。另外，用户可以通过一个简单的防火墙界面，设置虚拟服务器的网络安全策略。

上述创建过程完成后，用户只需单击 Launch 按钮，EC2 就开始进行虚拟服务器的部署了。几分钟之内，用户就可以对其进行访问了。在使用过程中，用户还可以结合监控服务，对虚拟机的资源使用状况(例如 CPU、网络等)进行实时的观察。除此以外，用户还可以为某项性能指标设定阈值，一旦某项指标超过了阈值，EC2 会自动为用户再分配一台虚拟机。

因此，通过监控和联动操作，用户能够获得可弹性伸缩的能力。

EC2 提供的虚拟服务器在用户看来是一台完全独立的服务器，用户甚至感觉不出这是一台虚拟的服务器。通过 EC2 所提供的服务，用户不仅可以非常方便地申请所需要的计算资源，而且可以灵活地定制所拥有的资源，如用户拥有虚拟的所有权限，可以根据需要定制操作系统，安装所需的软件。最后，用户可以根据业务的需求自由地申请或者终止资源使用，而只需为实际使用的资源数量付费。

EC2 的虚拟服务器与拥有一台传统意义上的服务器还是存在一些值得注意的差别。

EC2 由 Amazon Machine Image (AMI)、EC2 虚拟机实例和 AMI 运行环境组成。AMI 是一个用户可定制的虚拟机镜像，是包含了用户的所有软件和配置的虚拟环境，是 EC2 部署的基本单位。AMI 被部署到 EC2 的运行环境后就产生了一个 EC2 虚拟机实例，由同一个 AMI 创建的所有实例都拥有相同的配置。需要注意的是，EC2 虚拟机实例内部并不保存系统的状态信息，存储在实例中的动态信息将随着它的终止而丢失。用户需要借助 Amazon 的数据持久化服务保存用户数据，这些服务包括 Amazon Simple Storage Service(S3，亚马逊简单存储服务)、Amazon SimpleDB(亚马逊简单数据库)、Amazon Simple Queue Service(SQS，亚马逊简单队列服务)。

### 2. Amazon S3

Amazon Simple Storage Service (S3)是云计算平台提供的可靠的网络存储服务。通过 S3，个人用户可以将自己的数据放到存储云上，通过互联网进行访问和管理。同时，Amazon 公司的其他服务也可以直接访问 S3。

作为云平台上的存储服务，S3 具有与本地存储不同的特点。S3 采用的按需付费方式节省了用户使用数据服务的成本。S3 既可以单独使用，也可以同 Amazon 公司的其他服务结合使用。云平台上的应用程序可以通过 REST 或者 SOAP 接口访问 S3 中的数据。以 REST 接口为例，S3 中的所有资源都有唯一的 URI 标识符，通过向指定的 URI 发出 HTTP 请求，就可以完成数据的上传、下载、更新或者删除等操作。

为了保证数据服务的可靠性，S3 采用了冗余备份的存储机制，存放在 S3 中的所有数据都会在其他位置备份，保证部分数据失效不会导致应用失效。在后台，S3 保证不同备份之间的一致性，将更新的数据同步到该数据的所有备份上。

### 3. Amazon SimpleDB

Amazon SimpleDB 是一种支持结构化数据存储和查询操作的轻量级数据库服务。与传统的关系数据库不同，SimpleDB 不需要预先设计和定义任何数据库 Schema，只需定义属性和项，即可用简单的服务接口对数据进行创建、查询、更新或删除操作。

SimpleDB 是一种简单易用的、可靠的结构化数据管理服务，它能满足应用不断增长的需求，用户不需要购买、管理和维护自己的存储系统，是一种经济有效的数据库服务。SimpleDB 提供两种服务访问方式：REST 接口和 SOAP 接口。这两种方式都支持通过 HTTP 协议发出的 POST 或者 GET 请求访问 SimpleDB 中的数据。

需要注意的是，SimpleDB 毕竟是一种轻量级的数据库，与技术成熟、功能强大的关系数据库相比有些不足，SimpleDB 不能保证所有的更新都按照用户提交的顺序执行，只能保证每个更新最终成功，因此应用通过 SimpleDB 获得的数据有可能不是最新的。此外，

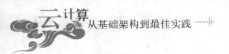

SimpleDB 的存储模型是以域、项、属性为层次的树状存储结构,与关系数据库的表的二维平面结构不同,因此在一些情况下并不能将关系数据库中的应用迁移到 SimpleDB 上。

### 4. Amazon SQS

Amazon Simple Queue Service(SQS)是一种用于分布式应用的组件之间数据传递的消息队列服务,这些组件可能分布在不同的计算机上。利用 SQS 能够将分布式应用的各个组件以松耦合的方式结合起来,从而创建可靠的 Web 规模的分布式系统。松耦合的组件之间独立性强,系统中任何一个组件的失效都不会影响整个系统的运行。

消息和队列是 SQS 实现的核心。消息是可以存储到 SQS 队列中的文本数据,可以由应用通过 SQS 的公共访问接口执行添加、读取、删除操作。队列是消息的容器。SQS 是一种支持并发访问的消息队列服务,它支持多个组件并发的操作队列,如向同一个队列发送或者读取消息。消息一旦被某个组件处理,则该消息将被锁定,并且被隐藏,其他组件不能访问和操作此消息,此时队列中的其他消息仍然可以被各个组件访问。

SQS 采用分布式构架实现,每一条消息都可能保存在不同的机器中,甚至保存在不同的数据中心里。这种分布式存储策略保证了系统的可靠性,但并不严格保证消息的顺序。另外,消息的传递可能有延迟,不能期望发出的消息马上被其他组件看到。

## 1.2.2　Google 云计算服务简介

Google 公司拥有目前全球最大规模的互联网搜索引擎,并在海量数据处理方面拥有先进的技术,如分布式文件系统 GFS、分布式存储服务 Datastore 及分布式计算框架 MapReduce 等。2008 年 Google 公司推出了 Google AppEngine (GAE) Web 运行平台,使用户的业务系统能够运行在 Google 分布式基础设施上。GAE 平台具有易用性、可伸缩性、低成本的特点。另外,Google 公司还提供了丰富的云端应用,如 Gmail、Google Docs 等。

GAE 不能让用户执行后台服务或分割自己的系统。它建立在既有的框架之上,并允许用户快捷地部署 Web 应用。与 EC2 不同,要使用 GAE,必须使用 Google 的框架,不能直接访问底层的虚拟机系统。因此,GAE 并不会在待机时间向你征收费用,只有在 CPU 实际处理时才会计费。

GAE 平台支持 Python 和 Java 两种编程语言。不论使用哪种语言平台,都需要使用 GAE 平台提供的一组类库。同时,GAE 平台还会赋予用户将数据存入一个独特数据库的能力,这个数据库类似于 SimpleDB,但是它允许用户自定义索引。GAE 同时还直接与许多 Google 的服务相集成。例如,用户可以用 Google 身份验证来取代自己的身份验证机制(或者与其他第三方的服务相集成),以此向用户提供一个简单的单点登录系统。用户还可以直接集成 Google Mail 来向他人发送电子邮件,甚至可以使用 Google 的即时消息(XMPP)系统实时地与他人直接沟通。Google 还提供了一个独特的任务队列(Task Queue)系统,能让用户创建类似 Cron 作业那样的以一定时间间隔执行的任务。

GAE 不同于 EC2,EC2 的目标是为了提供一个分布式的、可伸缩的、高可靠的虚拟机环境。GAE 更专注于提供一个开发简单、部署方便、伸缩快捷的 Web 应用运行和管理平台。GAE 的服务涵盖了 Web 应用整个生命周期的管理,包括开发、测试、部署、运行、版本管理、监控及卸载。GAE 使应用开发者只需要专注核心业务逻辑的实现,而不需要关心物理资源的分配、应用请求的路由、负载均衡、资源及应用的监控和动态伸缩。

整个 GAE 平台主要由 5 个模块组成。

- 应用服务器。主要用于接收来自外部的 Web 请求。
- Datastore。主要用于对信息进行持久化，并基于 Google 的 BigTable 技术。
- 服务。除了必备的应用服务器和 Datastore 之外，App Engine 还自带很多服务来帮助开发者，比如 Memcache、邮件、网页抓取、任务队列和 XMPP 等。
- 管理界面。主要用于管理应用并监控应用的运行状态，比如消耗了多少资源，发送了多少邮件和应用运行的日志等。
- 本地开发环境。主要是帮助用户在本地开发和调试基于 App Engine 的应用，包括用于安全调试的沙盒、SDK 和 IDE 插件等工具。

GAE 主要面向软件开发者，支持普通的 Web 类应用，主要提供以下功能。

- 支持 Web 应用。
- 提供对常用网络技术的支持，比如 SSL 等。
- 提供持久存储空间，并支持简单的查询和本地事务。
- 能对应用进行自动扩展和负载平衡。
- 提供功能完整的本地开发环境，可以让用户在本机上对基于 GAE 的应用进行调试。
- 支持 E-mail、用户认证和 Memcache 等多种服务。
- 提供能在指定时间触发事件的计划任务和能实现后台处理的任务队列。

GAE 比较易于使用，它的使用流程主要包括以下几个步骤。

① 下载 SDK 和 IDE，并在本地搭建开发环境。
② 在本地对应用进行开发和调试。
③ 使用 App Engine 自带上传工具来将应用部署到平台上。
④ 在管理界面启动这个应用。
⑤ 利用管理界面来监控整个应用的运行状态和资费。

GAE 主要支撑 Web 应用开发，采用 CGI(Common Gateway Interface，通用网关接口)作为主要的编程模型。CGI 的编程模型非常简单，就是当收到一个请求时，启动一个进程或者线程来处理这个请求，处理结束后这个进程或者线程将自动关闭，之后会不断地重复这个流程。由于 CGI 这种编程模型在每次处理的时候都要重新启动一个新的进程或者线程，即便有线程池这样的优化技术，其资源消耗也相对较大。但由于架构上的简单性，CGI 还是成为 GAE 首选的编程模型，同时由于 CGI 支持无状态模式，因此在伸缩性方面具有优势。GAE 的两个语言版本都自带 CGI 框架：在 Python 平台为 WSGI，在 Java 平台则为 Servlet。GAE 还引入了计划任务和任务队列这两个特性，它可以支持计划任务和后台进程这两种编程模型。

GAE 在资费上有两个特点：一是免费额度高，现有免费的额度能支撑一个中型网站的运行，而不必支付任何费用；二是资费项目分类细，除了常见的 CPU、网络带宽等项目外，还包括很多应用级别的项目，比如 Datastore API 和邮件 API 的调用次数等。如果用户的应用每天消费的各种资源都低于免费额度，用户无须支付任何费用；当超过免费额度的时候，用户就需要为超过的部分付费。

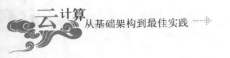

### 1.2.3　Salesforce 云计算服务简介

Salesforce 是一家 CRM 软件服务提供商。由于近年在高端企业应用中获得的成功，其用户市场已经从早先的中小型企业扩大到任何规模的企业。

Salesforce 在 2000 年推出了在线销售自动化解决方案产品 SalesForce Automation，该产品主要面向 CRM 软件服务市场，提出了"软件即服务"的口号。Salesforce 提供按需使用、功能定制的软件服务，用户无须在本地安装软件，也无须在系统维护和管理上投入资金和人力成本，用户的所有记录和数据都储存在 Salesforce.com 网站中。

以 Salesforce Automation 为基础，Salesforce 公司推出了 Sales Cloud 服务，该服务贯穿于企业销售活动的各个阶段。从前期的机会管理到后期的统计分析与市场预测，应用 Sales Cloud 服务能够起到使销售过程加速和流水线化的作用。Sales Cloud 还提供了一套完整的体系架构，使每个企业都能在整个组织范围内体验定制软件服务的优点。

用户通过 Salesforce 门户 login.salesforce.com，经过简单的注册，便可以免费使用 Sales Cloud 30 天试用版本，如果试用满意，则可以使用信用卡购买服务。

进入 Sales Cloud 的界面，除了允许用户自定义整体界面的相关属性(如界面语言、时间、表单是否可折叠、悬停提示信息、内联编辑、拼写检查、增强列表、侧栏样式、日历显示等)外，还允许用户自定义义功能面板界面(如允许用户进一步控制各个功能选项卡的名称、组件、按钮、超链接、布局等属性)。

在功能配置方面，Sales Cloud 服务分为多个版本，每一个版本都是一个独立的可销售单元，较高版本的服务总是包含较低版本服务的全部功能。Sales Cloud 企业版包含专业版的全部功能，同时也新增了一些高级的原子功能；同样，Sales Cloud 专业版包含工作组版的全部功能，并增加了营销管理、合同管理、产品管理等原子功能。在具体实现时，Sales Cloud 用产品功能配置数据库记录每个销售包所包含的原子功能，用户登录时系统只要检查与该用户关联的销售包类别即可获得该用户的可用功能列表(只提供用户订购的销售包列表，隐藏该销售包不具备的原子功能)。

在数据配置方面，SaaS(Software as a Service，软件即服务)服务借助预留数据表字段和元数据库表等技术，允许用户自定义数据结构甚至编辑某些数据字段。Salesforce 采用元数据描述字段并将该信息保存到元数据库中。在 Sales Cloud 中，用户可以对应用程序数据字段进行添加、编辑、设置依赖关系等操作。

## 1.2.4　云计算服务

前面讲述了几个云计算应用的用户案例，又对案例涉及的云计算服务进行了简单的介绍，他们即是云计算的买方和卖方。卖方通过互联网向买方交付其所需的计算资源、存储资源、应用软件资源或者多种资源的组合。这些资源都是以服务的方式进行交付，也就是说云计算是买卖的服务。

既然是服务，云计算就不同于以往的"货物"购买，不再是购买服务器、购买网络设备和存储设备、购买系统软件、购买应用软件、定制软件开发。不同于有形的货物买卖，服务是无形的，服务具有生产、传递和消费的同步性。用户体验到的服务质量包括两部分：

结果质量(outcome quality)，即用户得到了什么服务；流程质量，即用户是如何得到服务的。因此，对于云计算服务，不仅结果是重要的，过程也很重要。

我们也可以从服务类型的角度去观察和分析云计算。当某个应用系统的用户，以效用最大化的原则选择云服务时，情况会是怎样的呢？首先选择满足应用需求的应用软件云计算服务，只需要通过定制化的配置就可以达到要求，就像哈根达斯公司选择 Salesforce 云服务。其次，如果没有合适的应用软件云服务，退而选择提供开发和运行平台的云服务，用户只需要开发、调试和运行自己的软件，而运行平台维护和管理交给云计算服务商，就像 Giftag 将应用迁移到 Google App Engine(GAE)平台。最后，如果上面两条路都走不通，只好选择能提供虚拟机的云服务，用户自己维护管理服务器操作系统，安装开发和运行环境，自己开发或购买应用软件，就像华盛顿邮报交给 Amazon EC2 完成档案转换工程。当然，还有最后一种回归传统的模式：自己准备机房、接入 ISP、购买软硬件系统、开发软件、系统运行维护。

打着云计算服务旗帜的服务产品多种多样，未来更会是纷繁复杂，但按照一种层次化的属性，其主流或称主体服务形式可以分为提供应用软件；提供软件开发和运行平台；提供虚拟机及其他形式的基础设施环境。可以说，Salesforce 云服务、Google App Engine (GAE)、Amazon EC2 就是上述这种分类的典型代表。用一种比较正式、流行的命名：Salesforce 云是软件即服务(SaaS)；Google App Engine(GAE)是平台即服务(Platform as a Service PaaS)；AmazonEC2 是基础设施即服务(Infrastructure as a Service，IaaS)。

- SaaS。软件即服务(也称软件运营服务模式)可以称作应用云，为用户提供可以直接使用的应用，用户只需管理维护自己的业务数据。这些应用一般是基于浏览器的，并只针对某一项特定的功能。应用云最容易被用户使用，因为它们都是开发完成的软件，只需要进行一些定制就可以交付。但是，它们也是灵活性最低的，因为一种应用云只针对一种特定的功能，无法提供其他功能的应用。
- PaaS。平台即服务(也称平台运营服务模式)可以称作平台云，为用户提供一个托管平台，用户可以将他们所开发和运营的应用托管到云平台，用户需要管理维护自己的应用程序。但此时应用的开发和部署必须遵守该平台特定的规则和限制，如语言、编程框架、数据存储模型等。通常，能够在该平台上运行的应用类型也会受到一定的限制。一旦客户的应用被开发和部署完成，所涉及的基础设施维护管理工作，如动态资源调整等，都将由平台负责。
- IaaS。基础设施即服务(也称基础设施服务模式)可以称作基础设施云，为用户提供虚拟机操作系统，或是底层的、接近于直接操作硬件资源的服务接口。通过基础设施云，用户可以直接获得计算和存储能力，逻辑上几乎不受限制。

## 1.3　计算模式的演变

软件即服务(SaaS)、平台即服务(PaaS)和基础设施即服务(IaaS)并不是什么新概念。大型主机(MainFrame)时代就已经具有这种服务的特征。在当时，大型主机极为昂贵，运行环境要求高，操作和维护都极为复杂。用户通过提交批作业流程，或通过交互式字符终端分时方式使用计算资源。许多情况下，用户就是通过租用机时完成计算任务，并主要按 CPU 机

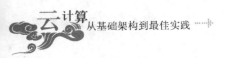

时使用量计费。当然，没有人认为这是云计算机，更没有人在当时提出云计算。

20世纪80年代微型计算机(Micro Computer)的出现，引入了新的计算模式。微型计算机可以部署在任何地方，对环境不再有特殊的要求，经济条件一般的用户也能够买得起。随后，微型计算机得到了极大地发展，其应用也不再局限于科学计算等特殊领域，直至普及到个人应用，被广泛称为个人计算机(Personal Computer，PC)。

随着PC的广泛使用，自下而上地推动了社会各领域的信息化发展。应用需求急速高涨，IT技术和设备也变得日益复杂，在这种情况下，人们自然会越来越关注对IT资源的管理和控制。20世纪90年代便出现了客户机/服务器(Client/Server)计算模式，简称C/S模式。将具有更高性能的PC作为服务器安装在专用的机房中，并与个人使用的被称为客户机的PC互相连接，构成一个专用的网络。服务器完成共享和集中的处理任务，客户机完成本机上的处理任务。服务器和客户机通过网络协议、应用程序接口等机制相互通信、协同工作，服务器向客户机提供一对多的服务。一种典型的例子是，一个关系型数据库服务器提供共享数据的集中处理，客户机通过网络访问数据库服务器，以查询和修改数据，在每台客户机上安装进行业务逻辑处理和数据展现的应用软件。C/S模式主要是以组织机构为单位的应用模式，如企业内部的管理系统等。

21世纪开启了互联网的时代。世界各国都开始投巨资于被称为"信息高速公路"的互联网基础设施建设，互联网带宽大幅提升，覆盖区域越来越广。互联网业逐渐成为各行各业不可或缺的平台。另一方面，互联网上纷繁复杂的应用对于互联网的稳定性、可靠性、安全性、可用性、可管理性等方面苛刻的需求，更进一步推动了互联网技术的发展。除了骨干网的发展，互联网的接入方式也发生了质的转变。在接入带宽和可靠性不断提高的同时，接入方式也扩展到更加灵活自由的无线领域，接入设备也从单一的计算机接入发展到多样化的非计算机接入。互联网为业务应用提供了一个随时随地可用访问的平台。基于互联网的应用可以面向全球用户，全天候不间断地运行。

互联网的另一个特征性标志是Web。今天，Web也已从Web 1.0发展到Web 2.0。Web 2.0已经成为了实际意义上的标准互联网运用模式。以博客(Blog)、百科全书(Wiki)、社会网络(SNS)和对等网络(P2P)为代表的Web 2.0应用已经被广泛接受和使用。Web 2.0的出现让用户从信息的获得者变成了信息的贡献者，也让富互联网应用(Rich Internet Application，RIA)成为网络应用的发展趋势。Web 2.0的出现和广泛流行深刻地影响了用户使用互联网的方式。现在，人们越来越习惯从互联网上获得所需的应用与服务，互联网用户更加习惯将自己的数据在网络上存储和共享，Web应用的开发周期越来越短。Web应用更被称为浏览器/服务器计算模式，即B/S模式。

与C/S计算模式相比，B/S计算模式是一种瘦客户端的计算模式。客户机运行的浏览器完全依赖背后的服务器承担几乎所有的处理任务、存储几乎所有的数据。B/S这种代表着互联网的计算模式形似大型主机的终端/主机模式，而手机等新涌现的非传统计算机类的接入设备，更是与终端神似。

以浏览网页为例，当用户在浏览器上输入网址后，浏览器先与DNS服务器交互，解析网站IP地址；之后，通过IP地址与网站服务器进行交互，将网页内容呈现给用户。这些交互过程的网络通信都通过复杂的路由转发。这个过程对用户是透明的，用户不可能清楚也不必关心背后的种种细节，所以当时人们示意互联网时，常常画上一朵抽象的云团。随着互联网的发展，除了传统的计算机外，越来越多的设备具有了接入互联网的能力，如手机、办公设备、家用电器等；同时，互联网的云团中也不再局限于浏览网页等简单功能，已经可以提供越来越复杂的应用，甚至直接提供通用的计算能力和存储能力。因此，互联网云团的含义也就变得越来越广泛，包含了 SaaS(应用云)、PaaS(平台云)、IaaS(基础设施云)等各种各样的服务，这也许就是云计算名称的由来。

# 1.4　"云端"计算

无疑，对于云计算模式，最大的挑战是使"云端"具备超高的计算性能、海量的数据存储、超常的网络吞吐能力，以及近乎无限的扩展能力。摩尔定律在过去几十年间对我们都是适用的，但解决大规模计算问题却不能单纯依赖于制造越来越大型的服务器(通常称为向上扩展)。把许多常规的 PC 服务器组织在一起，形成一个功能专一的分布式处理的集群系统(通常称为向外扩展)是一种已经获得普及的、可行的方案。

2006 年 8 月 9 日，Google 首席执行官埃里克·施密特(Eric Schmidt)在搜索引擎大会(SES San Jose 2006)上首次提出"云计算"(Cloud Computing)的概念。1998 年 Google 公司成立时，只是一家搜索网络信息的公司。而当时没有人会想到，Google 采用的技术会演变成一种典型的云计算技术。

随着互联网的发展，新兴互联网公司面临业务数据量超乎想象地急剧增长，采用高成本的传统 IT 架构应付海量数据的存储、查询、处理要求将难以为继。以 Google 公司为例，其核心业务是搜索，这对大规模并发用户请求的处理有极高要求。而对于初创时期的Google，通过传统 IT 架构实现高性能计算、海量存储、高网络吞吐及高可靠性既不现实，更不能满足快速扩展的需求。唯有在采用廉价的普通 PC 服务器、Linux 等开源软件的基础架构上，自行设计开发并行计算、分布式文件系统、并行网络访问控制等软件系统。这种尝试无疑获得了成功，甚至可以认为，这种创新性的技术对现有 IT 基础架构是一种颠覆性的变革。

在人们的观念里也总感觉服务器是稳定的、可靠的，若不是软件或操作引起的故障，仿佛服务器硬件一般是不会出故障的。相较于个人 PC，PC 服务器在设计和制造时就以追求高可靠性为目标，选用的配件也更精良。然而，构成"云端"的大规模并行系统，服务器集群中的服务器数量已经是以千、万、十万甚至更高的单位在计数。在这样巨大的集群规模下，节点失效问题是不可忽略的。既然在大规模服务器集群面前，节点失效是不可避免的，而且是必须解决的问题，他们索性就采用低档服务器大大降低服务器成本，并将节点的失效作为系统的常态来对待。在云计算技术框架下，将服务器失效设想为常态化，是云计算硬件系统的一个重要特征。

以 Google 为例，经过长期的发展，其服务器数量已经大得惊人。按照传统配置的服务器，每个服务器管理人员所能管理的服务数量是相当有限的，而 Google 服务器在配置上充分考虑到了服务器管理的工业化，在 Google 机房的一名管理人员所管理的服务器数据量是相当多的，当服务器出现故障时采用直接更换的简化方式。这种工业化运营管理下的服务器具有以下几个特点：简约化的设计，不追求最高的性能，去掉一切冗余组件；模块化的设计，可以以集装箱方式部署。

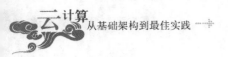
据有关资料介绍，一款采用技嘉主板 9IVDP 的 Google 定制服务器配置如下。

- 芯片组描述：Intel E7320。
- CPU 类型：2×Xeon (nocona)2.80GHz。
- 总线频率：533MHz。
- 主板结构：ATX。
- 内存结构：8 个 ECC DDR1 插槽，最大支持 16GB 的内存。
- IDE 控制器：2 个 IDE 接口。
- SATA 控制器：6 个 SATA 接口。
- PCI 插槽：1×PCI，1×PCI-X。
- I/O 接口：2 个 USB 接口，2 个 PS/2 键盘/鼠标接口，1 个 RJ-45 网卡接口。

与配置相近的商用 PC 服务器相比，Google 定制服务器在存储和内存上做了强化，减少了一些服务器使用率低的接口，包括显卡芯片、RAID 卡等。对外接口方面，Google 服务器提供一个串口、两个 USB 接口、一个 RJ-45 网络接口、两个 PS/2 接口，由于服务器节点不需要用户交互功能，这一接口数量比一台普通的 PC 还要少。

# 1.5 并行计算

云计算的萌芽应始于计算机并行计算，并行计算的出现是人们不满足于 CPU 摩尔定律的增长速度，希望把多个计算机并联起来，从而获得更快的计算速度。并行计算主要满足科学和技术领域的专业需要，其应用领域大多限于科学领域，后来出现的网格计算虽然有走向普通用户的趋势，但并不成功，最后还是主要用于科学计算，面向普通用户的商业化应用相对较弱。

并行计算的一个代表性技术是 MPI。1994 年 5 月 MPI(Message Passing Interface，消息传递接口)标准 1.0 版诞生，这一标准现在为 2.0 版，且成为了高性能计算的一种公认标准。MPI 最为著名且被广泛使用的一个具体实现是由美国 Argonne 国家实验室(Argonne National Laboratory)开发小组完成的 MPICH，MPICH 是一个免费软件，其以函数库的形式提供给开发者，而不是一种新的程序设计方式。MPICH 提供对 Fortran 和 C 等编程语言的支持。

通过 MPICH 在一组服务器上实现并行计算，需要做以下的准备工作。

- 安装操作系统。并行程序通常运行在 Linux 系统下。
- 网络互通配置。各节点计算机之间网络互通，最好配置连续的 IP 地址。
- 文件共享配置。MPICH 的安装目录和用户可执行程序在并行计算时需要在所有节点保存副本，采用 NFS 文件系统共享是一个好的方法。选择一个节点作为主节点，启动 NFS 向其他节点共享目录，其他节点计算机能以同样的路径访问主节点上的共享文件，就如同对本地文件的访问。这样可以省去各个节点之间的文件复制。
- SSH 访问通道配置。MPI 并行程序需要在各节点间进行信息传递，必须实现所有节点之间的无密码访问。节点间的无密码访问是通过 SSH 公钥认证实现的。
- 安装 MPICH。在主节点上安装 MPICH 软件包，安装过程将在所有并行节点执行(通过 mpd.hosts 配置文件列表所有并行计算节点)。
- 启动并行计算守护进程。所有节点启动 mpd 守护进程。

● 编译并行计算程序。使用 mpicc 编译并行 MPI 程序。

此时，就可以使用并行运行命令在并行环境中运行程序了。对于一个简单的程序，其结果等同于在集群中所有节点上同时且各自独立地运行同一个程序。

## 1.5.1　MPI 函数

为了便于更好地理解并行计算，下面介绍 MIP 并行处理函数。

### 1. int MPI_Init(int *argc，char　**argv)

MPI_Init() 是 MPI 程序的第一个函数调用，标志着并行程序部分的开始，用于完成 MPI 程序的初始化工作，所有 MPI 程序并行部分的第一条可执行语句都是这条语句。

### 2. int MPI_Finalize()

MPI_Finalize() 是并行程序并行部分的最后一个函数调用，出现该函数后表明并行程序并行部分的结束，此时程序释放 MPIPI 的数据结构及操作。

### 3. int MPI_Comm_rank(MPI_Comm comm，int *rank)

MPI_Comm_rank() 是获得当前进程标识函数。comm 为该进程所在的通信域句柄，一般采用 MPI_COMM_WORLD 通信域，MPI_COMM_WORLD 是 MPI 提供的一个基本通信域，在这个通信域中每个进程之间都能相互通信。

rank 是调用这一函数返回的进程在通信域中的标识号。这一函数调用通过指针返回调用该函数的进程在给定的通信域中的进程标识号 rank。这一标识号用来区分并行计算集群中不同的进程。节点间的信息传递和协调均需要这一标识号。

### 4. int MPI_Comm_size(MPI_Comm comm., int*size)

MPI_Comm_size() 是获取通信域包含的进程总数函数。comm 为通信域句柄，size 为函数返回的通信域 comm 内包括的进程总数。通过该函数可以获得制定通信域中并行的进程数量。

### 5. int MPI_Send(void* buf, int count, MPI_Datatype datatype, int dest, int tag, MPI_Comm comm.)

MPI_Send() 是并行进程间消息发送函数。buf 为发送缓冲区的起始地址，count 为发送的数据的个数，datatype 为发送数据的数据类型；dest 为目的进程标识号；tag 为消息标志；comm 为通信域。

MPI_Send() 函数是 MPI 中的一个基本消息发送函数，实现了消息的阻塞发送，在消息未发送完时程序处于阻塞状态。该函数将发送缓冲区 buf 中的 count 个 datatype 数据类型的数据发送到目的进程 dest，本次发送的消息标志是 tag，使用这一标志就可以把本次发送的消息和本进程向同一目的进程发送的其他消息区别开。

### 6. int MPI_Recv(void* buf, int count, MPI_Datatype datatype, int source, int tag, MPI_Comm comm., MPI_Status *status).

MPI_Recv() 是并行进程间消息接收函数，和消息发送函数的参数相互对应，只是消息

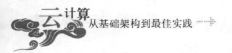

接收函数多了一个返回状态变量 status。

以上是 MPI 最基本的函数，有了这 6 个函数就可以编写并行计算程序了。基于 MPI 的并行程序设计其实很简单，我们举几个例子就可以让读者解除对并行计算的神秘感。并行计算机程序的基本结构如下：

```
#include "mpi.h"
…
int main(int argc, char **argv) {
…
MPI_Init(&argc, &agrv);        //并行处理部分开始
...
//MPI 并行处理部分
MPI_Finalize();                //并行处理部分结束
…
}
```

helloWorld.c 程序如下：

```
#include "mpi.h"
#include <stdio.h>
int main(int argc, char **argv) {
        int nodeID, procNum;
        MPI_Init(&argc, &agrv);
        // 获得节点进程的 ID
    MPI_Comm_rank(MPI_COMM_WORLD,&nodeID);
    // 获得总的进程数
    MPI_Comm_size(MPI_COMM_WORLD,&procNum);
    // 打印输出信息
    printf("Hello World! from process %d of %d \n", nodeID, procNum);
    MPI_Finalize();
}
```

以上代码在 4 个节点的 MPI 环境下运行后将输出 4 行显示，分别来自 4 个节点的执行结果：

```
Hello World! from process 0 of 4
Hello World! from process 1 of 4
Hello World! from process 2 of 4
Hello World! from process 3 of 4
```

## 1.5.2  MapReduce 算法

图灵奖获得者著名的人工智能专家 John McCarthy 在 1956 年首次提出了 Lisp 语言的构想，而在 Lisp 语言中包含了 Map/Reduce 功能。Lisp 语言是一种用于人工智能领域的语言，在人工智能领域有很多的应用，Lisp 在设计时希望能够有效地进行"符号运算"。让我们回顾一下 Lisp 中的 Map 和 Reduce。

- Map 操作是将两个向量相乘，如向量(1 2 3 4 5)和向量(10 9 8 7 6)Map 操作的输出向量为(10 18 24 28 30)。
- Reduce 操作是将向量中的元素求和，如向量(1 2 3 4 5 6 7 8 9 10)Reduce 操作的输出结果为 55。

50 年后，MapReduce 这一思想成为大规模并行运算的软件框架，并取得了巨大的成功。

在并行计算中，将大的计算任务分割并映射(Map)到多个节点上，再对分布的并行计算结果进行归约(Reduce)。

为了便于理解，以 MonteCarlo 方法计算$\pi$的 MapReduce 框架。MonteCarlo 方法的思路是以坐标原点为圆心作一个直径为 1 的单位圆，再作一个正方形与此圆相切。在这个正方形内随机产生 c 个点，判断是否落在圆内，将落在圆内的点数目记作 m，根据概率理论，m 与 c 的比值就近似可以看成圆和正方形的面积之比，由此 $\pi=(4m/c)$，统计的随机点数越大，就越近似于$\pi$值。

MCpi.c 程序如下：

```
#include "mpi.h"
#include <stdio.h>
int main(int argc, char **argv) {
    int nodeID;
    long c=1000000, procNum, m=0, n=0, i=0,p=0;
    double x, y, pi=0;

    MPI_status status;

    MPI_Init(&argc, &agrv);
    // 获得节点进程的 ID
    MPI_Comm_rank(MPI_COMM_WORLD,&nodeID);
    // 获得总的进程数
    MPI_Comm_size(MPI_COMM_WORLD,&procNum);
    // 设置随机数种子
    Strand((int)time(0));
    // Map 到各节点执行 c 次随机点判断，并生成各自的圆内命中点数 m
    for (i=0; i<c; i++) {
        x=(double)rand()/(double)RAND_MAX;
        y=(double)rand()/(double)RAND_MAX;
        if ((x-0.5)*(x-0.5)+(y-0.5)*(y-0.5)<0.25)
            m++
    }
    //将各节点的结果节点 0 进行 Reduce
    if (nodeID!=0) {
        // 向节点 0 传送结果
        MPI_Send(&m, 1, MPI_DOUBLE, 0, 1, MPI_COMM_WORLD);
    }
    else {
        p=m;
        // 节点 0 接受来自不同节点的结果
        for (s=1; s<procNum; s++) {
          MPI_Recv(&n, 1, MPI_DOUBLE, s, 1, MPI_COMM_WORLD,&status);
          P+=n;
        }
        // 汇总计算的 π 值
        pi = 4.0*p/(c*procNum)
    }
    MPI_Finalize();
}
```

如果集群有 5 个节点，则 5000000 个随机点被采样，Map 到每个节点 1000000 次取样计算，并由节点 0 进行 Reduce 汇总计算。

## 1.5.3 MPI 的遗留问题

MPI 是一种标准的并行计算程序设计方法，现在的大量数值计算程序都是采用 MPI 编

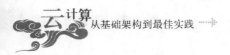

程。了解 MPI 程序设计方法让我们熟悉了集群环境下如何为一个计算目标所进行的并行调度工作。MPI 主要基于消息传递机制进行并行计算的调度，它为程序设计者提供了便捷的通信函数，MPI 本身就是作为一个函数调用存在的，所以在程序设计上非常简单而且符合程序员的编程习惯。

MPI 的编程方式能够比较好地应付计算密集型问题，然而对于数据密集型的应用则显得有些吃力。在 MPI 中，计算与数据是分开的，子节点往往只负责计算工作，所有的数据都需要从主节点通过网络传向子节点，大量的数据需要在节点间进行交换，网络通信将成为制约系统性能的重要因素。这种分布式并行计算是将数据向计算资源移动的模式，主要适用于科学计算领域。

另外，MPI 在设计理念上假设了服务器是不会失效的，所有节点和网络通信在计算过程是有可靠性保证的，在运行过程中出现节点失效及网络通信中断时，没有提供处理节点失效的备份机制，只有返回并退出，将重新开始计算。

分析上述问题的原因，主要是因为没有分布式文件系统的支持，特别是带有数据块备份能力的分布式文件系统。如果 MPI 能够运行在一个具有数据块备份策略的分布式文件系统上，就可以将计算资源向数据移动，解决数据密集型的应用的数据通信问题；就可以在一个节点失效后，在该数据块的备份节点上重启这部分计算任务，而不会使整个程序退出。

下面介绍的 Hadoop 正是在此基础上引入的分布式文件系统。

## 1.6　Hadoop

在 2004 年左右，Google 发表了两篇论文来论述 Google 文件系统(GFS)和 MapReduce 框架。Google 声称使用了这两项技术来扩展自己的搜索系统，同时也是其 Google App Engine (GAE)平台的基础支撑环境。其云端的支撑平台如图 1-1 所示。

图 1-1　GAE 支撑平台

Google 的 GFS 分布式文件系统、MapReduce 分布式计算框架和 BitTable 分布式数据库被称为 Google "云计算机三剑客"，已经具有很高的成熟度，也是高度私密的专有技术。Hadoop 是一个开源项目，其原型和灵感正是来自于 Google 的 MapReduce 和 GFS 技术。

Hadoop 是由 Apache Software Foundation 支持的一个可靠、可伸缩的开源分布式计算框架项目，Doug Cutting 是它的主要开发者。2006 年 1 月，雅虎聘请 Doug 共同改进在 Hadoop，并将其作为一个开源项目。2008 年 2 月 19 日,雅虎宣布其索引网页的生产系统运行在 Hadoop 上,其 Linux 集群的 CPU 核数达到 10 000 多个。Doug Cutting 的目标是用开放的 Hadoop 替代 Google 等商业产品的垄断技术。

## 1.6.1　Hadoop 的构造

Hadoop 运行在一组网络互联的通用服务器集群上,Linux 是 Hadoop 公认的开发与生产平台,同时还需要 Java 1.6 或更高版本。可以从网站 http://hadoop.apache.org/core/releases.html 上下载最新的稳定版本。用户需要按照 Hadoop 的框架编写和运行分布式应用,数据存储和处理都在这个集群上执行,而用户可以从独立的客户端提交计算"作业"到 Hadoop 集群。

在一个全配置的服务器集群上, "运行 Hadoop"意味着在分布于网络上的不同服务器上运行一组守护进程(daemons)。这些守护进程包括:

- NameNode(名字节点)。NameNode 是 Hadoop 守护进程中最重要的一个。Hadoop 在分布式计算与分布式存储中都采用了主/从(master/slave)结构。分布式存储系统被称为 Hadoop 文件系统,或简称为 HDFS。NameNode 是 HDFS 的主端,它控制从端 DataNode 执行底层的 I/O 任务,跟踪文件块的分割及其所驻留的 DataNode 节点,监控分布式文件系统的整体运行状态。

- DataNode(数据节点)。集群上的从节点都会驻留一个 DataNode 守护进程,将 HDFS 数据块读取或者写入到本地文件系统的实际文件中。当对 HDFS 文件进行读写时,文件被分割为多个块,这些块通常分布存储在不同的 DataNode 上, 由 NameNode 告知客户端每个数据块驻留在哪个 DataNode。客户端直接与 DataNode 守护进程通信,来处理与数据块相对应的本地文件。每个 DataNode 会与其他 DataNode 进行通信,复制这些数据块,默认情况下, 保证每个数据块在文件系统中有存储在不同 DataNote 的 3 个副本,以实现数据冗余存储。

- Secondary NameNode(次名字节点)。Secondary NameNode(SNN)是一个用于监测 HDFS 集群状态的辅助守护进程。像 NameNode 一样,每个集群有一个 SNN。SNN 与 NameNode 的不同在于它不接收或记录 HDFS 的任何实时变化, 它只与 NameNode 通信,根据集群所配置的时间间隔获取 HDFS 元数据的快照。当 NameNode 失效时,SNN 的快照有助于减少停机的时间并降低数据丢失的风险。SNN 还可以升级为 NameNode。

- JobTracker(作业跟踪节点)。JobTracker 守护进程用于调度 Hadoop 上应用程序的运行。应用程序一旦提交到 Hadoop 集群,就由 JobTracker 制定任务执行计划,决定处理哪些文件、为不同的任务分配节点以及监控所有任务的运行。如果一个任务执行失败,JobTracker 可以在不同的节点上自动重启该任务。每个 Hadoop 集群只有一个 JobTracker 守护进程。它通常运行在服务器集群的 NameNode 节点上。

- TaskTracker(任务跟踪节点)。相应于存储守护进程的主/从架构,计算守护进程也遵循主/从架构。JobTracker 是主节点,监测 MapReduce 分布式作业的整个执行过程;TaskTracker 是从节点,负责执行由 JobTracker 分配的单项任务,但每个 TaskTracker 可以同时生成多个并行的 Map 或 Reduce 任务,并管理这些任务在从节点上的执行情况。

在 Hadoop 的守护进程中，除了 NameNode 之外，其他进程所驻留的节点发生软件或硬件失效时，集群还会继续平稳运行，但如果没有 NameNode，整个集群将失效。运行 NameNode 进程同时也会消耗大量的内存和 I/O 资源。因此，驻留 NameNode 进程的服务器通常不会存储用户数据或者执行 MapReduce 程序的计算任务。也就是说，NameNode 服务器不会同时是 DataNode 或者 TaskTracker。

介绍了 Hadoop 的守护进程之后，给出一个典型的 Hadoop 集群，拓扑结构如图 1-2 所示。

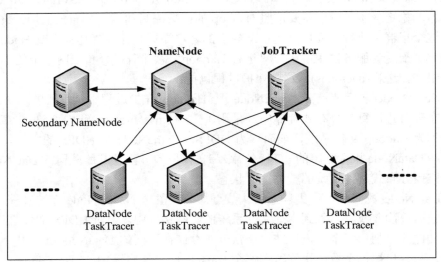

**图 1-2  Hadoop 集群的拓扑结构**

存储主节点 NameNode、计算主节点 JobTracker 和预防存储主节点失效的 SNN 节点分别驻留在单独的服务器上，每个从节点服务器均驻留一个 DataNode 和 TaskTracker，从而在存储数据的同一节点上执行任务。在一些小型集群中，SNN 也可以驻留在某一个从节点上，而 NameNode 和 JobTracker 也可以驻留在一台服务器上。Hadoop 集群也必须建立主节点到从节点的控制通道，同样采用无密码 SSH 通道。另外，还可以仅仅使用一台机器来运行 Hadoop，即单机或者伪分布模式，一般只用于程序开发和测试。

## 1.6.2  HDFS 文件系统

建立 Hadoop 集群后，就需要配置 HDFS 文件系统。对于主/从结构的分布式文件系统，其关键配置内容包括指定 NameNode 主节点和指定 HDFS 冗余备份参数。为便于理解，将相关配置文件示意如下。

在每个节点上的 core-site.xml 文件里定义 NameNode 主机名：

```
<?xml version="1.0" ?>
<?xml-stylesheet  type= " text/xsl"  href = " configuration . xsl" ?>
<!--Put site-specific property overrides in this file. ->
<Configuration>
<property>
<name>fs.default.name</name>
<value>hdfs://nameNode:9000</value>
```

```
<description>The name of the default file system. A URI whosescheme and
authority determine the FileSystem implementation. </description>
</property>
</configuration>
```

"Hdfs://nameNode:9000"为主节点 URI(假设主节点的主机名为"nameNode")。

每个节点上的 hdfs-site.xml 文件可以配置数据块默认副本数:

```
<?xml version="1.0" ?>
<?xml-stylesheet type=" text/xsl" href = " configuration . 小sl" ?>
<!--Put site-specific property overrides in this file. ->
<Configuration>
<property>
<name>dfs.replication</name>
<value>3</value>
<description>The actual number of replications can be specified when the
file is created.. </description>
</property>
</configuration>
```

指定的默认副本数为 3,即任何一个数据块分别在 3 个 DataNode 节点上各保存和维护一个数据块的副本。

在主节点进行 HDFS 格式化后,就建立起 HDFS 文件系统。DataNode 本地存储是组成存储池的成员。初始化时,每个 DataNode 将当前存储的数据块告知 NameNode。在初始映射完成后,DataNode 会不断地向 NameNode 更新本地存储的变更信息,同时接收 NameNode 的指令,创建、移动或删除本地磁盘上的数据块。

如图 1-3 所示,在 NameNode 建立文件的元数据,描述所包含的文件以及文件的数据块分割。DataNode 提供数据块的备份存储,并持续不断地向 NameNode 报告,以保持元数据为最新状态。图中显示 2 个数据文件,/user/datafile1 有 3 个数据块,表示为 1、2、3;/user/datafile2 有 2 个数据块,表示为 4、5。这些文件的内容分散在 4 个 DataNode 上。按照默认设置,每个数据块有 3 个副本,分别存储在不同的节点。此种存储策略可以确保在任何一个 DataNode 崩溃或者网络访问中断时,这些文件仍然可以访问。

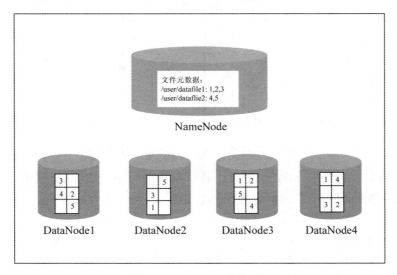

图 1-3  HDFS 文件存储

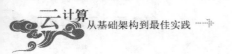

HDFS 文件系统不能当作 Linux/Unix 文件系统使用，它不支持像标准的 UNIX 文件系统命令，也不支持如 fopen()和 fread()这样的标准文件读写操作。HDFS 是为 MapReduce 这类架构下的大规模分布式数据处理设计的。例如，一个超过 100TB 的大数据集可以在 HDFS 中存储为单个文件，但其物理上被分段存储在许多 DataNode 节点，并可以在这些节点上并行处理。HDFS 使你不必考虑其背后的细节，就像在常规的文件系统上处理单个文件一样。

## 1.6.3　MapReduce 计算架构

Hadoop MapReduce 计算架构的实现基于 HDFS 分布式文件系统，其主要针对大规模数据处理任务。首先，数据应能够分割成可以并行处理的片段，分布存储在 Hadoop 集群的 DataNode 节点上，各片段的数据处理任务在这些节点上并行执行，这一过程就是 Map 映射，而且是一种计算资源向数据移动的 Map 映射。其次，各节点上的并行处理结果可以进行归约处理，即 Reduce。Hadoop MapReduce 任务的数据流如图 1-4 所示。

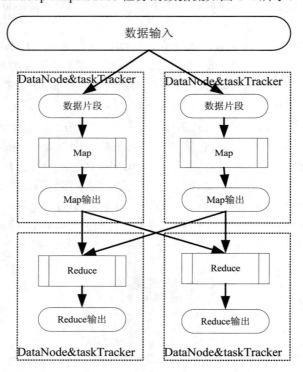

图 1-4　Hadoop MapReduce 任务的数据流

图 1-4 以两个节点为例，节点间的唯一通信点是在 Map 向 Reduce 输出，这种架构极具伸缩性，可以此类推至多节点并行处理的情形。

Hadoop 作业的控制流程如图 1-5 所示。

作业控制遵循以下策略。

- 数据处理在数据片段所在的节点执行。
- 充分利用数据多副本分布存储的特性，最大化并行处理。
- TaskTracker 持续不断地与 JobTracker 进行"心跳"通信，当出现 TaskTracker 节点

失效时，JobTracker 在具有相同数据副本的节点上重新提交任务。
- 每个 TaskTracker 既可执行 Map 任务，也可以执行 Reducer 任务。

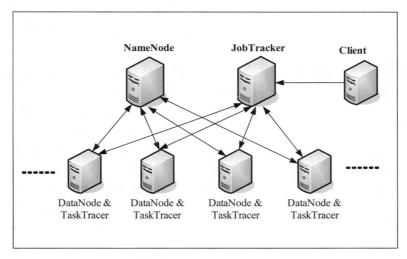

图 1-5 Hadoop 作业的控制流程

## 1.6.4 Hadoop 的局限

Hadoop 集群环境适用于大规模的数据处理任务，对数据进行连续集中的访问，而非随机、小量的数据访问，并且数据以读为主，只有少量的数据写操作。另外，被处理的数据具备并行处理的特性，且适用于 MapReduce 计算架构。在数据的组织上，主要以"键/值"对的简单结构为主。因此，Hadoop 架构主要适用于搜索引擎、视频点播、图片/音乐分享等互联网业务，而不适用于在线事务处理等传统业务。

# 1.7 互联网云计算

云计算的概念最早由互联网公司典型代表 Google 公司提出，并披露了实现云计算的技术基础——分布式系统。随后，众多的互联网公司，如 Yahoo、Amazon、Facebook 等，借鉴 Google 披露的技术各自开发出了多种分布式系统。如今，这些分布式系统不仅承载了互联网数据的爆发性增长，而且经过多年完善，已经具备了很高的性能获得了比较好的效果。

Yahoo 的 Hadoop 平台部署了 20 多个集群，最大集群的规模达到了 4000 台服务器，具有很高的海量数据处理性能；Amazon 构建了分布式存储系统 Dynamo，并基于 Hadoop 构建了 MapReduce 计算集群；Facebook 则构建了 key/value 架构分布式数据存储系统 Cassandra。这些分布式系统与 Google 的架构异曲同工，是互联网公司在云计算探索方面的代表。

互联网云计算具有一些共同的特征，其本质是通过强大的分布式技术将成千上万台服务器聚合为一台能提供强大的计算和存储能力的"计算机"，并让互联网用户共享这台"计算机"。对于开发者来说，可以在其上开发强大的 Web 应用，以满足用户的快速增长带来

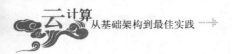

的海量数据存储、海量数据吞吐、高性能计算等需求。以 Google 为例，Google 不仅提供了各类 SaaS 应用(如 Gmail、Google Docs、Google Calendar 等)，而且向开发者提供了 IaaS 服务(Google Storage)和 PaaS 服务(Google App Engine)。互联网应用开发者可以基于全新的 API 来开发更为强大的互联网应用，而不需要了解 Google 在底层使用的复杂技术和庞大的数据中心资源。

仍以 Google 为例，其战略愿景是整合全球的信息，使互联网用户能够便捷地获取。为此，Google 不断完善其基于搜索的技术架构，逐步形成云计算"操作系统"平台和编程平台。首先，Google 内部的工程师基于其内部平台开发基于 Web 的应用，已有众多优秀的应用，例如 Gmail、Google Maps、GoogleDocs、Google Earth 等。进一步，Google 通过将自己的互联网云计算平台开放给外部的第三方开发者，形成了一个联网应用软件生态系统，就像 Wintel 生态系统。

借助于互联网云，互联网公司可以继续向 IT 领域拓展，可以从根本上颠覆传统的 IT 产业生态链。IT 用户可以不再需要购买传统的服务器、存储系统、操作系统、数据库和应用软件系统，而改为直接使用互联网公司提供的新型服务，如 Amazon EC2 计算服务、Amazon S3 存储服务、Amazon SDB 数据库服务、Google App Engine 开发平台服务、Salesforce 等各种应用服务。这种由互联网公司提供的服务屏蔽了服务器、存储、软件等复杂的 IT 元素，以新的形式提供 IT 服务，简化了用户使用 IT 服务的复杂度，降低了用户运营 IT 的成本，打破了传统的 IT 价值链。

另一方面，互联网公司用来提供云服务所依赖的服务器并不是高端服务器，操作系统多采用开源的 Linux，数据库采用开源的 MySQL，Web 系统采用开源的 Apache，开发语言采用开源的 Java 等。同时，互联网公司通过自己研发的强大的分布式软件技术，把这些普通的资源整合为强大的云计算平台。这对传统的 IT 公司是一个巨大的挑战。

互联网云计算屏蔽了底层资源的复杂性，通过资源整合和统一平台架构打造了一个端到端的封闭系统，看似是更"纯正"、更"本质"的云计算，但其发展和普及还有很漫长的路，其未来也还存在许多不确定因素。对于用户来说，互联网云计算将是一个全新的平台架构，目前已有的 CRM、OA 等传统应用难以直接移植到新的平台上，需要重新设计和开发，其推广必然要经历一个演进过程。

# 1.8　传统 IT 云计算

如果以 Google 等互联网公司为代表的 IT 服务成为主流，传统 IT 厂商的生存空间将受到极大的挤压。最早意识到互联网云计算带来挑战与机遇的传统 IT 厂商是 IBM。作为全球最大的传统 IT 公司，IBM 借鉴与吸收 Google 云计算的理念，重新阐述了对云计算的理解，让人们有理由相信：并非只有互联网云计算才是云计算机。

传统 IT 业者从云计算本质对云计算进行了定义，即云计算是基于网络向用户提供 IT 服务。继而把 IT 服务包装为 IaaS、PaaS 和 SaaS。从这一角度理解，更强调用户所关心的是云计算能提供什么样的服务，而不是服务背后的实现技术，使人们相信，云计算也是基于传统 IT 的产业革命。

从传统 IT 厂商的立场，云计算的核心技术是虚拟化技术，并不一定要采用 Google 等互联网公司擅长的分布式技术。当前，虚拟化技术已经相当成熟，传统 IT 公司也已具备一定的技术和产品能力，采用虚拟化技术也的确收到了预期的效果，而且仍具有很大的发展空间。虚拟化技术的引入，将固定的、难以共享的 IT 硬件资源变为灵活的、可移动的、更有利于实现共享的虚拟 IT 资源，有效地将空闲资源整合起来，形成一个可被重新利用的弹性虚拟化资源池。

对于传统 IT 厂商，实现云计算环境的切入点也是"数据中心"。

早期的数据中心主要指存放大型主机的机房。当时的大型主机非常昂贵，为了充分利用大型主机的资源，多个用户通过终端和网络连接到主机上来共享计算资源。到 20 世纪 90 年代，客户端/服务器的计算模式得到了广泛应用，用户安装客户端软件后，通过互联网或局域网与服务器相互配合完成计算任务。在这种计算模式中，数据中心存放服务器并提供服务。互联网技术的蓬勃发展使数据中心的重要性日益突显，不但政府机构和金融电信等大型企业扩建自己的数据中心，中小企业也纷纷构建数据中心，提供协同办公、客户关系管理等信息系统以支持业务的发展。

实践证明，在企业级数据中心引进虚拟化技术，具有相当大的吸引力，使数据中心基础设施在技术架构、资源交付、运维管理等方面发生了巨大的变革。在资源交付服务 IaaS、PaaS、SaaS 中，传统 IT 更看重 IaaS，PaaS 和 SaaS 都可以基于 IaaS 来提供。通过 IaaS，传统 IT 厂商可以将服务器、存储、应用软件等资源以服务的形式提供给用户，传统 IT 不仅不会退出历史舞台，而且还可能发挥更大的作用。而反观 Google 等互联网公司的基础设施和应用软件，对绝大部分企业用户来说是颠覆性的，不仅自己没有能力构建，更难以将已有的系统和应用迁移，新应用的开发也要随之产生巨大的改变。如果说人们更多地将互联网云计算称为公有云运营模式的话，对与之相对应的私有云运营模式，传统 IT 云计算似乎更胜一筹，能够更好地利用用户现有的应用，短期内更容易为用户所接受。

# 1.9  虚  拟  化

虚拟化技术(Virtualization)并不是新鲜事物，20 世纪 50 年代虚拟化的概念就被提出，到 20 世纪 60 年代 IBM 公司在大型机上实现了虚拟化的商用，从操作系统的虚拟内存到 Java 语言虚拟机，再到目前基于 x86 体系结构的服务器虚拟化技术的蓬勃发展，都为虚拟化添加了丰富的内涵。近年来随着服务器虚拟化技术在数据中心部署和管理方面的普及，出现了全新的数据中心架构和运营方式。因此，有必要将服务器虚拟化作为云计算的重要支撑技术，从概念层次做一介绍。

## 1.9.1  资源池化

可以将计算机系统理解为层次化的结构，从下至上包括底层硬件资源、操作系统、操作系统提供的应用编程接口、运行在操作系统上的应用程序。虚拟化技术就是在这些不同层次之间插入一个虚拟化层，向上提供与真实层次相同或类似的功能，使得上层系统可以运行在该虚拟化层之上。为什么要加入一个中间层？其目的就是为了解耦，解除其上下两层间原本存在的耦合关系，使上层的运行不依赖下层的具体实现。由于引入了中间层，虚

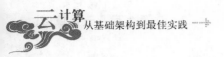

拟化不可避免地会带来一定的性能影响，但是随着虚拟化技术的发展、硬件性能的大幅提升，这种开销的影响程度在不断地减小。

计算机业内最为熟知的虚拟化技术也许就是操作系统中的虚拟内存技术。虚拟内存技术在磁盘存储空间中划分一部分作为内存的中转空间，负责存储内存中存放不下且暂时不用的数据，当程序用到这些数据时，再将它从磁盘换入到内存。虚拟内存技术屏蔽了程序所需内存空间的存储位置和访问方式等实现细节，使程序看到的是一个统一的地址空间，程序员拥有了更多的空间来存放自己的程序指令和数据，从而可以更加专注于程序逻辑的编写。虚拟内存技术以一种透明的方式抽象了底层资源，向上提供透明的服务，不论是程序开发人员还是普通用户都感觉不到它的存在。

如图 1-6 所示，服务器虚拟化技术就是服务器硬件资源和操作系统间的虚拟化层，将一个物理服务器虚拟成若干个虚拟服务器使用。服务器虚拟化为虚拟服务器提供了能够支持其运行的硬件资源抽象，包括虚拟 BIOS、虚拟处理器、虚拟内存、虚拟设备与 I/O，并为虚拟机提供了良好的隔离性和安全性。对于系统管理员而言，操作系统安装于虚拟服务器如同安装在物理服务器一样。

图 1-6　服务器虚拟化技术

以 x86 服务器虚拟化典型代表厂商 VMware 公司的产品为例，ESX Server 直接安装并运行在服务器硬件之上，是一款在通用的物理环境下分区和整合虚拟服务器的虚拟化软件，具有高级资源管理功能。目前，像 VMware ESX Server 这类服务器虚拟化软件完全适用于企业级环境。

在采用了服务器虚拟化后，一个完整的虚拟服务器被封装为一个单一的逻辑实体，在物理层面它由一组虚拟机文件组成，这样的实体非常便于在不同的硬件间备份、移动和复制。同时，服务器虚拟化将物理机的硬件封装为标准化的虚拟硬件设备，提供给虚拟服务器内的操作系统和应用程序，保证了虚拟机的兼容性，即硬件无关性。

在单个级别的服务器虚拟化基础上，又可以实现虚拟化平台的集中管理，将服务器资源池化。仍以 VMware 产品为例，如图 1-7 所示的 Virtual Center Management Server(虚拟中心管理服务器，简写为 vCenter Server)就是一款服务器虚拟化平台的管理软件，在虚拟基础架构的每个级别上实施集中控制。无论是拥有几十个虚拟服务器，还是几千个虚拟服务器，均可以通过 vCenter Server 进行有效、便捷的管理。从单个控制台统一管理所有的物理服务器和虚拟服务器。

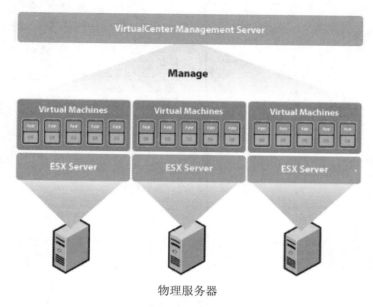

物理服务器

图 1-7　服务器集中管理

　　服务器虚拟化技术降低了资源使用者与资源具体实现之间的耦合程度,让使用者不再依赖于资源的某种特定实现。利用这种松耦合关系,将操作系统与硬件资源分离,再通过集群化的集中管理,将资源池化。经过这一“分”一“合”,演变出了新的资源整合模式,也被称作一种云计算模式。图 1-8 描绘了这种计算模式的演进。

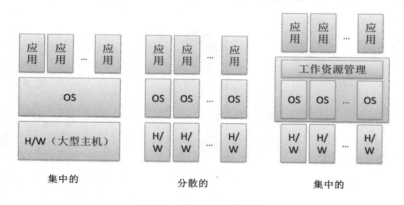

图 1-8　服务器资源整合

## 1.9.2　动态资源调度

　　服务器虚拟化另一个极具吸引力的特性是动态迁移技术。如图 1-9 所示,所谓动态迁移就是虚拟服务器从一台物理主机迁移到另一台物理主机,虚拟服务器可以在迁移过程中保持运行状态不中断。

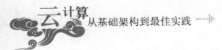
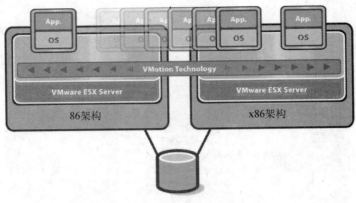

图1-9　虚拟机动态迁移

对于虚拟化数据中心管理员来说，正是有了动态迁移技术，数据中心不再是一台台隔离的服务器，而是一个统一的服务器资源池。在资源池内管理着大量的 CPU、内存、存储空间、网络资源，如图 1-10 所示，每个虚拟机可以在资源池内自由地移动。

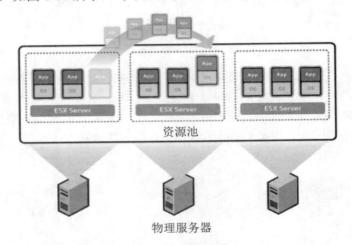

图1-10　动态资源调度

有了可动态调度的虚拟化资源池的概念，我们就很容易理解在虚拟化环境下，云计算的关键特性是如何落地的。

图 1-11 展示了资源按需扩展，即插即用的特性。当需求变化时，可以向资源池动态实时地添加物理设备，实现资源向外扩展(Scale-out)。虚拟服务器可以根据调度策略，自动在物理主机间迁移，既可保障虚拟服务器的资源需求，又可以平衡物理主机的负载。

图 1-12 展示了资源池的高可用特性。资源池大规模采用普通廉价的物理服务器，硬件设备失效是常态。当一个物理主机节点失效时，其上运行的虚拟服务器会自动在集群中的其他物理主机上启动并运行。

图 1-13 展示了自动化资源回收和节能特性。通过设置相应的资源管理策略，可以自动感知资源的供给关系，以资源池中物理主机计算资源总量作为资源供给量，当虚拟服务器的实际资源消耗低于设置的阈值时，可以通过虚拟机动态迁移优化虚拟服务器的分布，回

收部分物理主机资源，甚至可以自动关闭这些主机的电源，达到节能的目的。当虚拟服务器负载上升，需要更多的物理资源时，可以自动启动物理主机，并根据适当的策略向新启动的物理主机动态迁移虚拟服务器。

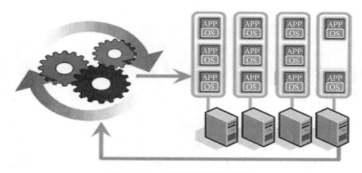

图 1-11  按需扩展即插即用

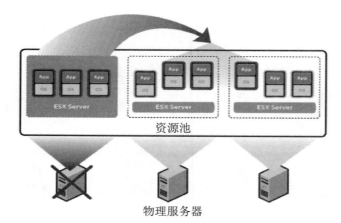

图 1-12  资源池的高可用性

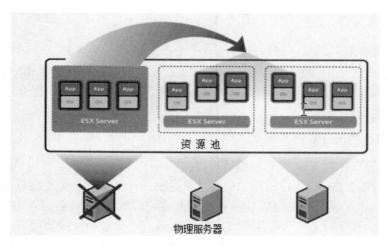

图 1-13  动态电源管理

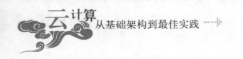

# 1.10　有关云计算的参考资料

美国国家标准与技术研究所(NIST)于 2009 年 7 月提出并发布了被广泛接受的云计算定义，2011 年 9 月 NIST 云计算定义被正式发布为(NIST)SP800-145 标准，给出了云计算的定义、5 个基本特征(按需服务、宽带访问、资源池化、快速扩展、服务度量)、3 种服务模式(IaaS、PaaS、SaaS)和 4 种部署模式(私有云、公有云、社区云、混合云)。

**1. NIST 对云计算的定义**

NIST 对云计算的定义：云计算是一种模型，它可以实现随时随地，便捷地、随需应变地从可配置计算资源共享池中获取所需的资源(例如，网络、服务器、存储、应用及服务)，资源能够快速供应并释放，使管理资源的工作量和与服务提供商的交互减小到最低限度。

**2. NIST 归纳的云计算特征**

NIST 归纳的云计算有以下 5 个基本特征。

(1) 随需应变的自助服务。消费者可以单方面地按需自动获取计算能力，如服务器时间和网络存储，从而免去了与每个服务提供者进行交互的过程。

(2) 无处不在的网络访问。网络中提供许多可用功能，可通过各种统一的标准机制从多样化的瘦客户端或者胖客户端平台获取(例如，移动电话、笔记本电脑或 PDA 掌上电脑)。

(3) 资源共享池。服务提供者将计算资源汇集到资源池中，通过多租户模式共享给多个消费者，根据消费者的需求对不同的物理资源和虚拟资源进行动态分配或重分配。资源的所在地具有保密性，消费者通常不知道资源的确切位置，也无力控制资源的分配，但是可以指定较精确的概要位置(如国家、省或数据中心)。资源类型包括存储、处理、内存、带宽和虚拟机等。

(4) 快速而灵活。能够快速而灵活地提供各种功能以实现扩展，并且可以快速释放资源来实现收缩。对于消费者来说，可取用的功能应有尽有，并且可以在任何时间进行任意数量的购买。

(5) 计量付费服务。云计算系统利用一种计量功能(通常是通过一个付费使用的业务模式)来自动调控和优化资源利用，根据不同的服务类型按照合适的衡量指标进行计量(如存储、处理、带宽和活跃用户账户)、监控、控制和报告资源使用情况，提升服务提供者和服务消费者的透明度。

**3. NIST 归纳的云计算服务模型**

NIST 归纳的云计算有以下 3 种服务模型。

(1) 软件即服务(SaaS)。该模式的云服务，是在云计算基础设施上运行的、由提供者提供的应用程序。这些应用程序可以被各种不同的客户端设备，通过像 Web 浏览器(例如，基于 Web 的电子邮件)这样的瘦客户端界面所访问。消费者不直接管理或控制底层云基础设施，包括网络、服务器、操作系统、存储，甚至单个应用的功能，但有限的特定于用户的应用程序配置设置则可能是个例外。

(2) 平台即服务(PaaS)。该模式的云服务，是将消费者创建或获取的应用程序，利用资源提供者指定的编程语言和工具部署到云的基础设施上。消费者不直接管理或控制包括网络、服务器、运行系统、存储，甚至单个应用的功能在内的底层云基础设施，但可以控制部署的应用程序，也有可能配置应用的托管环境。

(3) 基础设施即服务(IaaS)。该模式的云服务，是租用处理、存储、网络和其他基本的计算资源，消费者能够在上面部署和运行任意软件，包括操作系统和应用程序。消费者不管理或控制底层的云计算基础设施，但可以控制操作系统、存储、部署的应用，也有可能选择网络构件(例如，主机防火墙)。

### 4. NIST 归纳的云计算部署模型

NIST 归纳的云计算有以下 4 种部署模型。

(1) 私有云(Private cloud)。私有云是为一个用户/机构单独使用而构建的，可以由该用户/机构或第三方管理，存在预置(on premise)和外置(off premise)两个状态。

(2) 社区云(Community cloud)。社区云是指一些由有着共同利益(如任务、安全需求、政策、契约等)并打算共享基础设施的组织共同创立的云，可以由该用户/机构或第三方管理，存在预置(on premise )或外置(off premise)两个状态。

(3) 公共云(Public cloud)。公共云对一般公众或一个大型的行业组织公开可用，由销售云服务的组织机构所有。

(4) 混合云(Hybrid cloud)。混合云由两个或两个以上的云(私有云、社区云或公共云)组成，它们各自独立，但通过标准化技术或专有技术绑定在一起，云之间实现了数据和应用程序的可移植性(例如，解决云之间负载均衡的云爆发(cloud bursting))。

### 5. 对云计算的其他描述

另外，我们再罗列一些关于云计算有代表性的描述，供读者参考。

维基百科(Wikipedia.com)的定义：云计算是一种能够将动态伸缩的虚拟化资源通过互联网以服务的方式提供给用户的计算模式，用户不需要知道如何管理那些支持云计算的基础设施。

Whatis.com 认为：云计算是一种通过网络连接来获取软件和服务的计算模式，云计算使得用户可以获得使用超级计算机的体验，用户通过笔记本电脑与手机上的瘦客户端接入云中获取需要的资源。

IBM 认为：云计算是一种共享的网络交付信息服务的模式，云服务的使用者看到的只有服务本身，而不用关心相关基础设施的具体实现。

# 1.11　小　　结

本章以云计算的实际案例和服务产品为切入点，归纳了云计算的主要外在形态：IaaS、PaaS、SaaS，并以此向读者展现云计算的关键特征。通过讲解云计算的支撑技术：并行计算、虚拟化，展示实现云计算的技术原理和不同途径，其间也包含了对云计算历史演进的介绍。

通过本章的学习，读者应能够对云计算有一个比较全面的认识，理解云计算的内在技术与外在特征的有机联系。

# 第2篇 虚 拟 化

# 第2章

拥抱虚拟化

【内容提要】

虚拟化是云计算最重要特征之一，基于虚拟化技术可以对存储、计算、网络等物理资源进行池化，资源池化的基础设施更易于实现按需分配的资源调度策略、易于实现资源池的横向扩展。

本章主要介绍服务器虚拟化技术，包括服务器虚拟化分类、原理、特性及产品，并以 VMware vSphere 为重点，详细介绍其功能特性。

本章要点

- ■ 虚拟化价值
- ■ 虚拟化原理
- ■ 主流虚拟化平台概述
- ■ VMware vSphere 平台详解

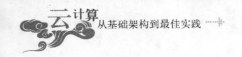
# 2.1 为什么选择虚拟化

虚拟化最大的特点是能够快速整合资源，并最大限度地利用已整合的资源，它是云计算重要的支撑技术之一。

## 2.1.1 当前困境

当前稍具规模的单位都会拥有独立的信息化管理部门，使用信息化的好处无须多说，不过随着信息化应用的不断深入，往往会出现如下几类场景。

**场景一：业务开通越来越慢**

越来越多的业务部门需要部署或升级业务系统，从各业务部门提交的需求清单来看，几乎每个业务系统对资源的需求都很高，为满足这些需求，信息部门往往需重新采购各软硬件设备，通常设备采购会有一定周期，如果机房条件不足就要考虑扩建机房或租用托管机房。

**场景二：资源闲置越来越多**

随着业务系统数量越来越多，信息部门所需要管理的资源，如服务器、网络、存储也越来越多，通过细粒度监测与分析，通常可以发现大多数时间业务系统并非按最初设想的那样繁忙，整体资源闲置率会比较高，平均可以超过40%，有的甚至可以高达75%以上。

**场景三：无法应对资源突发情况**

突发时间段内，某些业务系统访问量骤增，所需资源远远超过最初设计值，系统短时间内面临瘫痪，花费不菲的代价实现扩容并度过高峰时期后，资源在大多数时间面临更大的闲置。

**场景四：无法灵活地进行资源重用**

对于业务系统中闲置的资源无法进行重用，为了应对新的突发时期，有些单位可能会预先购置一批设备。平时处于空转或关机状态，关键时候启用，但这种方式无形之中多占用了预算资金，而一旦关键时期迟迟不能到来，这些新机器可能面临被淘汰的境地。

## 2.1.2 虚拟化带来的价值

如果面临上述问题，可以考虑采用虚拟化技术进行解决，当然虚拟化不是万能的，但至少能够节省成本，更快速地应对业务需求，体现运维的价值，下面看看虚拟化是如何应对上述场景的。

**场景一：资源池化与服务可度量**

实现对服务器、网络、存储等资源池化，并通过部署服务度量平台，细粒度监测各项功能指标，特别是体现出对资源消耗的监测与分析，并根据服务目录与服务协议，对资源消耗进行计费，这可以体现出运维部门并非一直在花钱，也在创造着价值。

### 场景二：业务快速响应

采用虚拟化平台后，业务部门可以通过自助服务门户申请资源(虚拟主机、存储空间、网络带宽、灾备环境)，这些申请可以自动化创建并计费，通常开通一台虚拟主机大约需要1分钟，而批量开通更可以通过并行处理实现，这无疑给业务部门带来了福音，能够快速响应业务需求。

### 场景三：提升效能

基于虚拟化可以实现在一台物理主机上运行多个虚拟主机，这意味着相同的物理主机可以支撑更多的业务系统，这可以降低直接采购成本。

此外虚拟化支持对物理主机动态电源管理，即：当整体资源闲置较高时，将分布在不同服务器上的虚拟主机迁移到更少的服务器上，关停没有业务的服务器，这可以带来对电力以及运营成本的节约。

### 场景四：运维转型与价值提升

业务部门可以通过自助管理门户，查看所属业务系统资源消耗与运行的情况，可以根据实际情况关停或扩容相应的资源，实现按需索取的目标。

运维部门在支撑业务系统运转时，不再像之前基于单一业务系统驱动型的，而是转变成运营与服务型，如：运维部门通过性能与容量预测自行决定何时扩容基础设施资源，并将新资源纳入服务门户，业务部门通过服务门户自助索取，按需使用并计费。

这种情形下使得运维部门可以专心提供各种信息化服务，业务部门根据实际需求购买服务，双方通过服务协议约定服务质量，这种良性的互动会引领信息化进入更高的阶段，从而激励了运维人员的积极性，降低了整体运营成本。

当运维进入运营与服务阶段后，可以考虑将闲置资源开发成 IaaS、PaaS 或 SaaS 服务进行发布，满足其他单位用户的需求，这更是一举多得，既能提升自身的价值与影响力，带来收益；又能满足客户以较低的成本获得所需信息化服务。

> **小提示**
>
> 运营 IaaS 云服务的前提条件如下。
> - 制订并发布服务目录，如 amazon 中的 EC2 与 S3。
> - 有明确的、成本可控的虚拟化与海量存储解决方案，可以是一种商用化架构，也可以是商用与开源架构的混合体。
> - 有自助式用户服务门户，并支持细粒度监测与计费功能。
> - 至少拥有一个异地灾备中心。

## 2.1.3　可选的虚拟化架构

云计算以服务为核心，它将服务主要分为 IaaS(基础设施即服务)、PaaS(平台即服务)和 SaaS(软件即服务)。这里所描述的虚拟化技术，更侧重于支撑 IaaS。

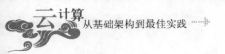
大部分一线数据中心管理人员，在迈入云计算时，最先面对的就是如何实现 IaaS 云，因此本章、乃至本书的主要内容就是提供思路帮助管理人员架构并实现 IaaS 云。

准确来讲，上面所提到的 IaaS 云并不是一种技术，而是一种理念或称蓝图。如何衡量 IaaS 云已落地，可以从云计算的五大能力的视角进行考察：无处不在的网络访问能力；资源的池化能力；弹性可伸缩能力；服务可度量；自助服务能力。

通过上述五种能力，可以看出云计算的核心是资源池化与弹性可伸缩，而资源池化与弹性可伸缩本质上是如何实现资源的虚拟化，针对这个问题，当前比较流行的两种方案是传统的 IT 云计算架构模式与分布式云计算架构(互联网)模式。

下面分别进行介绍。

### 1. 传统的 IT 云计算模式

这种架构通常面向于企事业单位，是基于用户现有基础设施环境，对服务器、网络、存储等进行统一规划与架构，并通过虚拟化平台实现的一种解决方案，如图 2-1 所示。

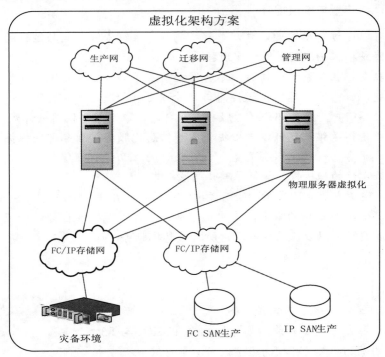

**图 2-1 虚拟化架构示意图**

1)    此方案的主要特点

这种虚拟化架构模式主要由生产、灾备存储、多组服务集群、无阻塞网络组成，主要特点如下。

(1)    由生产与灾备两个存储区域为存储数据的核心，灾备环境应充分采用压缩技术，以节约存储空间，如果存储设备比较多，可以采用存储虚拟化网关。

(2)    物理服务器分成不同的集群组，可以按用途、容量限度确定每一个物理服务器集群规模上限。诸如可以通过服务对象进行分类：生产环境虚拟化池、测试环境虚拟化池、预发布环境虚拟化池；也可以按性能高低进行分类：低性能、中等性能、高性能虚拟化池等。

(3) 各物理服务器通过 FC/IP 存储网逻辑连接生产与灾备存储区域，用户根据实际情况分别从生产与灾备存储区域为每一组服务器集群划分所需的共享存储空间，空间大小可动态调整。

(4) 所有物理服务器的前端都处于同一个大二层网络环境下，网络通过用途划分为虚拟化管理网络、虚拟化迁移网络、虚拟化生产网络。考虑到单物理服务器要支撑数十台以上虚拟主机，因此在选型物理服务器时要充分考虑综合性价比。

(5) 服务器安装虚拟化平台，并通过存储虚拟化技术使得同一集群组内的服务器共享生产与灾备存储空间。这些空间用于存放本集群内的虚拟主机，并用于实现虚拟主机在整个服务器集群内的动态迁移。

2) 此方案的成本高但值得考虑

这种方案容易被各企事业单位接受，相信未来会更广泛地获得应用，但相对而言这种方案成本较高，如：

(1) 采购成本高。采购所需的软硬件平台，如服务器、各式存储设备、存储交换机、商用虚拟化授权均需要大量的预算。

(2) 扩展成本高。单 SAN 存储支持 50 台服务物理器，高负荷运转可以支持 1200 台左右的虚拟主机，但如果想实现水平扩展，可能就得需要再搭建类似的环境。

虽然会付出一定成本，但相比于使用后的价值还是值得去考虑，通常情况下，50 台物理服务器加上两台中高端 SAN 阵列，就能实现上千台虚拟主机规模，足以满足大多数企事业单位的应用；二是可靠性与稳定性高，由成熟的商用平台来保证后期运行的稳定性与可靠性，同时也会降低管理的难度。

## 2. 分布式云计算架构模式

这种方案更多地应用于互联网企业，在第 1 章中已有介绍，它是基于开源或自主开发方式实现分布式计算、分布式存储以及大规模虚拟主机的解决方案。

在硬件上它由低廉的物理服务器组成，软件系统方面有 Hadoop 平台、开源虚拟化平台(如 KVM、XEN)等。

这种方案的架构模式如下。

(1) 所有物理服务器以节点的形式形成一个集群，在每个节点上部署同样的软件系统，包括操作系统(Linux)、虚拟化平台(KVM 或 XEN)、分布式系统安装包(Hadoop 平台)、分布式监控与管理系统。

(2) 所有节点都可实现 SSH 免登录访问，通过配置并开启 HDFS 实现统一分布式文件存储集群；每个节点上都可运行虚拟机平台，其中虚拟主机文件由 HDFS 进行管理。

(3) 通常可以实现 1000 台左右物理服务器组成的计算与存储集群(单节点为 2×2CPU、4GB 的内存、4TB 的磁盘)，总计算能力为 4000 物理核、4TB 内存、4PB 存储空间的逻辑上超大型计算机。

(4) 在这个集群平台中可以部署统一存储平台、统一海量数据分析平台、统一虚拟主机平台(可以支持 5000 台以上)。

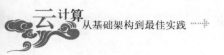

通过 Hadoop 平台与 KVM 或 XEN 实现的架构模式优势在于一次性投入成本比较低，集群物理规模是可以调整的(节点数量可以扩展)，软件平台本身是免费的；这种模式多用于互联网企业或者对外提供虚拟主机服务的大型数据中心运营商。

### 3. 两种模式对比

这两种模式都是为了满足用户需求，相比较来讲，前者属于傻瓜模式，投入成本高，管理成本低，通过商用平台通常能够保障高可靠性与高稳定性，但存在的问题是如果虚拟主机规模较大，会面临较高授权成本的问题。

后者投入成本低，使用成本高，虽然硬件成本便宜，但硬件本身的可靠性会存在问题，实际运营会经常面临磁盘或节点失效的问题，虽然采用分布式模式可以屏蔽失效节点或磁盘，但始终要面临更换成本，此外采用这种模式要求使用者本身具有一定的开发能力，毕竟当前应用的平台并不能保证已提供的功能就是用户实际所需要的，总存在定制或改进的操作，这也是一笔隐形成本。

不过从长期发展来看，当数据中心的 IaaS 规模足够大时，后者无疑极具有竞争力，因此作者建议使用前者的用户不妨关注一下后者的技术发展，特别是关注开源虚拟化平台的发展，可以在适当的时机将两种架构混合使用，例如：商用虚拟化平台用于生产环境、开源虚拟化平台用于测试与验证环境。

## 2.2　虚拟化技术

### 2.2.1　虚拟化概述

虚拟这个词最早起源于光学领域，用于描述镜子里的物体。在云计算浪潮下，虚拟化的内涵得到极大丰富，它用于描述对真实物理硬件的模拟，当前探讨更多的是虚拟主机，从用户使用角度来看，它跟一台物理主机没有任何区别，只不过是由软件模拟出来的，是虚拟的，不是可触摸的物理存在。

从虚拟化原理上来讲，它构建了一个中间层，中间层对上是应用环境，提供指令集接口；对下是操作系统或硬件设备，调用它们的指令集来实现虚拟主机的指令。运行的虚拟主机每一个操作均是通过中间层这个接口翻译传送到设备层，执行结果反馈给虚拟主机。这个中间层承担的是一个翻译与映射的工作，由于中间层的工作层次不同，其效能也存在不同。

从效果上来看，将服务器物理资源抽象成逻辑资源，让一台服务器变成几台甚至上百台相互隔离的虚拟服务器，服务物理器中的 CPU、内存、磁盘、I/O 等硬件变成可以动态管理的"资源池"，这样可以极大地提高资源的利用率，简化系统管理，实现服务器整合，让 IT 对业务的变化更具适应力。

通过上面的描述，这里给出一个服务器虚拟化的简单定义：它可以理解为一种软件技术，通过在服务器硬件和软件之间添加虚拟中间层(可以称为 Hypervisor 或 VMM)，使得单一服务器可以运行多个操作系统或应用。

虚拟化技术本身并不是新概念，早在 20 世纪 60 年代，IBM 公司就在其 System/360 主机上运行虚拟机监视器 VMM(Virtual Machine Monitor)；20 世纪 90 年代末，IBM 推出了逻辑分区(LPAR)技术和新的高可用性集群解决方案，使得单台服务器可以实现 12 个独立分区，这些分区本身拥有处理器、内存和其他组件在内的系统资源。

20 世纪 90 年代中后期 VMware 公司推出了自己的 x86 平台解决方案，在 Google 公司于 2006 年提出云计算策略后，整个虚拟化平台得到了重新认识与应用。当前市面上主流的虚拟化技术是基于 x86 平台，主流产品包括：VMware 的 ESX 平台、Citrix 的 Xen 平台、微软的 Hyper-v 平台，以及 Red Hat(红帽)公司推出的 KVM 平台等。

## 2.2.2　虚拟化特性

如图 2-2 所示，相对于传统的物理服务器，虚拟化技术具有隔离性、便携性、硬件独立性、资源利用高等特性。

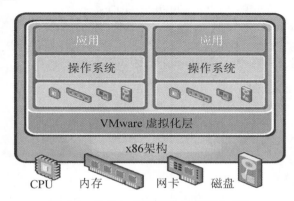

图 2-2　传统与虚拟化技术之间的对比

### 1. 资源利用率高

传统物理主机只能安装一个操作系统，面向一个应用，采用虚拟化技术后，单台物理主机可以同时运行多个操作系统，满足多个不同应用，提升了资源的利用效率，降低了运营成本。

### 2. 可靠性

传统物理主机在主机宕机时上面的应用会受到影响，而采用虚拟化技术后，当单个物理主机出现故障时，虚拟主机可以动态迁移到其他物理主机上运行，这无疑极大地提升了可靠性，用两种模式对服务器虚拟化，它可以理解为一种软件技术，它的可靠性更高。

### 3. 隔离性

在同一台物理服务器运行的多个虚拟主机，当其中一个出现故障时，其他虚拟主机不受影响，这是由于虚拟主机是独立运行的，能够对故障虚拟主机进行有效隔离。

### 4. 便携性

单个虚拟主机以文件的形式存放，既可以将虚拟主机文件放置于 SAN 共享存储环境中，也可以通过存储介质的移动迁移虚拟主机。这增强了虚拟主机的便携性，可以方便地移动

至新的环境运行，同时也使得主机层面灾备变得容易。

### 5. 硬件独立性

虚拟主机独立于硬件环境，当底层硬件环境发生改变时，只要 Hypervisor 层能够支持，虚拟主机就不会受影响。

## 2.2.3　服务器虚拟化分类

虚拟化技术可以分为单一资源多种展示，也可以分为多种资源单一展示。简单来讲，服务器虚拟化技术属于前者，即单一物理资源可以拆分成多个独立的虚拟主机，即多种逻辑展示；而流行的存储虚拟化属于后者，不同介质的存储可以组成一个逻辑统一的存储池。

虚拟化技术从使用类型上可以分为平台虚拟化(Platform Virtualization)，如服务器平台虚拟化；资源虚拟化(Resource Virtualization)，如内存、存储、网络资源等；应用虚拟化(Application Virtualization)，如模拟技术、解释技术、仿真技术等。

本章重点介绍服务器虚拟化技术。服务器虚拟化技术按原理不同，可以分为完全虚拟化、超虚拟化、操作系统虚拟化、硬件加速虚拟化、部分虚拟化等。

下面分别介绍这些类型的特点。

### 1. 完全虚拟化

完全虚拟化(Full Virtualization)是指 Hypervisor 层完全模拟了完整的底层硬件，如处理器、物理内存、磁盘、网卡、外设等，为原始硬件环境设计的操作系统或系统软件不做任何修改就可以运行于虚拟主机之中。

典型的完全虚拟化方案包括 Microsoft Virtual PC、VMware Workstation、Sun Virtual Box、Parallels Desktop for Mac 和 QEMU 等。

### 2. 超虚拟化

与完全虚拟化类似，超虚拟化模拟了大部分外设环境，但仍有部分硬件接口以软件调用的形式提供给客户机操作系统，通过类似于 Hypercall(VMM 提供给 Guest OS 的直接调用，与系统调用类似)的方式越过宿主操作系统直接以特权状态的代码与硬件进行交互。

这种模式如图 2-3 所示。

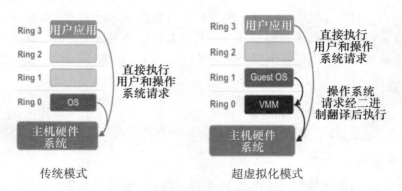

图 2-3　超虚拟化运行架构

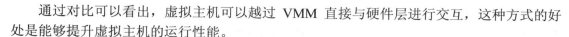

通过对比可以看出，虚拟主机可以越过 VMM 直接与硬件层进行交互，这种方式的好处是能够提升虚拟主机的运行性能。

典型的超虚拟化平台包括 Denali、Xen 平台。

### 3. 操作系统虚拟化

操作系统级虚拟化是一种在服务器操作系统中采用的轻量级的虚拟化技术，内核通过创建多个虚拟的操作系统实例(内核和库)来隔离不同的进程，而这些不同实例中的服务进程完全感知不到对方的存在。

操作系统虚拟化类似于沙箱技术，常用于提供应用层虚拟化服务，典型的操作系统虚拟化平台包括 Solaris Container、FreeBSD Jail 和 OpenVZ 等。

### 4. 硬件加速虚拟化

硬件加速虚拟化类似于完全虚拟化，不同之处在于虚拟化技术本身依赖于硬件平台，特别通过开启主机处理器的虚拟化辅助功能，来实现高效的全虚拟化技术。

x86 平台上有 Intel-VT 和 AMD-V 两种硬件加速虚拟化技术，采用硬件加速虚拟化的虚拟主机可以有自己的全套"处理器寄存器"，并能够直接运行于物理主机的最高级别。

### 5. 部分虚拟化

顾名思义，部分虚拟化是指 Hypervisor 层只模拟部分硬件设备，用户在使用时需要对客户机操作系统进行定制修改后，才可以运行。

目前这种虚拟化技术并不是特别多，主要是用于早期大型主机虚拟化技术，例如，IBM M44/44X 实验性分页系统等。

## 2.3　VMware 与虚拟化功能介绍

VMware 及其虚拟化平台在目前的市场占用率位居榜首，作为当前主流的虚拟化平台，VMware 拥有清晰的架构、强大的功能。本节以 VMware vSphere 为主，详细介绍其主要功能。

## 2.3.1　VMware 介绍

1998 年成立的 VMware 公司将虚拟化技术带入到了基于 x86 架构的通用个人电脑领域。目前，该公司已经拥有 x86 虚拟化市场较大份额，确立了自己在 x86 架构上虚拟化平台提供商的霸主地位。之后，VMware 又进一步调整了战略计划，已经拥有了三条虚拟化产品线：数据中心产品、桌面产品和其他虚拟化辅助产品。其数据中心产品的目标是整合虚拟化数据中心的基础设施，提供基于虚拟化基础架构的数据中心操作系统(Virtual DataCenter Operating System，VDC-OS)。这里的数据中心操作系统和主机操作系统的概念完全不同，它集成了数据中心所有的硬件资源、虚拟服务器和其他基础设施，通过有效的管理，为上层应用提供高可用、可伸缩、灵活的基础设施服务，即 IaaS 服务。

VMware 数据中心产品称为 VMware vSphere，我们在此做一简单介绍，以利于读者对

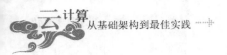

虚拟化平台的结构、功能有一个比较全面的了解，并给出一个可供与同类平台进行比较的参照系统。欲了解更详细信息可以访问 http://www.vmware.com/cn/support/pubs。

## 2.3.2 vSphere 组件

VMware 将 vSphere 自称为云操作系统，其本质就是利用虚拟化功能将数据中心转换为云计算基础架构。VMware vSphere 由以下组件构成。

- 基础架构服务。用于抽象、聚合和分配硬件或基础架构资源的服务集。其中 vCompute 是从完全不同的服务器资源抽象而成的 VMware 功能，vCompute 服务从众多离散的服务器中聚合这些资源，并将它们分配到应用程序；vStorage 是可以在虚拟环境中高效利用和管理存储器的技术集；vNetwork 是在虚拟环境中简化并增强网络的技术集。
- 应用程序服务。用于确保应用程序的可用性、安全性和可扩展性的服务集。例如：包括高可用性(HA)和容错功能。
- VMware vCenter Server。为数据中心提供一个单一控制点。它提供基本的数据中心服务，如访问控制、性能监控和配置功能。
- 客户端。用户可以通过诸如 vSphere Client 或 Web Access 等客户端访问 VMware vSphere 数据中心。

图 2-4 显示了 VMware vSphere 组件层之间的关系。

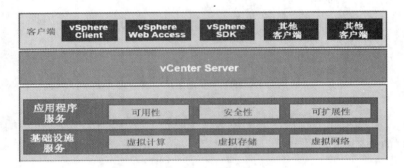

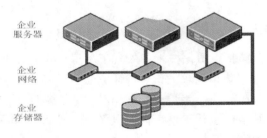

图 2-4　VMware vSphere 组件关系

VMware vSphere 的主要组件及功能如表 2-1 所示。

表 2-1 VMware vSphere 的组件

| 组件名称 | 功能描述 |
| --- | --- |
| ESX<br>ESXi | 一个在物理服务器上运行的虚拟化层，它将处理器、内存、存储器和资源虚拟化为多个虚拟机。VMware ESX 包含内置服务控制台。它的安装文件是一个可安装的 CD-COM 引导映像。<br>VMware ESXi 4.0 不包含服务控制台。它有两种形式：VMware ESXi 4.0 Embedded 和 VMware ESXi 4.0 Installable。ESXi 4.0 Embedded 是一个固件，内置于服务器物理硬件中。ESXi 4.0 Installable 是一种软件，该软件的安装文件是一个可安装的 CD-ROM 引导映像。将 ESXi 4.0 Installable 软件安装到服务器的硬盘驱动器上 |
| vCenter Server | 配置、置备和管理虚拟化 IT 环境的中央点 |
| vSphere Client | 一个允许用户从任何 Windows PC 远程连接到 vCenter Server 或 ESX/ESXi 的界面 |
| vSphere Web Access | 一个 Web 界面，允许进行虚拟机管理和对远程控制台的访问 |
| 虚拟机文件系统(VMFS) | 一个针对 ESX/ESXi 虚拟机的高性能群集文件系统 |
| Virtual SMP | 一种使单一的虚拟机同时使用多个物理处理器的功能 |
| vNetwork 分布式交换机 (DVS) | 一种包括分布式虚拟交换机(DVS)的功能，此交换机跨多个 ESX/ESXi 主机，使得当前网络维护活动显著减少并提高网络容量。这使得虚拟机可在跨多个主机进行迁移时确保其网络配置保持一致 |
| VMotion | VMware VMotion 可以将正在运行的虚拟机从一台物理服务器实时迁移到另一台物理服务器，同时保持零停机时间、连续的服务可用性和事务处理完整性 |
| Storage VMotion | Storage VMotion 可以在数据存储之间迁移虚拟机文件而无需中断服务。可以选择将虚拟机及其所有磁盘放置在同一位置，或者为虚拟机配置文件和每个虚拟磁盘选择单独的位置。虚拟机在 Storage VMotion 期间保留在同一主机上 |
| High Availability (HA) | 一种可以为虚拟机上运行的应用程序提供高可用性的功能。如果服务器出现故障，受到影响的虚拟机会在其他拥有多余容量的生产服务器上重新启动 |
| Distributed Resource Scheduler (DRS) | 一种通过为虚拟机收集硬件资源、动态分配和平衡计算容量的功能。此功能包括可显著减少数据中心功耗的分布式电源管理(DPM)功能 |
| vSphere SDK | 一种为 VMware 和第三方解决方案提供标准界面以访问 VMware vSphere 的功能 |
| Consolidated Backup | 一种可用来对虚拟机集中进行无代理备份的功能。它简化了备份管理，并减少了备份对 ESX/ESXi 性能的影响 |

## 2.3.3 物理拓扑

基于 VMware vSphere 构建的数据中心，其底层资源的物理拓扑如图 2-5 所示。

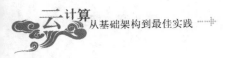
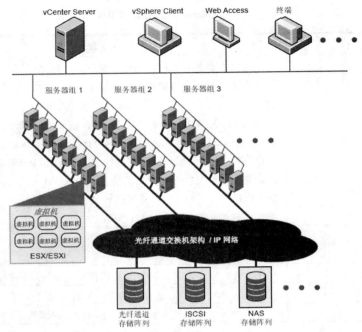

图 2-5　vSphere 数据中心物理拓扑

安装并运行 ESX/ESXi 软件的物理主机是拓扑中的计算服务器。计算服务器是业界标准的 x86 服务器。ESX/ESXi 软件为虚拟机提供资源，并运行虚拟机。每台计算服务器在虚拟环境中均称为独立主机。可以将许多配置相似的 x86 服务器组合在一起，并与相同的网络和存储子系统连接，以便提供虚拟环境中的资源池(也称为集群)。

光纤通道 SAN 阵列、iSCSI SAN 阵列和 NAS 阵列是广泛应用的存储技术，VMware vSphere 支持这些技术以满足存储需求。存储阵列通过存储区域网络连接到服务器集群，并在服务器组之间共享。

每台计算服务器都应配置多个以太网网络接口卡(网卡)，为整个 VMware vSphere 数据中心提供高带宽和可靠的网络连接。

vCenter Server 为数据中心提供一个单一控制点，用于提供基本的数据中心服务，如访问控制、性能监控和配置功能。它将各台计算服务器中的资源统一在一起，使这些资源在整个中心的虚拟机之间共享。其原理是：根据系统管理员设置的策略，管理虚拟机到计算服务器的分配，以及资源到给定计算服务器内虚拟机的分配。

VMware vSphere 为数据中心管理和虚拟机访问提供多种界面。这些界面包括 VMware vSphere Client (vSphere Client)、Web Access(通过 Web 浏览器)、vSphere 命令行界面(vSphere CLI)。

### 2.3.4　虚拟数据中心

VMware vSphere 将其底层物理资源(包括服务器、存储器和网络)虚拟化，这些资源经过聚合，形成虚拟环境中可动态分配和管理的标准元素。这些元素包括：

- 主机、集群和资源池：计算资源和内存资源。
- 数据存储：存储资源。
- 网络：网络资源。
- 虚拟机。

主机是运行 ESX/ESXi 的物理机的计算和内存资源的虚拟表示。当一个或多个物理机组合在一起并作为一个整体来工作和进行管理时，聚合在一起的计算和内存资源就形成集群，即资源池。物理机可以动态添加或从集群移除。

数据存储是数据中心内基础物理存储资源组合的虚拟表示。这些物理存储资源可能来自以下位置：服务器的本地 SCSI、SAS 或 SATA 磁盘，光纤通道 SAN 磁盘阵列，iSCSI SAN 磁盘阵列，网络附加存储(NAS)阵列。

虚拟环境中的网络可将虚拟机相互连接或将虚拟机连接到虚拟数据中心外部的物理网络。

在创建虚拟机时，虚拟机被指定到特定的主机、集群或资源池以及数据存储。启动后，虚拟机随着工作负载的增加而动态地消耗资源或随着工作负载的减少而动态地归还资源。

置备虚拟机比置备物理机更加快捷简便。创建新的虚拟机在几秒钟内即可完成。置备虚拟机时，在虚拟机上安装相应的操作系统和应用程序来处理特定的工作负载，与在物理机上的操作一样。甚至可以在安装和配置操作系统和应用程序之后置备虚拟机。

可根据系统管理员设置的策略为虚拟机置备资源。这些策略可为特定的虚拟机保留一组资源，以保证该虚拟机的性能。也可以为策略划分优先级，并将整个资源分成可变的比例，分配给每个虚拟机。图 2-6 展示了虚拟数据中心的架构。

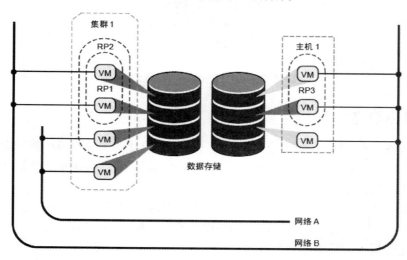

图 2-6　虚拟数据中心

## 2.3.5　计算与内存资源

在 vSphere 中，资源由主机供给，一组主机构成主机集群。集群是一个逻辑实体，它是集群中所有主机资源的聚合。在集群中可以建立逻辑资源的子集，称为资源池(Resource Pool)，资源池可以递归建立，形成多层的子资源池。

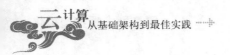

在 vSphere 中，主机、集群和资源池所代表的就是计算资源和内存资源。如图 2-7 所示，3 台物理 x86 服务器均具有两个双核 CPU(每个 CPU 都以 1GHz 频率运行，每台服务器具有 4GHz 的计算资源)和 16GB 系统内存，则这 3 台主机构成的集群就可提供 12GHz 的计算资源和 48GB 的内存资源。在这个集群上，可以为财务部门的虚拟机建立一个资源池，保留集群中的 8GHz 计算资源和 32GB 内存资源，集群上剩余的 4GHz 计算资源和 16GB 内存资源供其他虚拟机使用。在财务部门资源池中，更小的会计资源池保留 4GHz 计算资源和 16GB 内存资源，专供会计部门的虚拟机使用。

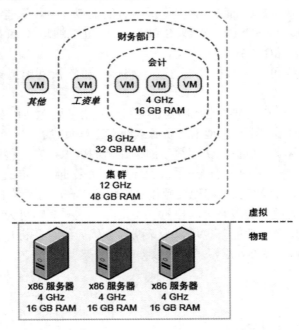

图 2-7　主机、集群和资源池

## 2.3.6　网络资源

VMware vSphere 通过一组虚拟网络元素，让数据中心中的虚拟机像在物理环境中一样联网。这些元素包括 vNIC 虚拟网络接口卡、vNetwork 标准交换机(参见图 2-8)和 vNetwork 分布式交换机，如图 2-9 所示。

与物理机一样，每个虚拟机都有一个或多个 vNIC。客户机操作系统和应用程序通过设备驱动程序与 vNIC 进行通信，就像与物理设备通信一样。vNIC 有自己的 MAC 地址和 IP 地址，并与物理网卡一样遵守标准以太网协议。

vNetwork 标准虚拟交换机的工作原理与以太网物理交换机一样。虚拟交换机的一端是与虚拟机 vNIC 相连的端口组，另一端是与虚拟机所在服务器上的物理以太网适配器相连的上行链路。虚拟机通过与虚拟交换机上行链路相连的物理以太网适配器与外部环境连接。

虚拟交换机还具有更高级的功能，可将其上行链路连接到多个物理以太网适配器以启用网卡绑定。通过网卡绑定，两个或多个物理适配器可用于分摊流量负载，或在多个物理适配器间提供故障切换。

vNetwork 分布式交换机在所有关联主机之间作为单个虚拟交换机使用。这使得虚拟机可在跨多个物理主机进行迁移时确保其网络配置保持一致。

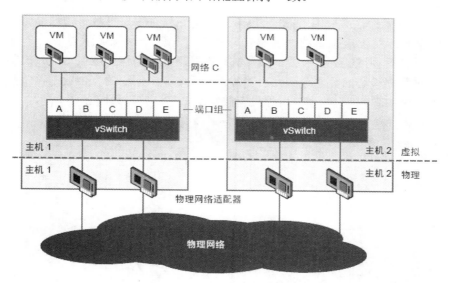

图 2-8　vNetwork 标准网络交换机的应用

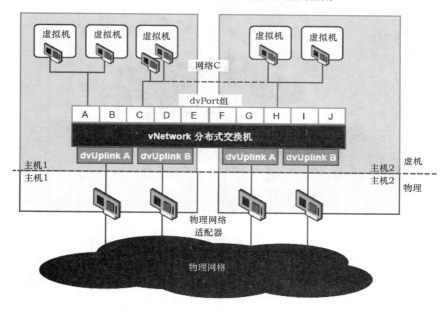

图 2-9　vNetwork 分布式网络交换机的应用

端口组是 vSphere 虚拟环境特有的概念。端口组是一种策略设置机制，这些策略用于管理与端口组相连的网络。vSwitch 可以有多个端口组。在设置虚拟机 vNIC 的网络连接时，不是指定 vSwitch 上的特定端口，而是指定到 vSwitch 上的端口组。与同一端口组相连的所有虚拟机属于虚拟环境内的同一个以太网广播域，通常设置在同一个 VLAN 和 IP 子网，即使它们运行在不同的物理服务器上。

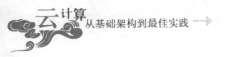
## 2.3.7 存储资源

VMware vSphere 存储架构由各种抽象层组成，这些抽象层屏蔽了物理存储子系统之间的复杂性和差异。对于虚拟机的客户机操作系统，存储子系统显示为与一个或多个虚拟 SCSI 磁盘相连的虚拟 SCSI 控制器，虚拟机只能发现并访问这些虚拟 SCSI 控制器。虚拟 SCSI 磁盘通过数据中心的数据存储元素置备。数据中心中创建的一个数据存储就像一个存储设备，为多个物理主机上的虚拟机提供存储空间。存储架构如图 2-10 所示。

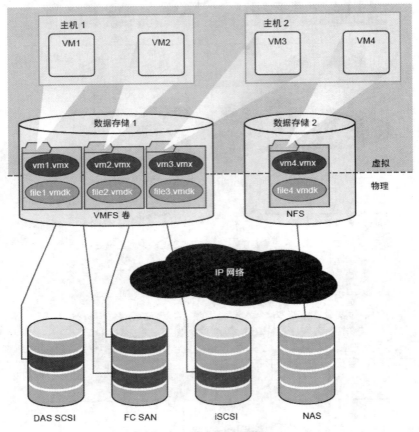

图 2-10　存储架构

从客户虚拟机上不能直接看到光纤通道 SAN、iSCSI SAN、DAS(直接附加存储器)和 NAS 等物理存储设备。只有 ESX/ESXi 物理主机可以识别这些物理存储设备，并将存储空间组织成"数据存储"。虚拟机内的磁盘以文件的形式存在，被称为虚拟磁盘文件。虚拟磁盘文件及虚拟机配置文件、日志文件等一组文件即为虚拟机实体，它们存储在数据存储中。因此，虚拟机可以作为普通文件进行复制、移动或备份。

数据存储建立在物理存储设备上的 VMFS 卷，也可以是 NAS 数据存储上的 NFS 卷。VMFS 是运行 VMware 虚拟机的专用文件系统，是一种使用共享存储的群集文件系统，允许多个物理主机同时读写。VMFS 提供磁盘锁定，以确保多台服务器不会同时启动同一虚拟机。如果物理主机出现故障，系统将释放每个虚拟机的磁盘锁定，以便虚拟机可以在其他物理主机上重新启动。

　　数据存储可以跨多个物理存储子系统。单个 VMFS 卷可包含物理主机本地 SCSI 磁盘、光纤通道 SAN 磁盘阵列或 iSCSI SAN 磁盘阵列中的一个或多个 LUN(Logical Unit Number，逻辑单元编号)。添加到任何物理存储子系统的新的 LUN 都可被检测到，并可供数据存储使用。

　　VMFS 还支持裸盘映射(RDM)。RDM 为虚拟机提供了一种机制，使虚拟机能够直接访问物理存储子系统(仅限光纤通道或 iSCSI)上的 LUN。

　　如图 2-11 所示，RDM 是从 VMFS 卷到原始 LUN 的符号链接。映射使 LUN 显示为 VMFS 卷中的文件。在虚拟机配置中引用映射文件而非原始 LUN。打开 LUN 进行访问时，系统会读取映射文件以获取原始 LUN 的引用。

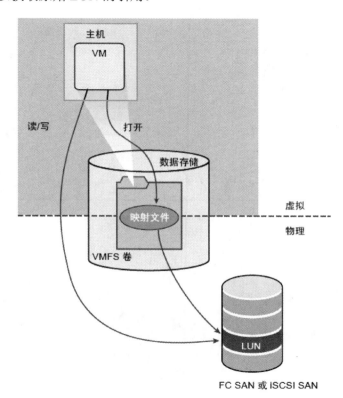

图 2-11　裸盘映射

## 2.3.8　资源管理

　　VMware vCenter Server 聚合多台 ESX/ESXi 主机的物理资源，通过系统管理员集中管理，可以灵活地为虚拟环境中的虚拟机置备这些资源的集合。为了实现对虚拟数据中心的各种高级管理，vCenter Server 的作用是不可或缺的。vCenter Server 的组件如图 2-12 所示。

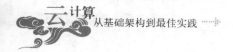

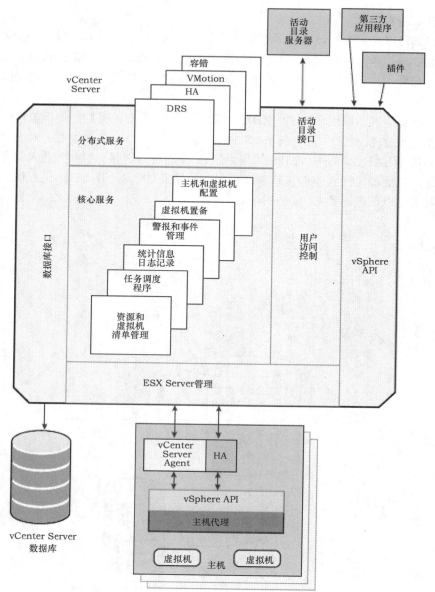

图 2-12　vCenter Server 的组件

vCenter 主要包括以下核心服务。

- 虚拟机置备：引导和自动化虚拟机及其资源的置备。
- 主机和虚拟机配置：允许配置主机和虚拟机。
- 资源和虚拟机清单管理：组织虚拟环境中的虚拟机和资源并帮助进行管理。
- 统计信息和日志：记录有关数据中心元素(如虚拟机、主机和集群)的性能，以及资源使用情况统计信息的日志和报告。
- 警报和事件管理：警报设置为在发生事件时触发，在出现严重错误时通知。
- 任务调度：在给定时间执行调度操作，如 VMotion。

● 整合：分析数据中心内物理资源的容量和使用情况，为改善使用情况提供建议。对于自动化整合过程，可以灵活地调整整合参数。

分布式服务将 vSphere 的功能扩展到单个物理服务器之外，主要包括 VMware DRS、VMware HA 和 VMware VMotion。

如图 2-13 所示，VMware vSphere 虚拟数据中心的常用管理界面是 vSphere Client 和 Web Access。vSphere Client 通过 VMware API 访问 vCenter Server。当用户通过身份验证后，在 vCenter Server 中会启动一个会话，此时用户可以看到分配给自己的资源和虚拟机。对于虚拟机控制台访问，vSphere Client 首先通过 VMware API 从 vCenter Server 获得虚拟机位置，然后连接到相应的主机并提供对虚拟机控制台的访问。

通过 Web Access 访问 vCenter Server 的方法是先将浏览器指向由 vCenter Server 设置的 Apache Tomcat Server。由 Apache Tomcat Server 通过 VMware API 和 vCenter Server 通信。

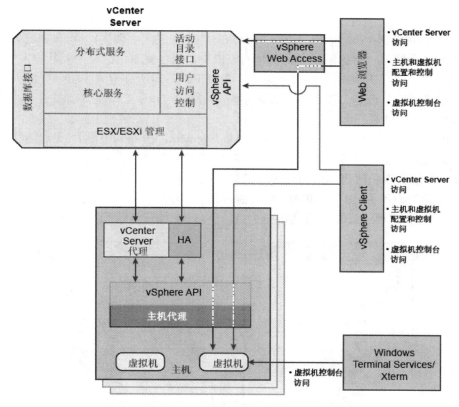

图 2-13　vSphere 的访问和控制

## 2.3.9　分布式服务

在 vSphere 虚拟数据中心，主机集群是资源的供给方，虚拟机是资源的消耗方。在集群中物理主机的 CPU 相互兼容，并共享相同的存储和网络的条件下，通过部署 vCenter Server 为虚拟机提供分布式服务。

VMotion 可将正在运行的虚拟机从一台物理服务器迁移到另一台物理服务器,而无须中

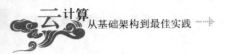

断虚拟机的运行，如图 2-14 所示。使用 VMotion，可将资源重新动态分配至物理服务器上的虚拟机。Storage VMotion 可以在数据存储之间迁移虚拟机而无须中断虚拟机的运行。将虚拟机负载从一个存储阵列迁移到另一阵列，可以在不中断虚拟机服务的情况下执行 LUN 重新配置、VMFS 卷升级等存储维护任务，以达到扩充或回收存储空间、优化存储环境等管理目标。

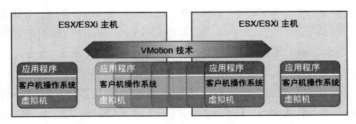

图 2-14    VMotion 迁移

VMware DRS(Distributed Resource Scheduler，分布式资源调度)将物理主机集群看作单个计算资源进行管理。当在集群上启动新的虚拟机，或当资源供给与消耗状况发生变化时，DRS 可以根据集群范围内的资源分配策略，为虚拟机指定所驻留的主机，或根据负载变化情况制订虚拟机迁移计划，以保持负载的平衡分布。当 DRS 工作在自动模式下时，上述负载平衡调度不需要手工干预。

当 DRS 工作在 DPM(Distributed Power Management，分布式电源管理)启用状态时，系统会将集群层以及主机层容量与集群内运行的虚拟机所需要的容量进行比较，如图 2-15 所示。如果运行的虚拟机所需的资源可通过集群中的主机子集得到满足，DPM 会将虚拟机迁移到此子集。当物理主机配有 IPMI 等管理接口时，DPM 可以自动关闭不需要的主机，当资源需求增加时，DPM 会重新启动这些主机，并将虚拟机迁移到这些主机上。

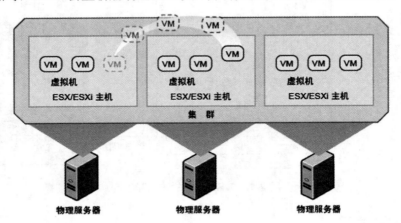

图 2-15    VMware DRS

当集群中的一台物理主机因故障导致失效时，VMware HA(High Availability)能快速地在集群中的其他物理主机上自动重启虚拟机。HA 负责监控集群内的所有物理主机，运行在物理主机上的代理会维护资源池中其他物理主机的检测信号。如果检测信号丢失，将重启其他主机上受影响的虚拟机，如图 2-16 所示。

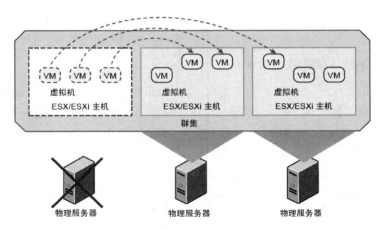

图 2-16 VMware HA

# 2.4 其他虚拟化平台

除 VMware 平台之外，当前还有其他功能及性价比不错的虚拟化及管理平台，如微软的 Hyper-V & System Center、Citrix 公司的 Xen、Red Hat(红帽)公司推出的 KVM 等，下面将分别进行介绍。

## 2.4.1 Hyper-V 平台

Hyper-V 是微软公司推出一款虚拟化解决方案，在架构上基于"硬件—Hyper-V—虚拟机"三层，本身代码简单、非常小巧，不包含任何第三方驱动，相对安全可靠、执行效率高。并且能充分利用硬件资源，使虚拟机系统性能更接近真实系统性能。

Hyper-V 底层的 Hypervisor 运行于最高的特权级别，微软将其称为 ring -1(而 Intel 则将其称为 root mode)，而虚拟机的操作系统(OS)内核和驱动运行在 ring 0，应用程序运行在 ring 3 下，这种架构就不需要采用复杂的 BT(二进制特权指令翻译)技术，可以进一步提高安全性。

在微软的 Windows Server 2008 R2 平台集成了 Hyper-V 的软件基础结构和基本管理工具，用户安装 Windows Server 2008 R2 后，可以直接用于虚拟化计算环境。

### 1. Hyper-V 平台的功能

Hyper-V 平台的主要功能如下。

(1) 基于 64 位本机虚拟机管理程序的虚拟化。

(2) 能够同时运行 32 位和 64 位虚拟机。

(3) 单处理器和多处理器虚拟机。

(4) 虚拟机快照，它捕获正在运行的虚拟机的状态。快照记录系统状态，以便可以将虚拟机恢复为以前的状态。

(5) 支持较大的虚拟机内存。

(6) 支持虚拟 LAN。

(7) 支持 Microsoft 管理控制台 (MMC) 3.0 管理工具。

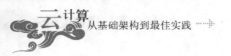

(8) 支持文档化的 Windows(R) Management Instrumentation (WMI) 界面，便于编写脚本和进行管理。

### 2. Hyper-V 的运行架构及版本说明

Hyper-V 需要运行于 x64 的处理器架构，如 Intel VT 功能或 AMD-V 硬件虚拟化功能，在宿主机操作系统方面，Hyper-V 常见环境为 Windows Server 2008 R2(x64)的标准、数据中心、企业版。

表 2-2 列出了当前运行于不同操作系统版本的 Hyper-V 的实际能力。

表 2-2　Hyper-V 版本说明

| 功　能 | Windows Server 2008 R2 Standard Edition | Windows Server 2008 R2 Enterprise Edition | Windows Server 2008 R2 Datacenter Edition |
| --- | --- | --- | --- |
| 支持的逻辑处理器(LP)数量 | 64 LP | 64 LP | 64 LP |
| 物理内存支持 | 最多 32 GB | 最多 1 TB | 最多 1 TB |
| 虚拟机最大数量 | 每逻辑核心最多 8 个虚拟处理器，或共 384 个虚拟机，取较低者 | 每逻辑核心最多 8 个虚拟处理器，或共 384 个虚拟机，取较低者 | 每逻辑核心最多 8 个虚拟处理器，或共 384 个虚拟机，取较低者 |
| VM 许可 | 每许可提供 1 个免费虚拟机许可 | 每许可提供 4 个免费虚拟机许可 | 无限制 |

目前 Hyper-V 支持的客户机操作系统包括：Windows 系列、Linux 系列中的 CentOS 6.0 和 6.1、CentOS 5.2-5.7、Red Hat Enterprise Linux 6.0 和 6.1、Red Hat Enterprise Linux 5.2 至 Red Hat Enterprise Linux 5.7、SUSE Linux Enterprise Server 11 with Service Pack 1 和 SUSE Linux Enterprise Server 11 with Service Pack 4 等。

### 3. Hyper-V 数据中心的架构

在大规模使用 Hyper-V 平台时，常见的集群架构如图 2-17 所示。

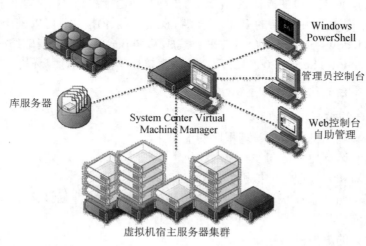

图 2-17　Hyper-V 集群架构

类似于 VMware 的 vCenter 平台，Hyper-V 也有自己的虚拟化管理平台：System Center(系统中心)，通过该管理平台可以实现全生命周期的虚拟化平台管理，System Center 本质上是一套产品集合，它由多层组成，每一层均有自己的组成平台。

典型的 System Center 架构如图 2-18 所示。

图 2-18　System Center 架构

各个层次的详细介绍如下。

(1) 硬件设备层：硬件设备层主要由硬件设备搭建。

(2) 虚拟化层：设计采用基于 Windows Server 2008 R2 的 Hyper-V 实现服务器虚拟化。

(3) 接口指令层：提供对外使用的管理指令接口，底层由 Windows Server 2008 R2 提供，如 PowerShell 等。

(4) 管理工具层：采用微软的 System Center 建设管理工具层。

① System Center Operations Manager(系统中心操作管理器)实现系统监控，监控范围包括数据中心承载的硬件设备、防护系统、操作系统、业务系统；同时使用 System Center Operations Manager 进行系统性能信息收集。

② System Center Data Protection Manager(系统中心数据保护管理器)实现数据保护，它可以直接连接 SQL Server 数据库系统或 Oracle 数据库系统，对指定的数据库实例进行基于策略的备份。同时它也支持对操作系统、磁盘文件及特定应用系统进行备份。

③ System Center Configuration Manager(系统中心配置管理器)实现软件资产信息管理，System Center Configuration Manager 可以通过连接数据中心中的物理服务器，收取、汇总数据中心内所有软件资产的信息；可以对软件进行管理，包括软件黑名单、白名单；同时也可以用于操作系统补丁下发，软件补丁下发。

④ System Center Virtual Machine Manager(系统中心虚拟机管理器)进行虚拟化管理，System Center Virtual Machine Manager 是目前最好的 Hyper-V 管理软件，可以对 Hyper-V 的所有功能进行集中管理。同时它也可以对 VMware 的虚拟化服务器 ESX 进行一定程度上的管理。

(5) 管理流程：用于制定各项标准运维流程。

① System Center Service Manager(系统中心服务管理器)用于实现服务管理，System

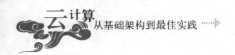

Center Service Manager 集成了问题管理、知识管理、事件管理、配置管理功能。用户可基于 System Center Service Manager 已有模块进行定制化配置，实现用户自己的运维服务管理系统。

② System Center Opalis 是自动化引擎(Opalis 原是一家数据中心自动化公司，2009 年被微软收购)。它的主要作用是异构平台整合、业务流程定制、服务接口发布等，用户可基于 System Center Opalis 进行定制化配置，设置用户特有的运维服务流程。

(6) 系统门户：主要为数据中心用户提供自服务门户，为数据中心管理员提供管理工具集成的管理门户。

## 2.4.2　KVM 平台

KVM(Kernel-based Virtual Machine)是基于 Linux 内核的开源虚拟机平台，该平台由红帽公司在 2008 年率先向业界发布，并且在 Linux 内核 2.6.20 之后将 KVM 集成到各 Linux 发行版本中。

KVM 原理上是基于硬件平台的完全虚拟化平台，运行 KVM 需要芯片级虚拟技术支持，如 Intel 芯片需开启 VT 技术、AMD 需要开启 AMD-V 技术。

KVM 的常见结构如图 2-19 所示。

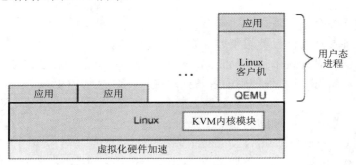

图 2-19　KVM 平台结构

### 1. KVM 平台的优缺点

在业界，KVM 得到了相当广泛的支持，国外厂商如 Red Hat(红帽)、IBM，国内一部分厂商如红旗(Red Flag)公司也尝试在这个平台部署业务，从虚拟化应用角度，作者认为 KVM 将会成为虚拟平台的主流平台之一，下面简要介绍 KVM 的优缺点。

1) 主要优点

(1) 开源平台，能有效降低采购与部署成本。

(2) 易于部署与管理，这得益于当前有诸多免费管理工具，以及 Red Hat(红帽)公司多年的服务器管理经验。

(3) 基于硬件的全虚拟化平台，并集成至内核，相比于 XEN 平台，有易于使用的优势。

(4) 有业界支持，例如，当前组建的开放式虚拟化联盟就是一个 KVM 发展的利好消息。

2) 主要不足

(1) 需要芯片级支持，芯片必须有 Intel-VT 或 AMD-V 等类似功能。

(2) 对图形化处理能力不够，当虚拟主机数量增长时，会发现图像显示质量的下降。

(3) 在网络性能、扩展性以及稳定性方面相比于 XEN 平台有一定劣势。

### 2. KVM 的主要功能

KVM 平台的主要功能包括：
(1) 虚拟主机管理，提供了虚拟机创建、编辑、启动、关闭等功能。
(2) 共享存储管理，提供不同存储平台挂接、支持各种共享文件系统。
(3) 网络管理，提供了虚拟主机网络配置管理。
(4) 快照管理，提供了虚拟主机快照创建、关闭、恢复的功能。
(5) 迁移管理，提供离线迁移、故障转移功能。
(6) 支持不同异构虚拟主机平台间的转换与迁移。

综合上述特点，可以将 KVM 定位于一套低成本虚拟化服务器平台解决方案，单 KVM 平台虚拟主机数量可以达到上百台。

### 3. KVM 的两种管理工具

在 Red Hat Linux 6.0 版本中，KVM 属于 Linux 内核中的一个模块，是一个虚拟化平台底层驱动程序，命名为 kvm.ko，用户可以通过 modprobe 来加载 KVM 模块，模块被加载后，才可以通过上层工具进行控制。KVM 管理工具可以是用户态部分的 QEMU，也可以是可视化平台，如 VMM，下面简单进行介绍.

1) 用户态部分

KVM 模块加载完毕后，用户无法直接操作这个内核驱动，只能通过平台提供的用户态工具进行管理，通常使用的工具是 QEMU。QEMU 本身也是一种虚拟化工具，可以虚拟不同规格的 vCPU，在这里 KVM 使用了 QEMU 部分功能，用来实现用户态的管理。

与 QEMU 的作用类似的是 qmenu，可以将其视为 QEMU 功能的扩展，该工具比 QEMU 更易于使用。

2) 可视化部分

Libvirt 和 VMM(Virtual Machine Manager)是可视化的 KVM 管理工具，其中 Libvirt 是一套基于 C 语言编写的 API 平台，本身可以支持多种开发语言的远程调用，开发者可以通过 Libvirt 实现对 KVM、XEN 不同虚拟化平台主机的管理，通过简单编程就可以实现虚拟主机创建、启动、关闭、性能监测、快照等功能，为了进一步方便用户使用，Libvirt 平台本身提供了一个 virsh 命令工具，通过这个工具可以更容易管理虚拟主机。

VMM 是基于 Python 语言通过对 Libvirt API 进行封装及开发实现的一套可视化 KVM 虚拟主机管理工具，这个工具比较常用。

VMM 管理平台如图 2-20 所示。

图 2-20　VMM 管理平台

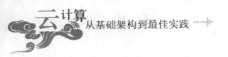

### 2.4.3　XEN 介绍

XEN 平台是著名的开源虚拟化项目,最早由剑桥大学开发,2005 年初成立了 XenSource 公司,专注于这个产品的开发和推广,XEN 目前得到了 Intel、AMD、HP、IBM、Red Hat、SuSE 等厂商支持。

XEN 平台的优点比较突出,主要包括:

(1) 性能损失很小。

(2) 支持 FreeBSD/NetBSD/Linux。

(3) 支持 Windows 系列。

(4) 免费、开源,有成熟厂商支持,如 Citrix 等。

早期 XEN 平台最大的不足是要求运行于其上的客户机打内核补丁,并且对物理主机环境有一定要求。

目前 XEN 平台虚拟主机最大支持 32 颗处理器、支持 Intel 物理地址扩展(Physical Addressing Extensions,PAE),使 32 位 CPU 可以使用 4GB 以上内存、支持 x86/64 处理器 (Intel EM64T, AMD Opteron) 、支持 Intel VT-x 技术、支持增强的控制工具、支持增强的 ACPI、支持 AGP/DRM 图形技术等。

当前 Citrix 公司是 XEN 最大的支持与维护者,事实上 Citrix 公司也是业界排名第二的主流虚拟化厂商,Citrix(思杰)创建于 1989 年,是应用交付基础架构解决方案的提供商。Citrix 产品系列如下。

(1) Citrix Xen Server:企业级服务器虚拟化解决方案。

(2) Citrix Net Scaler:Web 应用交付解决方案。

(3) Citrix Xen Desktop：虚拟桌面基础架构。

(4) Citrix Xen App：应用虚拟化架构。

用户经常打交道的产品可能是 Citrix Xen Desktop(虚拟化桌面),这款产品在很多单位的虚拟化桌面服务中得到应用。

另一款产品是 Citrix Xen Server,它是数据中心虚拟化解决方案,由 XenServer 与 XenCenter 组成,类似于 VMware 的 ESX 与 vCenter。

XenCenter 是 Citrix 的虚拟化图形接口管理工具,可在同一界面,管理多台的 XenServer 服务器,在使用方式上,通常会先在 XenCenter 上建立一个服务器群组(Pool),然后将一组 XenServer 服务器加入。

XenCenter 的运行效果如图 2-21 所示。

通常也会将多台 XenServer 服务器连接到同一台共享存储区域,并且将虚拟主机放置于共享存储区,这样通过 Xen-Motion 功能,可以实现虚拟机在线迁移功能,方便物理主机维护以及提升资源整体利用率。

图 2-21　XenCenter 管理平台

## 2.4.4　VirtualBox 介绍

　　VirtualBox 是一款开源虚拟机软件，最早由德国 Innotek 公司开发，Innotek 以 GNU 通用公共授权(General Public License，GPL)发布 VirtualBox，并提供二进制版本及 OSE 版本的代码。

　　随着 Innotek 公司被 Sun Microsystems 公司收购，Sun 再被 Oracle 收购后，到目前为止，更名成 Oracle VM VirtualBox。

　　VirtualBox 面向桌面个人电脑、企业服务器与嵌入式系统。它可以运行于 Intel 和 AMD 处理器 32 位或者 64 位的硬件系统上，VirtualBox 采用全虚拟化技术，客户机操作系统不需要修改就可以启动。

　　使用者可以在 VirtualBox 上安装并且执行 Solaris、Windows、DOS、Linux、OS/2 Warp、BSD、Android 等操作系统。

　　VirtualBox 容易使用，缺点是商用时需要付费， Oracle VirtualBox 的运行效果如图 2-22 所示。

图 2-22　VirutalBox 管理平台

## 2.4.5　OpenVZ 介绍

OpenVZ 是典型的操作系统虚拟化平台，它可以在单个物理服务器上创建隔离、安全的虚拟专用服务器(VPS 或虚拟环境 VE)，并能保证应用程序之间相互独立。

采用这种虚拟化技术能够降低虚拟主机的性能损耗，尽可能提高虚拟主机的应用规模。OpenVZ 的原理如图 2-23 所示。

图 2-23　OpenVZ 原理图

OpenVZ 中的每个虚拟主机与 OpenVZ 宿主环境完全一致，各虚拟主机可以独立重启、具有根访问权限、能够对用户、IP 地址、内存、处理器、文件、应用程序、系统库和配置信息进行管理与操作，并且 OpenVZ 还支持虚拟主机迁移技术，即可以将一台虚拟主机迁移至另外一台物理 OpenVZ 服务器。

OpenVZ 属于开源项目，它的宿主环境与客户机环境均需要基于 Linux，通常由两部分组成，一个经修改过的操作系统核心与其用户工具。当前 OpenVZ 最大的商用支持公司是 SWsoft，这家公司的代表产品是 Virtuozzo。

在管理工具方面，当前既有 vzctl 字符界面管理工具，也有类似于 HyperVM 的图形化 Web 管理工具，对于有志于从事大批量应用层虚拟主机出租业务的单位和个人，可以关注 OpenVZ 平台，这是一个非常好的 VPS 平台，可以在单台 OpenVZ 环境中运行数百台虚拟主机。

## 2.4.6　非主流虚拟化平台

也有一些不太常用的虚拟化平台，但仍值得跟踪与关注，这些平台包括 UML、Bochs、FreeBSD Jail 等，下面简要介绍。

### 1. UML

UML (User Mode Linux)是一个开源项目，目前已经被收入 Linux 2.6 内核，SuSE 9.0 中就已经开始使用这个平台，它的优点是免费，缺点是性能损失大(基于用户态模拟)以及只支持 Linux 环境。

### 2. Bochs

Bochs 平台是一个很早的开源虚拟机项目，它于 2000 年推出，但发展缓慢，目前支持 Linux 和 Windows 运行。

Bochs 有一个非常好的特点，就是能够在任意硬件环境编译运行 Bochs 虚拟平台，换句话说，即便是嵌入式环境也可以移植并运行 Bochs 虚拟平台，另外更值得一提的是，Bochs 能够在任意硬件平台上模拟 x86 环境。

有兴趣的用户可以尝试 Bochs，看能否在 ARM 平台上运行 x86 的 Windows 虚拟主机。

### 3. FreeBSD Jail

FreeBSD Jail 是 FreeBSD 提供的一种虚拟机技术，它类似于 OpenvZ，属于操作系统级虚拟化平台，主要优点是性能损耗小，不足之处是只能运行于 FreeBSD 环境之上，并且缺乏友好的图形化管理工具，不适合新手使用。

### 4. Docker

Docker 是一款基于 LXC 容器的虚拟化平台，定位于 PaaS 服务，该项目由 dotCloud 维护并发布。相比于 VMwave、KVM、XEN，Docker 平台更显轻量级，值得读者关注与跟进。

## 2.5　小　　结

本章以虚拟化为核心，介绍了虚拟化价值、虚拟化主要架构、服务器虚拟化分类与原理、各种主流虚拟化平台，并以 Vmware vSphere 为重点，介绍成熟虚拟化平台应具备的功能特性。

通过本章的学习，读者应能够对虚拟化有一定认识，理解在云计算环境中虚拟化的重要作用，并能够了解当前各虚拟化平台的特性、优缺点，为后续的学习奠定基础。

# 第 3 章

## 虚拟化实践进阶

【内容提要】

本章以 VMware vSphere 4 为实践平台，介绍基于 VMware 的数据中心架构，实践部署安装 VMware 虚拟化平台及其重要组件、实践虚拟主机的管理，如创建、导入、导出、配置与管理等。

通过本章的学习，读者应能够熟练使用 VMware vSphere 平台，并能够实施企业级私有云虚拟化平台部署。

本章要点

- VMware 数据中心架构
- Vmware 安装与部署
- 虚拟主机管理
- 虚拟主机性能监控

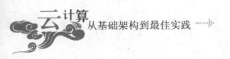

# 3.1 基于 VMware 的 IaaS 架构

VMware 虚拟化平台是实现企业级私有云平台的重要选择之一。

## 3.1.1 VMware 数据中心架构

通过几台 ESX 物理主机与 vCenter 平台可以构建一个轻量级虚拟化生产环境，不过要想搭建更大规模的私有云数据中心，仅依赖这些是不够的。

通常来讲，基于 VMware vSphere 4 实现一定规模的虚拟化数据中心，需要从存储、计算、网络和管理四个方面进行准备，典型的 vSphere 数据中心架构如图 3-1 所示。

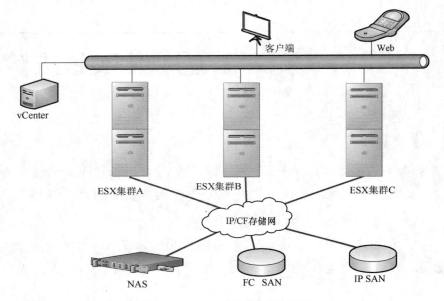

图 3-1　vSphere 数据中心的架构

### 1. 存储方面

可以通过 NAS、IP SAN 或 FC SAN 搭建共享存储，至少要拥有生产环境共享存储和备份环境共享存储，两类存储应该在物理上相互独立。

在存储选型方面要充分考虑性能、成本、已有投资保护，生产环境下的共享存储可以选择由一台至多台 IP/FC SAN 承担，这样做的好处是能够提升性能，当生产业务容量增长时，可以动态增加 IP/FC SAN 磁盘阵列；灾备环境统一存储可以选择一台到多台大容量 NAS 设备，这样做的好处是能够在相对低的成本下获得高可靠、大容量数据存储空间。

VMware vSphere 4 平台支持 NAS、IP SAN、FC SAN 等多种存储平台管理，另外 VMware vSphere 4 自带的 VMFS 分布式文件系统可以将不同规格的磁盘整合成逻辑上统一的虚拟存储池。

存储配置经验：

- FC SAN 需要购置两台以上存储交换机。
- 根据性能可以将存储池逻辑上分成不同级别，以适应于不同等级业务。
- 虚拟主机及业务统一放置于存储池中。

### 2. 计算方面

物理服务器安装 ESX 或者 ESXi 系统后能够形成计算资源池，在部署时，每台物理服务器应分别连接到生产与灾备存储环境。

考虑到虚拟主机的数量庞大，因此物理服务器选型时需要配置多块网卡、尽量配置 HBA 卡，在内存方面也要选择大容量空间，不过本地磁盘容量可以降低，CPU 要求中等配置即可。

ESX 可以安装到服务器本地磁盘，本地磁盘可以是两块小盘，做成 RAID1 即可。

计算资源配置经验：

- 两路物理服务器，2×8 core/96GB 内存/500GB 硬盘/4 网卡/单 HBA 卡。
- ESX 是付费版本，支持 Linux Shell。
- ESXi 是免费版本，不支持 Shell。
- 根据级别将服务器分成不同的集群，适应于不同的业务。
- 虚拟主机定义固定标准尺度规格，形成服务目录，如：
  A: 2CPU/4GB/30GB 硬盘/单公网 IP / 5000(RMB/年)
  B:4CPU/8GB/50GB 硬盘/单公网 IP / 9000(RMB/年)
  C:8CPU/16GB/100GB 硬盘/单公网 IP / 17000(RMB/年)
- 磁盘：附加存储1GB 每年 20 元人民币。
- 单台物理主机虚拟化可支持 30 台 A 类虚拟主机、20 台 B 类虚拟主机、12 台 C 类虚拟主机。

### 3. 网络方面

需要建设五类网络，一是管理网络，用于物理主机与 ESX 管理；二是生产网络，用于虚拟主机本身业务网络流量；三是 IP 存储网络，用于连接不同规格的存储设备，可以是 NAS，也可以是 IP SAN；四是动态迁移 VMotion 网络，用于不同物理服务器之间虚拟主机的漂移；五是 FC 存储网络，用于连接 FC 交换机，构建 FC 存储网，这一类是可选的，如果用户只有 IP SAN 和 NAS 设备，则可以省略此项开支。

云数据中心网络应采用大二层物理结构设计，通过 VLAN 对管理、业务、存储等区域进行隔离。推荐使用 VMware vSphere 4 平台自带的虚拟化分布式交换机进行统一网络分配与管理。

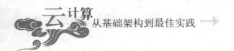

**小提示**

典型网络环境配置经验：

- 管理网络：172.16.1.1～172.16.253.255　VLAN:1～100。
- 存储网络：172.15.1.1～172.15.253.255　VLAN:101～200。
- VMotion 网络：172.14.0.1～172.14.253.255　VLAN:201～300。
- 业务网内网：192.168.1.1～192.168.253.255 VLAN:301～3000。
- 各物理服务器在管理、存储、VMotion 网络地址应一一对应。
- 生产网络一个业务系统一个 VLAN。

### 4. 管理方面

生产环境统一管理平台依赖于 vCenter，用户操作平台可以基于 vSphere Client 或者 Web。

vCenter 平台通过虚拟化存储、虚拟化计算、虚拟化网络对上述三种物理环境进行统一管理并形成云基础架构，通过可用性、安全性以及可扩展等高级特性，保证云服务顺利开展与用户体验。

vCenter 架构如图 3-2 所示。

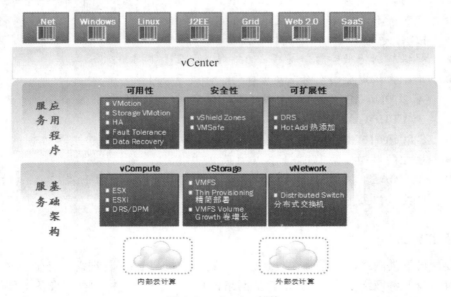

图 3-2　vCenter 架构

vSphere Client 是客户端管理工具，用户可以通过 vSphere Client 连接具体的 ESX 主机，对单台主机进行管理；也可以连接 vCenter 服务器，对整个虚拟化集群进行管理。

图 3-3 所示为通过 vSphere Client 连接一台 ESXi 测试主机的效果。

也可以基于 HTTPS 方式访问 ESX 与 vCenter，基于 Web 模式可以极大方便用户远程管理(目前支持通过手机管理虚拟化平台)。

图 3-4 给出 Web 管理界面。

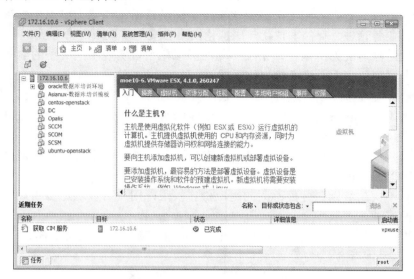

图 3-3　vSphere Client 效果

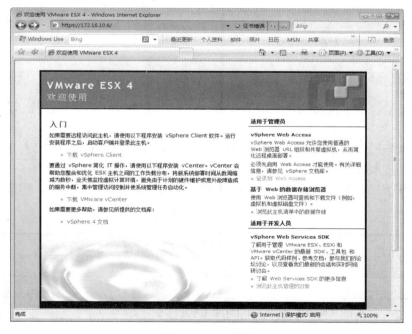

图 3-4　Web 效果

## 3.1.2　目标与定位

上面介绍了虚拟化的架构，接下来的内容将以 VMware、KVM 为主进行操作实践，通过这些实践操作，希望能够达到如下目的。

(1) 了解不同的虚拟化平台，包括相关的软硬件平台，并能够掌握如何搭建与部署这

些商业版或开源版的虚拟化平台(包括虚拟化服务器与虚拟化管理平台)。

(2) 能够运维与管理多种类型虚拟化平台,满足日常工作,如虚拟主机管理、集群资源池的管理、业务管理、存储虚拟化与虚拟化网络、安全及权限的管理等。

(3) 通过对技能的熟练掌握,搭配不同的虚拟化平台实现不同类型的业务,如测试型虚拟化平台、虚拟化桌面、生产虚拟化区域等。

(4) 能够针对虚拟化平台进行二次开发,并根据实际需求,具备定制化开发的能力。

从定位来讲,VMware 是一款不错的商业化虚拟化平台解决方案,下面将围绕 VMware 平台实现一个虚拟化实践环境,这个环境可以满足用户以下需求。

(1) 为用户业务系统提供足够的计算与存储资源,并按标准规格对外提供虚拟主机、外挂的虚拟存储、虚拟化网络等。

(2) 根据不同的级别,分配不同的用户操作权限,用户可以通过多租户的模式,管理已申请下来的资源。

(3) 实现虚拟化平台的统一搭建与管理,并能够不断地扩展应用规模。

# 3.2  环 境 准 备

基础环境是两台 ESX 主机组成的演示平台,这是虚拟化集群的最小演示平台,通过这个平台可以实践绝大多数的虚拟化功能。

## 3.2.1  基础环境介绍

基础环境的硬件平台由两台刀片服务器、一台中端物理存储阵列以及一台接入层交换机组成。

其中存储阵列为双控制器下的 SAN 架构,最大容量为 60TB,支持 IP 与 FC 存储网络,支持存储分层技术等。

刀片服务器分别编号为 A 与 B,其基本配置如表 3-1 所示。

表 3-1  服务器配置信息

| 名　　称 | 描　　述 |
| --- | --- |
| 处理器 | 2×4CPU |
| 内存 | 48GB |
| 硬盘 | 本地 145GB(RAID1) |
| 网卡 | 两块千兆网卡 |

交换机为 48 口普通接入层交换机,用于支撑 IP 存储网络、虚拟化管理网络、虚拟化业务网络等,具体的拓扑如下。

1) 存储网络拓扑方面

两台刀片服务器的 2 个网卡与存储阵列双控制器共 4 个网卡分别连接到接入层交换机,存储阵列多网卡连接的目的是防止单链路失效以及增加交换带宽,存储网络的配置如下。

(1) 存储网络使用 172.16.4.0/255 网段,存储网关设置为 172.16.4.1。

(2) VLAN 设置为 471。

(3) 刀片 A 网卡 2 IP 设置：172.16.4.19。

(4) 刀片 B 网卡 2 IP 设置：172.16.4.20。

2)　网络拓扑方面

两台物理服务器的 1 号网卡用于充当虚拟化管理网络与虚拟主机业务网络出口，其中虚拟化管理网络的配置如下。

(1) 管理网络使用 172.16.1.0/255 网段，网关 IP 为 172.16.1.254。

(2) VLAN 设置为 452。

(3) 刀片 A 网卡 1 IP 设置：172.16.1.143。

(4) 刀片 B 网卡 1 IP 设置：172.16. 1.144。

3)　存储空间方面

可用的存储空间由两台物理服务器与磁盘阵列组成，其提供的存储空间如下。

(1) 两台物理服务器除安装操作系统所需10GB 空间外，分别能够支持135GB 空间存储。

(2) 磁盘阵列上分配 552GB 空间以 LUN 的形式分配到两个物理服务器。

(3) 通过不同的存储空间可以模拟不同规格的存储区域，以演示不同粒度的业务运行在不同类型的存储空间上。

## 3.2.2　虚拟化节点部署

这里选择的虚拟化操作系统是 ESX4.1 平台，而不是 ESXi 版本，这两个版本的主要区别在于 ESX 拥有 Shell 管理入口，便于深层次管理。

操作系统官方的下载地址是 https://my.vmware.com/web/vmware/downloads。

ESX4.1 也是基于 Linux 内核的操作系统，VMware 在里面移植了自己的 Hypervisor 以及相关的管理与功能工具，打包形成一个功能丰富的虚拟化基础平台。

可以通过介质盘、PXE、FTP/HTTP 等方式进行 ESX4.1 的安装，具体安装模式的选择取决于用户现场主机节点的规模，本次演示环境为两节点，因此采用光盘直接安装的方式，从官方站点下载 ISO 镜像，刻成光盘后进行安装。

**小扩展**

对于数以百计以上节点的环境，需进行自动化的安装与配置管理。

● 自动化安装：通常要求机器由网络进行引导(PXE)，并采用 DHCP 进行自动 IP 地址分配。

● Kickstart：自动化安装工具，可以针对 ESX 定制安装过程。

● 自动化配置与管理：通常采用 C/S 或 B/S 模式，对整个物理集群进行统一的自动化配置与管理。

● Puppet：自动化配置与管理工具，网址为 http://www.puppetlabs.com/。

ESX4.1 的安装方式与常规的 Linux 操作系统一样，可以分为图形模式、文本模式以及自动化脚本模式，实际运行界面如图 3-5 所示。

图 3-5　ESX4.1 运行界面

ESX4.1 的安装过程有以下几点需要注意。

(1) 在自定义驱动安装方面，如果所使用的服务器中有 ESX 不支持的硬件驱动，应先从服务器厂商官方网站下载支持包，然后通过自定义添加的方式添加至安装过程。通常需要关注的硬件驱动包括本地磁盘驱动程序、网卡驱动、HBA 卡驱动等；如果均是 ESX 支持的驱动，则略过这一步。

(2) 序列号可以在安装之后，通过 vCenter 管理时统一录入，这样能够减轻工作量。

(3) 在划分磁盘时，可以选用标准方式进行磁盘分配，如果感觉此种模式比较浪费，也可以采用高级模式重新划分磁盘，如：仅划分出/boot 与/vmcore 分区，并保证 200MB 左右的/var/log 分区，其他的磁盘或者空间用于 vmfs，以获得更多的应用容量。其他的分区可以在安装后通过 vsphere Client 进行操作。常见的分区设置信息如表 3-2 所示。

表 3-2　分区表信息

| 名　称 | 建议大小 | 描　述 |
| --- | --- | --- |
| 根目录 | 5GB 以上 | 用于存放文件系统(/) |
| 交换分区 | 2GB 以上 | 用于存放虚拟内存信息(swap) |
| 启动分区 | 1GB 左右 | 用于存放启用信息(/boot) |
| 日志分区 | 2GB 在若 | 用于存放日志信息(/var/log) |
| vmfs 分区 | 剩余大小 | 以 vmware 自主开发分布式文件系统的方式管理磁盘空间(vmfs) |

依照上面的要求对这两台服务器进行安装，并根据规定的参数进行配置，安装成功的界面如图 3-6 所示。

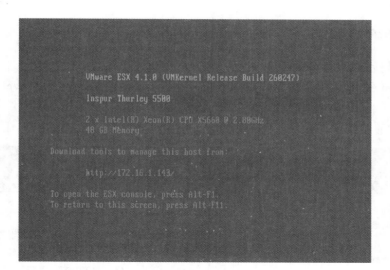

图 3-6　安装成功后的界面

**小扩展**

按 Alt+F1 组合键，获得 ESX 登录入口，输入 root 与口令后，即可登录。

登录成功后，可以开启 SSH 服务，默认开启的 SSH 服务是不允许 root 用户访问的，因此需要在/etc/sshd/sshd_config 中将 PermitRootLogin 的值置为 yes。

可以启用 SSH 远程免口令登录模式，具体操作方式如下。

(1) 选择一台管理主机，如 IP 为 172.16.1.10。

(2) 切换至 root 用户的.ssh 目录。

```
[root@10 /]# cd ~/.ssh
[root@10 .ssh]#
```

(3) 制作 root 的公私钥授权。

```
[root@10 .ssh]# ssh-keygen
Generating public/private rsa key pair.
Enter file in which to save the key (/root/.ssh/id_rsa):
Enter passphrase (empty for no passphrase):
Enter same passphrase again:
Your identification has been saved in id_rsa.
Your public key has been saved in id_rsa.pub.
The key fingerprint is:
cb:d6:52:3c:ba:0e:21:4b:8f:73:6e:5e:3d:19:88:87 root@172.16.1.10
```

(4) 将公钥信息写入 ESX 主机中的 root 目录下的.ssh 授权文件中。

```
[root@10 .ssh]# cat id_rsa.pub >> authorized_keys
[root@10 .ssh]$ scp authorized_keys root@172.16.1.143: ~/.ssh/
[root@10 .ssh]$ scp authorized_keys root@172.16.1.144: ~/.ssh/
```

至此，可以在管理主机无密码登录这两台 ESX 主机。

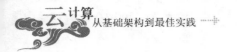

### 3.2.3 客户端部署

客户端是指 vSphere Client，通过这个客户端既可以实现对一台 ESX 主机的管理，也能够实现对 vCenter 平台的管理，客户端的下载地址可以在每台 ESX 主机的 Web 主页上找到，如 http://172.16.1.143/ client/VMware-viclient.exe。

其存放位置如图 3-7 所示。

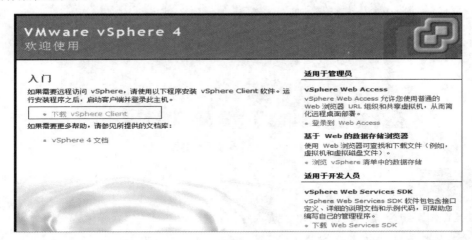

图 3-7　vSphere Client 的下载

vSphere Client 须安装在 Windows 环境下，此处以 VMware vSphere Client 4.0 为例，介绍安装过程。

安装的效果如图 3-8 所示，只需要不断单击"下一步"按钮采用默认安装即可。

图 3-8　Vmware vSphere Client 4.0 的安装

安装成功后，vSphere Client 的界面如图 3-9 所示，输入 IP 地址、用户名及口令等信息就能够登录要管理的 ESX 主机或 vCenter 环境。

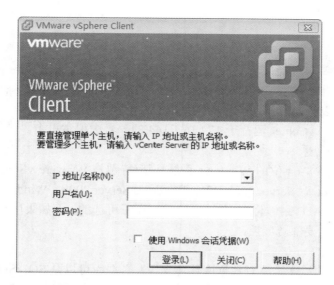

图 3-9 Vmware vSphere Client 运行界面

以 172.16.1.144 主机为例，在输入用户名及其口令后单击"登录"按钮，登录成功的界面如图 3-10 所示。

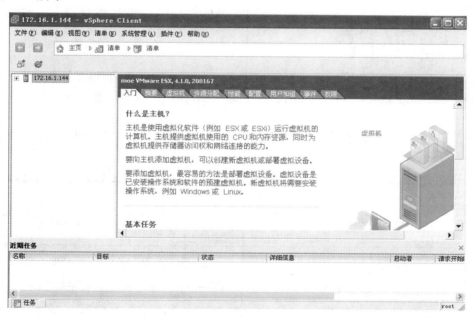

图 3-10 Vmware vSphere Client 管理主机界面

## 3.2.4 虚拟化管理平台部署

vCenter Server 是虚拟化管理平台，下面将介绍如何安装并部署 vCenter。

### 1. 安装前的先决条件

在运行安装文件之前，要先为 vCenter 准备必要的软硬件环境，vCenter 安装需要准备

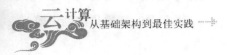

三类环境。

(1) 硬件环境

硬件环境通常要求性能比较高的两路物理服务器，但可以根据实际管理的规模确定物理参数。最低配置要求：双 CPU 2.0GHz；内存 4GB 以上；单千兆网卡；至少 2GB 以上空闲空间。当然也可以将 vCenter 运行于虚拟机之中。

本次演示环境中 vCenter 运行于 172.16.1.144 的一台虚拟主机上。

(2) 操作系统环境

操作系统通常要求 64 位的 Windows 系统环境(特别是 VMware vSphere 4.1 以上属于强制要求)，包括 Windows Server 2003(R2)、Windows Server 2008、Windows XP 等。

vCenter 可以跟 AD 域控环境相结合，通常这属于可选的，但如果用户需要部署 vCenter 链接模式，则一定先要部署域控。

(3) 数据库环境

vCenter Server 的运转需要有数据库环境支撑，数据库可以是 SQL Server 2005 或 2008、Oracle 10g 或 11g 等。简单环境下，可以采用 vCenter Server 自带的免费版 SQL Server 2005 Express，但如果大规模部署，最好独立搭建高性能的数据库环境。

数据库可以与 vCenter 在同一操作系统环境，也可以分开部署，但需要保证网络连通及防火墙策略的放行。

本次演示环境使用的是自带的 SQL Server 2005 Express。

**2. vCenter 安装与配置**

vCenter Server 的下载地址是 http://www.vmware.com/products/。需要下载的文件格式为 VMware-VIMSetup-xx-4.1.0-yyyyyy.zip，其中 xx 代表两种字符的语言代码，yyyyyy 代表内部版本号。

运行下载后的安装文件，会显示如图 3-11 所示的内容，这些组件功能如表 3-3 所示。

表 3-3　组件信息

| 名　称 | 描　述 |
| --- | --- |
| vCenter Guided Consolidation | 发现物理系统并进行分析以准备将其转换成虚拟机的 vCenter 组件 |
| vCenter Converter | 将物理主机转换成虚拟主机 |
| vCenter Update Manager | 为主机和虚拟机提供安全监控和修补支持的 vCenter 组件 |
| vCenter Server | VMware 虚拟主机管理平台 |
| vSphere Client | 客户端 |

选择红色标记的 vCenter Server 4.1 启动安装程序，安装 vCenter 时，需要注意如下几点：

(1) 序列号，如果没有序列号只能使用 60 天。

(2) 数据库环境，如果是外部数据库环境，需要配置外部数据源并配置数据库连接访问方式。

(3) 端口配置，可以根据自身安全要求，修改开放的端口号。

(4) 链接模式，如需要可配置链接模式，前提是先设置 AD 域。

vCenter 安装完毕后，各功能组件如图 3-12 所示。

图 3-11　vCenter 安装界面　　　　图 3-12　vCenter 安装后的组件

安装成功后，运行 vCenter Server 需要启用相关应用服务，vCenter Server 相关联的应用服务有很多，重要的服务如表 3-4 所示。

表 3-4　服务信息

| 名　　称 | 描　　述 |
|---|---|
| VMwareVCMSDS | 用于提供 vCenter 的 LDAP 服务，可以不启用 |
| VMware VirtualCenter Server | 提供 VMware 虚拟机的集中管理，必须启用 |
| VMwareVirtualCenter Management Webservices | vctomcat，用于 Web 访问，可以启用 |
| VMware vCenter Orchestrator Configuration | 用于 Web 模下的配置与管理，可以启用 |
| VMware vCenter Converter Integrated Worker | 创建虚拟机和协调转换任务，可以启用 |
| VMware vCenter Converter Integrated Server | 提供对 Converter Agent 和任务的集中管理，可以启用 |
| VMware Snapshot Provider | 管理与创建快照，启用 |

vCenter Server 的 IP 地址是 172.16.1.163，通过客户端登录成功后的界面如图 3-13 所示。

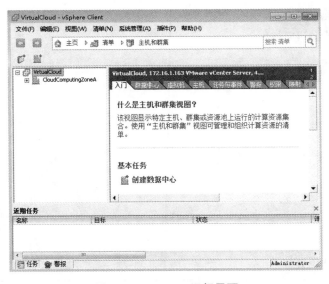

图 3-13　vCenter 运行界面

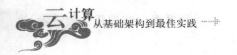

# 3.3    虚拟主机创建的实践

创建虚拟主机涉及虚拟主机的建立、虚拟主机的配置、虚拟机操作系统的安装、虚拟机部署等基本操作，本节将以实例的形式介绍这些操作。

## 3.3.1    虚拟主机创建

创建虚拟主机环境是使用虚拟主机的前提，在这里选择主机"172.16.1.143"选项，通过客户端登录到这台主机，选中"172.16.1.143"并右击，在弹出的快捷菜单中选择"新建虚拟主机"命令，如图 3-14 所示。

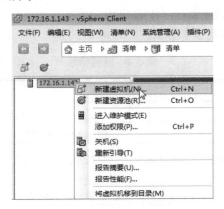

图 3-14    创建虚拟主机

在出现的对话框中通过参数配置可以创建虚拟主机，由于典型模式创建的虚拟主机性能比较低，推荐使用自定义模式，如图 3-15 所示。

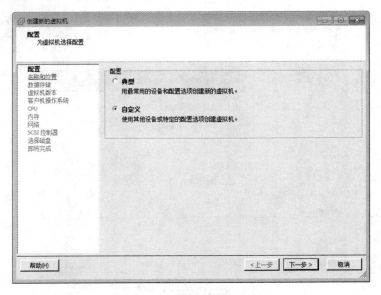

图 3-15    自定义虚拟主机配置

自定义创建要注意以下几个步骤。

(1) 虚拟主机的名称，可以按照约定进行填写。

(2) 虚拟主机数据存储的位置，这里可以选择是本地磁盘，也可以是挂接到 ESX 主机的外部存储。

(3) 选定存储位置时还要注意选择合适的大小以及磁盘生成方式，推荐采用 thin 模式，这样可以节省磁盘的使用。

(4) 客户机操作系统的类型以及位数，选择的操作系统及位数要与准备安装的匹配。

(5) CPU 数量、内存大小、网卡数量、SCSI 控制器等类型，这里需要注意的是性能配置不宜太高，如果有多虚拟主机共享磁盘要求，要注意 SCSI 控制器的选取。

配置完毕后，VMware 会生成已配置的参数信息，如图 3-16 所示，经确认后会触发虚拟主机创建任务。

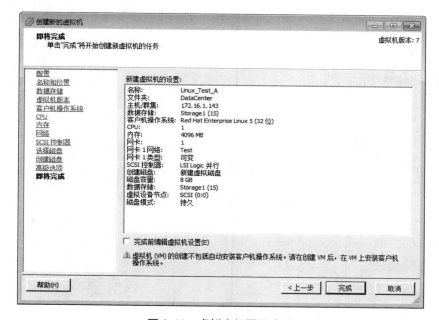

图 3-16　虚拟主机配置确认

通过数据浏览器，可以查看已创建成功的虚拟主机 Linux_Test_A 的信息，具体效果如图 3-17 所示。

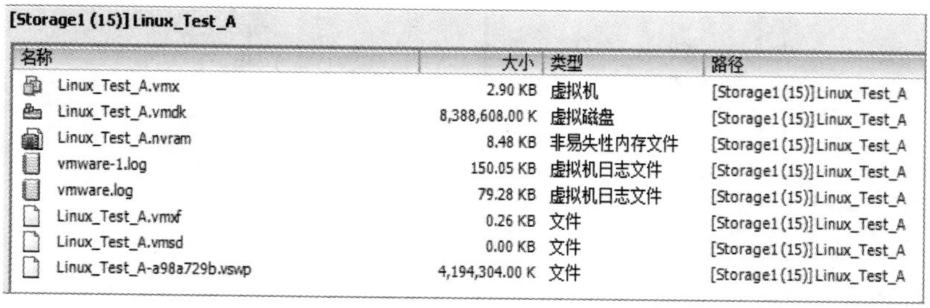

图 3-17　虚拟主机所属文件

分析这些所属文件，可以看到 VMware 创建的虚拟主机由一个文件夹、多个文件组成，这些文件的主要作用如下。

(1) .vmdk 文件是虚拟主机磁盘文件。

(2) .vmx 与.vmxf 是虚拟主机物理配置文件，如 CPU、硬盘、网卡等信息。

(3) .nvram 是虚拟主机的 BIOS 信息。

(4) .log 是运行日志文件。

(5) .vmsd 用于存储当前快照状态；与.vmsd 相辅助的还有一类.vmsn 文件，用于存储当前快照的元数据。

(6) .vswp 是指虚拟机页面交换文件。

.vmx、.vmxf 以及.log 文件可以通过文本进行编辑，上面的创建向导步骤也是为了生成这些描述文件。

下面以 Linux_Test_A 主机为例，查看上面三个文件的部分信息：

```
Linux_Test_A.vmx   文件格式
#!/usr/bin/vmware
.encoding = "UTF-8"
config.version = "8"
virtualHW.version = "7"
pciBridge0.present = "TRUE"
pciBridge4.present = "TRUE"
pciBridge4.virtualDev = "pcieRootPort"
pciBridge4.functions = "8"
pciBridge5.present = "TRUE"
pciBridge5.virtualDev = "pcieRootPort"
pciBridge5.functions = "8"
pciBridge6.present = "TRUE"
pciBridge6.virtualDev = "pcieRootPort"
pciBridge6.functions = "8"
pciBridge7.present = "TRUE"
pciBridge7.virtualDev = "pcieRootPort"
pciBridge7.functions = "8"
vmci0.present = "TRUE"
nvram = "Linux_Test_A.nvram"
deploymentPlatform = "windows"
virtualHW.productCompatibility = "hosted"
unity.customColor = "|23C0C0C0"
tools.upgrade.policy = "useGlobal"
powerType.powerOff = "soft"
powerType.powerOn = "default"
powerType.suspend = "hard"
powerType.reset = "soft"

displayName = "LinuxA"
extendedConfigFile = "Linux_Test_A.vmxf"
floppy0.present = "TRUE"

scsi0.present = "TRUE"
scsi0.sharedBus = "none"
scsi0.virtualDev = "lsilogic"
memsize = "4096"
scsi0:0.present = "TRUE"
scsi0:0.fileName = "Linux_Test_A.vmdk"
scsi0:0.deviceType = "scsi-hardDisk"
ide1:0.present = "TRUE"
ide1:0.clientDevice = "FALSE"
```

```
ide1:0.deviceType = "cdrom-image"
ide1:0.startConnected = "FALSE"
floppy0.startConnected = "FALSE"
floppy0.clientDevice = "TRUE"
ethernet0.present = "TRUE"
ethernet0.networkName = "VM Network"
ethernet0.addressType = "vpx"
guestOSAltName = "Red Hat Enterprise Linux 5 (32 位)"
guestOS = "rhel5"
uuid.location = "56 4d e5 46 03 15 69 76-e8 4c 30 eb df 8c e3 37"
uuid.bios = "56 4d e5 46 03 15 69 76-e8 4c 30 eb df 8c e3 37"
vc.uuid = "52 89 62 ce e4 49 b3 a2-34 9e dc f3 3b b0 65 ed"

floppy0.fileName = "/dev/fd0"
ethernet0.generatedAddress = "00:50:56:b2:31:d4"
…
Linux_Test_A.vmxf  文件格式
<?xml version="1.0"?>
<Foundry>
<VM>
<VMId type="string">52 d3 8b 9d a4 4d 80 35-fd bf ac ca a1 7b 20 37</VMId>
<ClientMetaData>
<clientMetaDataAttributes/>
<HistoryEventList/></ClientMetaData>
<vmxPathName type="string">Linux_Test_A.vmx</vmxPathName></VM></Foundry>
Linux_Test_A.log  文件格式
…
Aug 02 10:08:46.895: vmx| guestCPUID level 80000000, 0: 0x80000008 0x00000000
0x00000000 0x00000000
Aug 02 10:08:46.895: vmx| guestCPUID level 80000001, 0: 0x00000000 0x00000000
0x00000001 0x28100800
Aug 02 10:08:46.895: vmx| guestCPUID level 80000008, 0: 0x00003028 0x00000000
0x00000000 0x00000000
Aug 02 10:08:46.898: vmx| BusMemSample: initPercent 75 touched 0
Aug 02 10:08:46.900: vmx| Vix: [110550 mainDispatch.c:663]:
VMAutomation_PowerOn. Powering on.
Aug 02 10:08:46.901: vmx| VMX_PowerOn: ModuleTable_PowerOn = 1
Aug 02 10:08:46.901: vmx| VMX setting maximum IPC write buffers to 0 packets,
0 bytes
Aug 02 10:08:46.901: vmx| Set thread 1 stack size to 2097152: Success
Aug 02 10:08:46.901: vmx| Set thread 4 stack size to 1048576: Success
```

## 3.3.2  虚拟主机编辑

有两种方法可以编辑虚拟主机的参数，一种是直接修改配置文件；另一种是图形化编辑。

通常很少去直接修改配置文件，这样做的风险比较大，当然并不是说不能这么操作，在处理多虚拟主机共享大容量磁盘时，只能通过修改配置文件才能完成。

在这一小节，主要介绍通过图形化方式对一台创建好的虚拟主机进行修改。选中刚刚创建成功的虚拟主机"Linux_Test_A"并右击，可以看到针对虚拟主机的操作功能，如图 3-18 所示。

选择"编辑设置"命令，会弹出如图 3-19 所示的属性编辑界面。VMware 提供了针对三类属性的编辑，包括：

(1) 硬件属性，涉及 CPU、内存、显卡、网卡、硬盘、USB、光驱等设备的动态添加

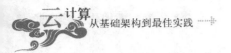
与移除，常规使用的是调整内存大小、调整 CPU 数量、调整网卡数量或者扩容与新增硬盘。

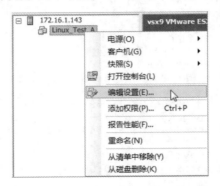

图 3-18　选择"编辑设置"命令

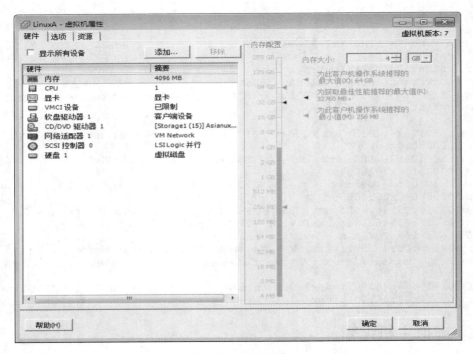

图 3-19　硬件属性

(2) 选项属性，涉及电源管理、虚拟化特性设置、主机环境等信息，如图 3-20 所示，这里的信息很少改动。

(3) 资源属性，如图 3-21 所示，涉及动态资源分配，诸如：为 CPU、内存预留资源，设定资源使用上限等。

上面提到的参数配置，有些信息可以在虚拟主机运行时进行修改，如内存、网卡设备的添加；有些信息必须在虚拟主机关机后才可以进行操作，如增加 CPU 数量、变更电源管理等操作。

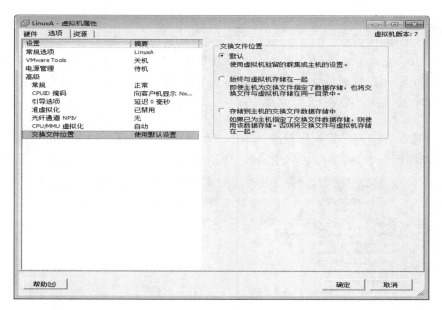

图 3-20　选项属性

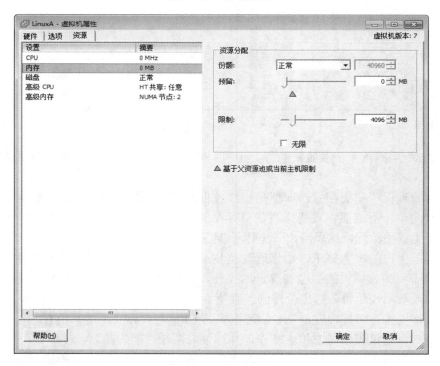

图 3-21　资源属性

　　通常在对虚拟主机进行配置操作时，建议关机后设置，这样做的好处是启动后可以验证配置是否成功，如有问题可以回滚到修改前的状态。

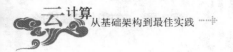

**小提示**

如果业务系统非常关键，不能关机，但参数只有关机才能修改，这种情况可以将业务系统中涉及到的虚拟主机克隆为模板，在模板中修改完毕后，选择业务相对空闲的时间进行虚拟主机替换。

选择"选项"中的"常规"功能，单击"配置参数"按钮，在弹出的对话框中可以配置与查看虚拟主机的高级参数，这些参数对应.vmx 文件中相应的行，如图 3-22 所示。

图 3-22　高级参数配置

用户在对话框中可以添加新的行，但有一点需要注意，已存在的高级参数是无法删除的。

在日常管理很少变更配置，即便是被修改也属于主机性能提升、容量扩容等操作，这些修改比较简单。不过通常只要修改就会存在风险，因此为了防止出现问题，对于所有的修改应走变更评估流程，这里给出一个评估步骤。

(1)　对于用户的扩容要求，尽量通过监测手段，发现虚拟主机是否存在性能或容量瓶颈或者是否需要如此规模的性能与容量的提升，通过对虚拟机运行性能的监测，结合业务实际资源消耗与增长趋势，给出合理的扩容值。

(2)　执行性能方面扩容时，查看物理主机的 CPU 与内存资源的总消耗量，若任一单项指标高于 70%，建议谨慎考虑扩容操作，并加强对系统性能的监测。

(3)　执行存储容量扩容时，要查看物理空间占用率，并且要注意所选择的存储空间中有多少磁盘是基于 thin 模式创建的，计算出提前量，以防止存储空间盲目增长而导致其他虚拟主机宕机。

(4)　如果操作的虚拟主机隶属于某一集群或资源池时，应关注本次扩容后，对集群或者资源池中其他业务性能的影响。

### 3.3.3 操作系统部署

安装客户机操作系统与在物理机上安装并无太大区别，需要提醒的是客户机操作系统安装介质的挂接，有几个解决方案：一是操作系统的 PXE 安装模式，虚拟主机通过 DHCP 自动去寻找安装介质；二是主动提供安装介质，如将安装介质上传到 ESX 主机存储中或者通过本地映射的方式等。

为了提升性能，这里演示将安装介质上传至 ESX 主机存储空间的安装方式，具体的过程如下。

(1) 选择"172.16.1.143"选项，在右边的"配置"选项卡中选择"Storage1(15)"并右击，如图 3-23 所示。

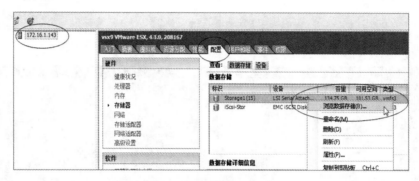

图 3-23　浏览数据存储

(2) 在右键快捷菜单中选择"浏览数据存储"命令，打开如图 3-24 所示的对话框，单击图中所示的按钮，选择"上传文件"命令，从而将本地的 Asianux.iso 文件(一种 Linux 安装包)上传至存储空间。

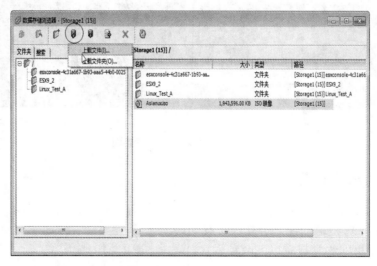

图 3-24　上传 ISO 文件

(3) 选择虚拟主机"Linux_Test_A"，单击图 3-25 所示的按钮，并在出现的"CD/DVD

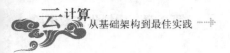

驱动器 1"菜单中选择"连接到数据存储上的 ISO 映像"命令，这样就可以在安装介质与虚拟主机之间建立映射关系。

图 3-25　连接本地 ISO 镜像

(4)　启动虚拟主机"Linux_Test_A"，会弹出如图 3-26 所示的 Linux 安装界面，选择图形安装模式进行安装。

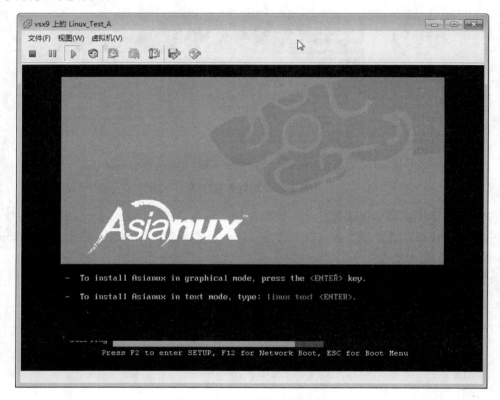

图 3-26　Linux 系统安装界面

## 3.3.4　虚拟网络设置

操作系统安装完毕后需要对虚拟主机进行网络配置，对于没有配置网络的虚拟主机，只能通过 vSphere 客户端的控制台功能进行管理。

配置虚拟主机网络参数有以下两种方式。

(1)　大批量的动态 DHCP 模式，建立集中的 DHCP 服务器，统一进行动态配置。

(2)　手工模式配置业务 vlan、配置主机网络信息，这种方式适合于规模较小的虚拟主机环境。

本小节演示手工方式配置虚拟主机网络，以 Linux_Test_A 主机为例，为这台虚拟主机配置(vlan:452/IP:172.16.1.164/Gateway:172.16.1.254)。

### 1. 虚拟交换机创建

VMware 平台支持虚拟交换机技术，通过这项技术可以在 ESX 主机上虚拟一台交换机，可以设定该虚拟交换机的端口数、为指定的端口组设定 VLAN 等。

创建虚拟交换机的步骤：在 172.16.1.143 主机的"配置"选项卡中，单击"网络"，打开网络配置界面，在界面中选择"添加网络"，打开虚拟交换机创建界面，如图 3-27 和图 3-28 所示。

图 3-27　添加网络

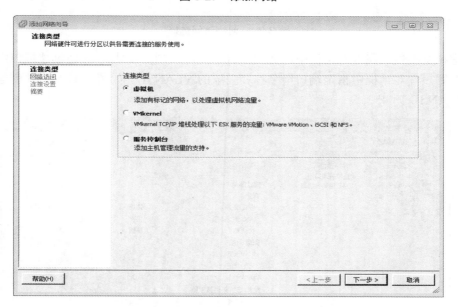

图 3-28　添加网络向导

选中"虚拟机"单选按钮，单击"下一步"按钮，创建新的 VLAN，如图 3-29 所示。

这里创建的两个虚拟交换机，一个用于承担 ESX 主机管理与业务网络通信；另外一个用于承担 VMKernel，执行 iSCSI 存储、VMotion 等通信；选择创建虚拟主机，关联网卡，不断单击"下一步"按钮即可以成功创建虚拟交换机，如图 3-29 所示。

### 2. VLAN 的设置

在图 3-29 所示的界面中选中创建的虚拟交换机，并在这个交换机上创建端口组，将端

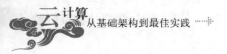

口组关联到 VLAN。

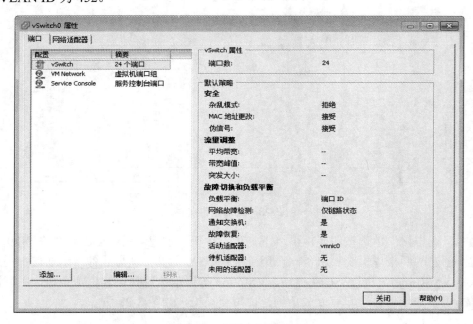

图 3-29　网络访问选择

在虚拟交换机的属性对话框中，如图 3-30 所示，单击"添加"按钮创建端口组，并在端口组配置属性对话框中指定端口组名称和关联的 VLAN ID。如图 3-31 所示，创建端口组 Test，VLAN ID 为 452。

图 3-30　虚拟交换机管理

图 3-31 VLAN 添加

成功创建端口组后，虚拟网卡与该端口组绑定的虚拟主机将运行在关联的 VLAN 中。如图 3-32 所示，在虚拟主机参数设置对话框中，选择"网络适配器"选项，选择虚拟主机网卡并在"网络标签"下拉列表框中选择端口组的名称。

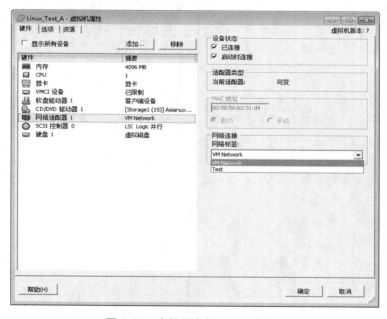

图 3-32 主机网卡的 VLAN 指定

### 3. 主机 IP 配置

通过 vSphere 客户端控制台登录至 Linux_Test_A 虚拟主机，用 vi 工具编辑 /etc/sysconfig/network-scripts/ifcfg-eth0 网卡配置文件，如图 3-33 所示。

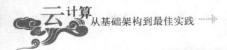

```
[root@localhost /]# cat /etc/sysconfig/network-scripts/ifcfg-eth0
# Advanced Micro Devices [AMD] 79c970 [PCnet32 LANCE]
DEVICE=eth0
BOOTPROTO=none
HWADDR=00:50:56:b2:31:d4
ONBOOT=yes
NETMASK=255.255.255.0
IPADDR=172.16.1.164
GATEWAY=172.16.1.254
TYPE=Ethernet
[root@localhost /]# _
```

图 3-33　主机网络配置信息

配置完毕后，执行 service network restart 命令重启并生效网络。

# 3.4　简单虚拟主机管理

常用的虚拟主机操作主要包括虚拟主机导入、导出、权限设置、性能与容量监测等内容，本小节进行实践演示。

## 3.4.1　虚拟主机导入

通过上一节的实践，读者应已能够创建虚拟主机，但要考虑这样一个问题，用上面方法会费时费力，特别是在面对业务系统密集上线时，一个业务动辄数十台虚拟主机，同时可能上线几个类似业务，仅凭这种方式很难发挥虚拟化的优势。

所幸 VMware 提供了一种导入部署的方式，将虚拟主机预先制作成.OVF 格式的模板，需要时导入即可实现批量部署。

> **小经验**
>
> 在一些开发项目招投标时，会涉及多个厂商的竞标，在竞标 POC(厂商系统现场功能测试)时，面临下面一些问题。
>
> (1) 为了公平起见，需要为每家厂商准备一模一样的基础环境。
>
> (2) 厂商开发的系统应用环境会存在小版本差异，如：运行库的不同，用的不同的 Web 服务器、不同的中间件。
>
> (3) 环境全由甲方提供，会涉及大量沟通与协调工作，且一旦解决不好，会被乙方认为有意刁难。
>
> 通常会采用.ovf 部署，各投标方提供制作各自的.ovf 文件，甲方只负责提供数量与硬件环境一致的虚拟主机。

为了方便演示，这里给出一个应用场景，为某一业务系统准备压力测试环境，由于这类需求比较常见，因此管理员制作了标准的压力测试虚拟主机，当某一系统需要开通时，按下面的步骤部署即可。

选择"文件"菜单中的"部署 OVF 模板"命令，如图 3-34 所示，在弹出的对话框中选择 OVF 文件源，如图 3-35 所示，单击"下一步"按钮，并在出现的对话框中填写虚拟主机名称、存放物理位置、存储位置等信息。

图 3-34　选择"部署 OVF 模板"命令

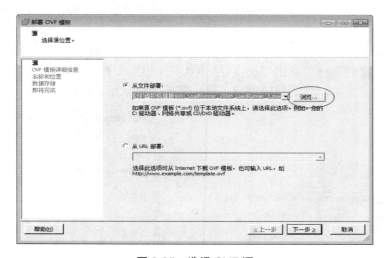

图 3-35　选择 OVF 源

单击图 3-36 中的 "完成"按钮后，VMware 会启动导入部署任务。

图 3-36　导入确认

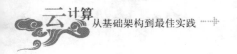

### 3.4.2 虚拟主机导出与快照

随着虚拟主机应用的深入，管理员会面临虚拟主机的备份问题，VMware 平台提供了全套的备份解决方案，但需要付费，这里探讨的是在经费有限的前提下，如何实现对虚拟主机的备份。

先给出两种方式：全备虚拟主机和虚拟主机快照，下面分别介绍。

#### 1. 虚拟主机导出

全备虚拟主机是借用虚拟主机的导出功能，对重要的虚拟主机导出成 .ovf 文件，存放于异地。

通常用这种方式备份的都是比较重要的虚拟主机，以 Linux_Test_A 为例，选择该虚拟主机，再选择"文件"→"导出"→"导出 OVF 模板"命令，如图 3-37 所示。

在出现的对话框中，填写导出目录、优化模板等信息后，单击"确定"按钮即可。

图 3-37 选择 OVF 导出命令

图 3-38 导出 Linux_Test_A

#### 2. 虚拟主机快照

虚拟主机快照属于精细化备份，原理类似于还原卡，例如：对虚拟主机在某一时刻做好快照，后面的使用中若不慎感染了病毒，如果不想进行复杂的杀毒处理，就可以选择之前的快照，执行一次回滚，这样就可以恢复到上次的正常状态。

虚拟主机在运行时可以执行快照，这一点不同于导出，因为导出时要求虚拟主机必须处于关机状态。

以 Linux_Test_A 为例，执行一次快照操作，快照命名为 SN1，具体步骤：选择"Linux_Test_A"并右击，选择"快照"→"执行快照"命令，如图 3-39 所示。

输入快照名 SN1，单击"确定"按钮创建虚拟主机快照，如图 3-40 所示。

通过如图 3-41 所示的"快照管理器"，可以查看成功创建的快照列表。

使用快照恢复到某一时刻也非常简单，直接选中快照名称，单击"转到"按钮即可。

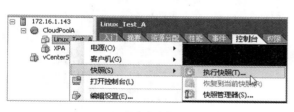

图 3-39　执行快照命令　　　　　　　图 3-40　创建快照

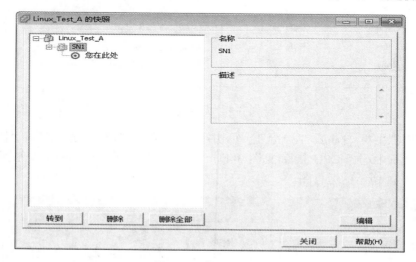

图 3-41　快照管理器

## 3.4.3　性能监控

虚拟化管理时，监测与分析是常规工作，通常需要关注虚拟化平台的警告信息、定期分析性能与容量信息，并借助于态势图研判潜在风险与问题。

VMware 平台提供了针对主机、虚拟主机、存储、网络、数据中心、资源池等多个对象多个指标的监测，时间粒度默认 20 秒。

下面以 ESX 主机、虚拟主机为例，演示性能与容量监测。

### 1. ESX 监控

选择 ESX 主机，切换到"摘要"选项卡，可以看到几个重点指标的实时监测信息，如图 3-42 所示。

在这里需要关注的几个指标有 CPU、内存、磁盘消耗等。

### 2. 虚拟主机统计

用户通常会关注其所申请的虚拟主机运行状态如何，这里的运行状态包括：虚拟主机是否存活、实时运行性能、历史警告报告等内容。这里以 Linux_Test_A 为例，展示它一天

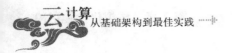

之内的 CPU 运行状态。

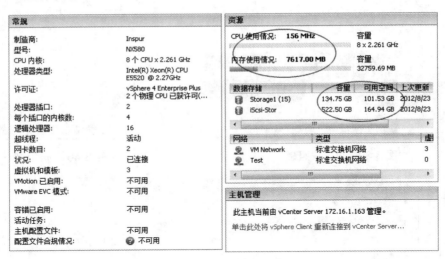

图 3-42　ESX 监控

先选择虚拟主机"Linux_Test_A"，再切换到"性能"选项卡，最后选择"图表选项"，在弹出的对话框中选择 CPU 指标(见图 3-43)，同时选取时间区间，单击"确定"按钮后，会生成如图 3-44 所示的运行图。

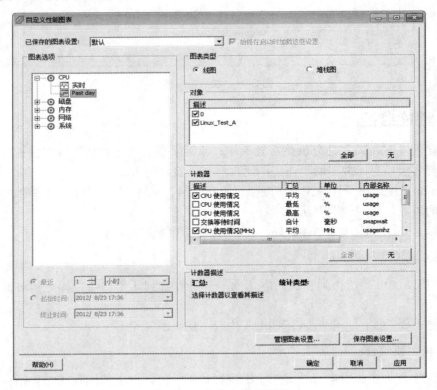

图 3-43　自定义图表配置

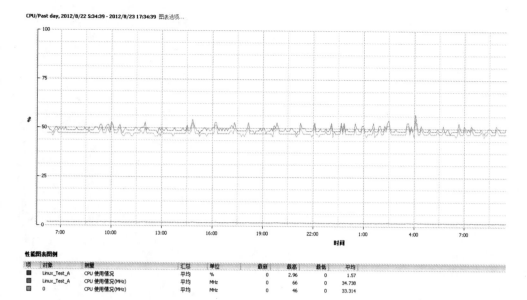

图 3-44　虚拟主机性能运行

# 3.5　小　　结

　　本章介绍了 VMware 数据中心架构，并以 VMware 为对象，介绍如何部署 VMware 平台，如何创建、导入、导出虚拟主机，如何对虚拟主机进行监测、备份等实践操作。

　　本章内容比较容易理解，实用性较强，希望读者通过学习本章能够熟练操作，并能在实际工作中审视这些实践，举一反三，为后面的学习与应用奠定基础。

# 第 4 章

## 虚拟化高级管理

**【内容提要】**

本章将介绍 VMware 的多种高级特性，并演示如何使用与管理这些特性，所涉及的高级特性包括：虚拟化集群部署、虚拟主机动态迁移、共享存储池搭建、VMotion 网络搭建、资源池管理、权限管理、多租户设计等。

本章以实践操作为主，通过本章学习，读者应能够更加深入地了解 VMware，并能够有效创建与管理私有云 IaaS 平台。

**本章要点**

- 集群搭建
- 多节点虚拟化池
- 共享存储池
- 多租户与权限操作
- 资源池管理

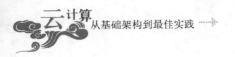

# 4.1  集 群 管 理

集群用以实现资源的动态负载均衡和故障冗余，可以达到优化资源使用效率、保障业务高可用的目的，本小节将搭建一个双节点的 VMware 集群。

## 4.1.1  集群创建

集群的创建与管理必须借助 vCenter 平台，通过上一章的操作，已实现基础的 VMware 运行环境，环境描述如下：

ESX A：       172.16.1.143

ESX B：       172.16.1.144

vCenter：     172.16.1.163

在创建集群前，先要创建一个数据中心，当然这里的数据中心是 VMware 中的一个逻辑概念，它的描述如下。

(1)  VMware 应由一个或者多个 VMware 数据中心组成，这些数据中心可以是物理分布的，如北京、上海数据中心；也可是逻辑上分开，如处于同一机房的不同机柜。

(2)  一个数据中心可以包括多个计算集群，而集群是由一组服务器组成的计算单元；通过集群能够实现单个节点无法胜任的工作，诸如资源平衡负载、冗余计算、防止单点性能瓶颈等。

创建数据中心比较简单，方法是通过 vSphere 客户端登录 vCenter 平台，选择 VirtualCloud 并右击，选择"新建数据中心"命令，如图 4-1 所示。

在 VirtualCloud 下面出现树状子节点，输入数据中心名称，这里将数据中心命名为 CloudComputingZoneA。

成功创建数据中心后，就可以在数据中心下面创建集群了，过程是：选择新建的数据中心 CloudComputingZoneA 并右击，在出现的菜单中选择"新建集群"命令，如图 4-2 所示。

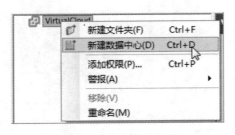

图 4-1  创建数据中心

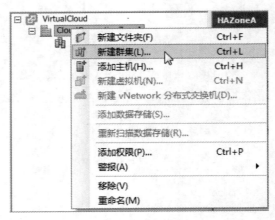

图 4-2  新建集群

集群是基于向导的模式逐项配置，涉及 HA、DRS、电源管理、EVC 等功能项，过程不算复杂，但背后涉及很多原理性的知识，下面将结合操作进行讲解。

**1. 集群功能设置**

集群功能设置对话框如图 4-3 所示，在这里需要完成三件事。

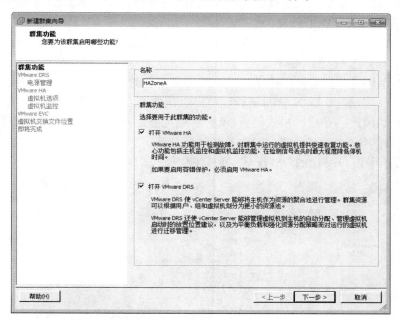

图 4-3　集群功能选择

(1) 集群名称：填写的集群名称为"HAZoneA"。

(2) 是否启用 HA 功能？

HA(High Availability)的含义是高可用，HA 的原理是通过心跳信号周期性检测主机是否存活，当检测到主机存在故障时，会启用应急机制，对故障进行转移；VMware 平台 HA 监测的范围包括 ESX 主机与虚拟主机，它是集群的重要特性之一，因此这里选择启用此功能。

(3) 是否启用 DRS 功能？

DRS(Distributed Resource Scheduler)的含义是分布式资源池调度，DRS 将硬件资源聚合成逻辑资源池，并通过逻辑资源池动态地分配和平衡计算容量。利用 DRS 可以监测各虚拟主机及物理服务器资源的使用状况，并通过优化算法将虚拟主机从负载比较重的物理主机迁移至负载较轻的物理主机，以实现资源的合理使用。这里选择启用 DRS 功能。

在完成上述配置后，单击"下一步"按钮。

**2. DRS 自动化级别设置**

DRS 周期性监测物理主机资源的消耗状态，并根据设定的策略与规则，执行相应的资源调度任务。

DRS 调度的原理：通过虚拟机资源共享方式以及虚拟主机使用资源的优先级，确定调度策略，当某一台虚拟机负载变大时，DRS 根据预设的资源分配规则及重要性级别，决定

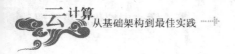

是否给予该台虚拟主机分配更多资源，如果认为分配是合理的，则执行分配，否则，不予分配并降速运行。

DRS 的资源可以通过两种模式分配给虚拟主机，一种是将虚拟机迁移到具有更多可用资源的其他物理服务器上；另一种是将其他虚拟机迁移到别的物理服务器，而为此服务器上运行的该虚拟机营造更大的资源空间；上述这些操作对用户是完全透明的。

DRS 的工作模式有以下三类。

(1) 手动模式：在这种模式下，当虚拟主机启动或存在瓶颈时，DRS 会面向管理员提供调度(迁移)策略建议，但不执行。

(2) 半自动模式：在这种模式下，当虚拟主机启动时，DRS 会自动置于最佳物理主机，当虚拟主机面临瓶颈时，DRS 会面向管理员提供最佳调度(迁移)策略建议，但不执行。

(3) 全自动模式：在这种模式下，DRS 将尽可能地确定虚拟主机的运行位置，并自动根据资源的消耗情况，动态调整虚拟主机的运行位置。

图 4-4 展示了以自动化的方式配置 DRS 工作模式。

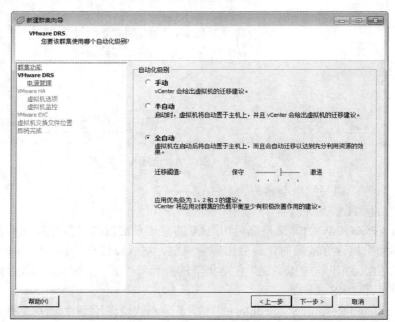

图 4-4　DRS 功能选择

迁移阈值是指所采用的迁移策略，从保守到激进的程度，共分五级，从小到大依次代表资源调度的精细度，这些策略由四类规则组成。

(1) 通电分配：当虚拟主机加电启动时，启用虚拟主机运行最佳位置调度策略。

(2) 停机维护：当物理主机停机维护时，启用虚拟主机外迁移调度策略。

(3) 持续优化：根据优化的激进程度，应用不同粒度的虚拟机调度与迁移策略，以适应资源的有效利用。

(4) 亲和性规则：创建一组规则，决定虚拟机的运行位置。这种规则的应用适用于：同一业务的虚拟主机优先运行于同一物理服务器或同一业务的数据库集群运行于不同的物理主机等情况。

本次集群所选择的 DRS 策略为第三级，策略相对折中。

### 3. 电源管理设置

电源管理也属于 DRS 功能，启用电源管理后，能够实现对主机的远程网络唤醒；实现基于资源负载的物理主机灵活关停与开启。

启动这一功能可以在业务负载较轻时，通过虚拟主机迁移合并，实现对空闲物理主机的关机，当业务负载较重时，自动开启已关闭的物理主机，并根据调度策略，将虚拟主机迁移至新开启的物理主机上。

与 DRS 类似，电源管理也提供了手动、半自动、全自动三种工作模式，分别代表的含义：只提供建议；提供建议，并执行部分操作；按照建议进行自动化操作。这里的建议是何时开启或关闭哪些物理服务器。

电源管理的操作界面如图 4-5 所示，通常对于已运转的并且业务发展飞速的数据中心，极少启用电源自动管理功能，原因是：数据中心的运营理念应更多地考虑如何尽可能最大化地利用已有资源来获益，并不是侧重如何关闭闲置资源降低成本。

针对这一功能这里选择关闭。

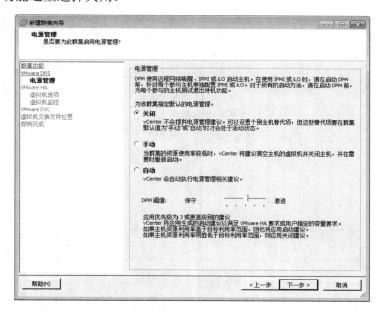

图 4-5　电源管理功能选择

**小经验**

电源管理与数据中心运营：

- 对于高度繁忙的 7×24 小时数据中心，因物理主机关闭而带来的不确定成本，远高于节电成本。
- 对于教育等行业的数据中心，在学生放假时可以选择季节性关停部分物理主机，最好采用休眠模式，每隔一段时间还要进行加电测试。

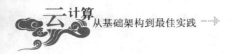

### 4. HA 设置

HA 功能是通过两个或者两个以上的节点搭建的高可用性集群，集群中的节点可以分为活动节点及备用节点。其中活动节点是指执行业务运行的服务器、备用节点是指为活动节点提供备份计算能力的服务器。

HA 工作模式是通过心跳信息检测，当连续三个周期内活动节点没有响应，则启动备用节点或将业务迁向其他活动节点，以满足业务的高可用性要求。

在具体实现机制上，HA 是通过资源切换来实现的，这些资源涉及网络、存储、应用程序、虚拟化运行环境等。例如，当某一活动节点出现故障时，运行其上的虚拟主机可以在其他活动节点或备用节点上重新启动。

如图 4-6 所示对话框中的各项参数的含义如下。

图 4-6　HA 功能设置

● 主机监控状态：是指周期性地检测各物理 ESX 节点信息。通常要启用此功能，这是 HA 功能的基础。不过使用此功能时有一个例外情况，当物理主机处于停机维护状态时，要禁用此功能，以防止虚拟主机重复启动。

● 接入控制：指是否预留足够的资源执行故障切换，这一功能与后面的接入控制策略存在关联性，如果选择禁用此功能，则无须设定接入控制策略。

● 接入控制策略：指在启用接入控制功能后，执行何种资源预留策略。有三种可选模式：设定允许的故障主机数目；设定为执行故障切换所需空闲容量占总容量的百分比；指定故障主机等。考虑到当前是双节点的集群，因此这里选择的策略是允许一个故障主机。

单击"下一步"按钮，进入设置虚拟主机行为选项界面，如图 4-7 所示，其中参数的含义介绍如下。

● 虚拟机重新启动优先级：指当 ESX 主机出现故障时，在非故障主机上启动虚拟主机的优先级，通常的策略是在可用容量限制范围内，顺次按优先级从高向低进行启动。虚拟机重新启动优先级设置的值有：已禁用、低、中等(默认)和高。选择已禁用，则会在虚拟机中禁用 VMware HA，意味着当 ESX 节点出现故障时，虚拟主机不会在其他节点上启动，并且也意味着在某一节点上运行的虚拟主机出现故障时，会在这一节点重置该虚拟主机。这里选择的是默认中等。

● 主机隔离响应：指当主机被网络隔离后如何处理故障虚拟主机。这里有三个值，分别是：保持虚拟主机启动、关闭电源、关机等。通常选择默认关机状态，这样可以为虚拟主机在其他主机上启动创造条件。

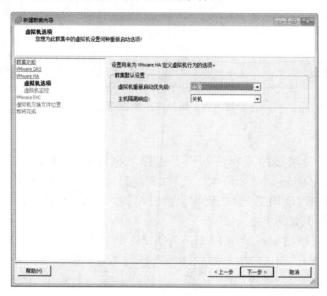

图 4-7　虚拟主机选项

单击"下一步"按钮，进入虚拟主机监控配置选项界面，如图 4-8 所示。启用对虚拟主机的监控需要在虚拟主机中安装 VMware Tools 工具。

其工作原理：通过与虚拟主机里运行的 VMware Tools 进程通信，获得虚拟主机的实际状态，如果一段时间内没有收到通信信号，且触发监控敏感度规则，则执行虚拟主机的重新引导。

这里监控敏感策略分为三级，分别代表如下含义。

● 低：两分钟内的时间间隔，如果物理主机没有收到虚拟主机的检测信号，则重新启动虚拟主机。

● 中：60 秒内的时间间隔，如果物理主机没有收到虚拟主机的检测信号，则重新启动虚拟主机。

● 高：30 秒内的时间间隔，如果物理主机没有收到虚拟主机的检测信号，则重新启动虚拟主机。

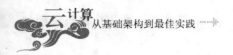

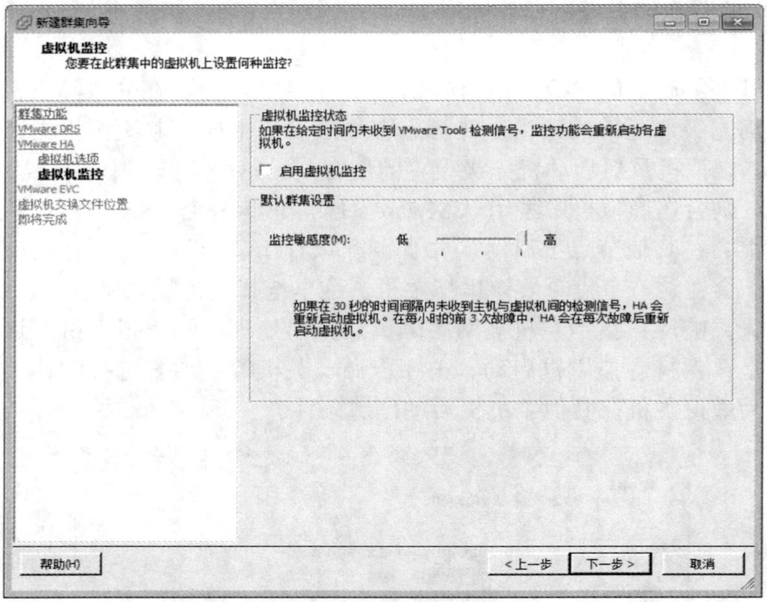

图 4-8　虚拟主机监控选项

### 5. EVC 功能设置

EVC 的功能是确保芯片兼容性，用于虚拟主机迁移。虚拟主机迁移的核心技术是 VMotion，在执行 VMotion 时，如果执行迁移的源与目的两台物理主机芯片存在不兼容，会导致迁移失败。启用 EVC 功能，会在创建集群时对加入到集群的物理主机进行兼容性检查，如果不兼容，会中止其加入集群。

EVC 目前支持三种设定：禁用 EVC；为 AMD 启用 EVC；为 Intel 启用 EVC 等。如果要选择为 ADM 或 Intel 启用 EVC，要关注所支持的芯片列表，如图 4-9 和图 4-10 所示。

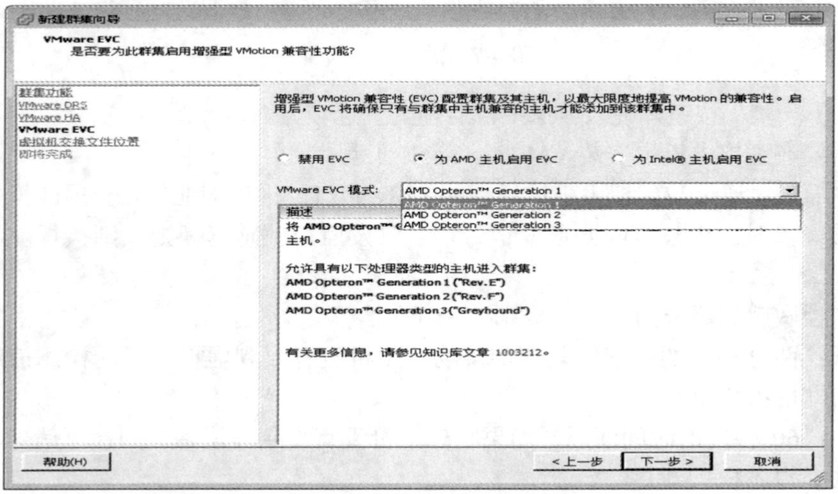

图 4-9　AMD EVC 列表

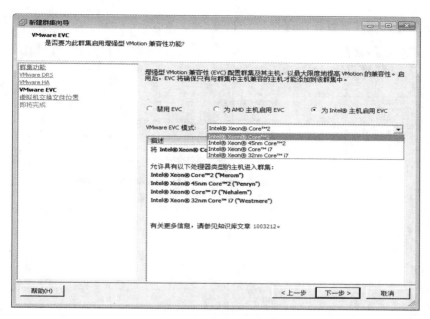

图 4-10　Intel EVC 列表

本次创建的集群所有节点均是同型号机器，不存在不兼容的问题，因此这里选择禁用 EVC，如图 4-11 所示。

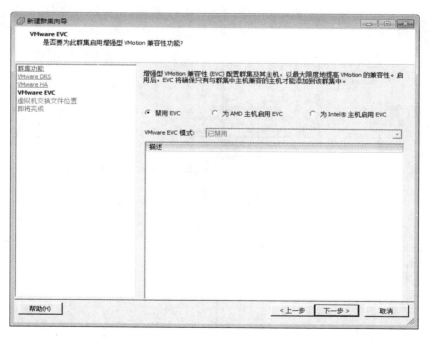

图 4-11　设置 EVC 功能

### 6. 交换文件设置

本步骤用于设定虚拟主机交换文件的存放位置。出于管理方便，一般选择默认设置，

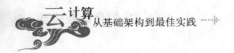

即与虚拟主机存放在同一目录，选择效果如图 4-12 所示。

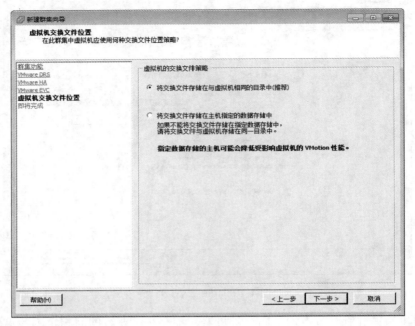

### 7. 集群向导确认

单击"下一步"按钮，出现确认向导，如图 4-13 所示。确认向导所列出的参数与配置是否相符，如无问题则单击"完成"按钮，至此集群 HAZoneA 创建完毕。

图 4-13　向导确认

## 4.1.2　为集群添加物理主机

集群创建成功后，下一步就是为集群添加物理主机，主要步骤如下。

（1）选择集群 HAZoneA 并右击，在出现的快捷菜单中选择"添加主机"命令，如图 4-14 所示。

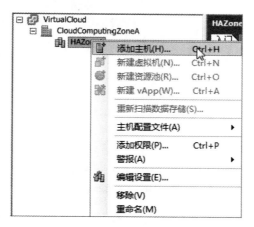

**图 4-14　添加主机**

（2）在出现的对话框中输入 IP 地址、用户名与密码，并单击"下一步"按钮，如图 4-15 所示。

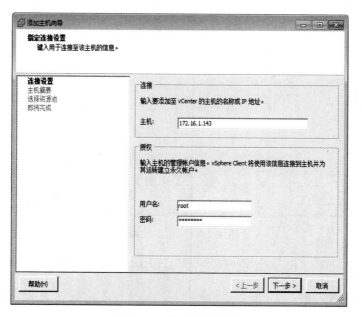

**图 4-15　指定连接信息**

（3）设定虚拟主机资源存放位置，这里选择默认，即主机上所有虚拟主机存放于群集根目录资源池，如图 4-16 所示。

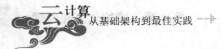
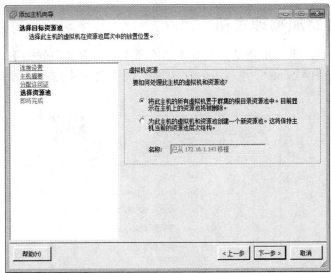

图 4-16　资源池设定

(4)　在如图 4-17 所示的对话框中确认各项配置是否正确，如无误单击"完成"按钮。

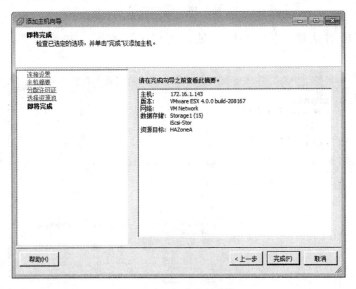

图 4-17　完成主机添加

(5)　重复以上步骤，将另外一台物理主机 172.16.1.144 加入集群。

## 4.1.3　资源池管理

资源池属于虚拟化核心功能，原理是逻辑隔离出一定容量的 CPU 与内存资源，形成资源池。通过资源池可以实现资源的有效分配，按需使用，同时也能够实现对不同级别的业务提供不同级别的资源保障。

集群中的资源总量是各个节点资源总和，例如：两个节点均为 48GB 内存，理论上资源总量是内存 96GB，但考虑到 ESX 主机本身也会有一定内存开销，因此实际可用的资源总量应少于 96GB。

可以将资源总量理解为根资源池，而为业务划分的资源池属于根资源池下的各子节点。资源池的创建比较简单，以 HAZone 集群为例，选择 HAZone 并右击，在弹出的快捷菜单中选择"创建资源池"命令，在如图 4-18 所示的对话框中配置要创建的资源池。

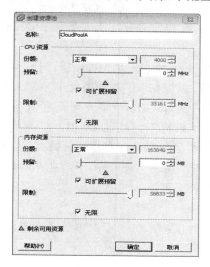

图 4-18　创建资源池

配置内容包括：输入资源池名称"CloudPoolA"，分别设定 CPU 以及内存的资源池规模，所需参数涉及总份额、预留份额、限制份额。

在完成数据中心、集群、集群节点加入、资源池等创建操作后，工作可以告一段落，新搭建的平台效果如图 4-19 所示。

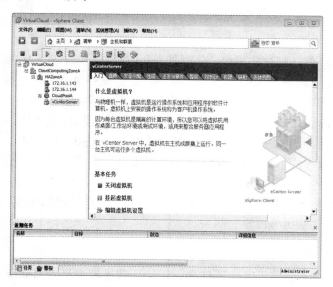

图 4-19　数据中心、集群、资源池运行效果

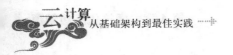
**小经验**

- 实现集群有两个工作前提，一是组建集群内所有节点共享的存储池；二是搭建可迁移的 VMotion 网络。
- 可以根据运行情况，动态调整 HA 或者 DRS 的设置，如果业务负载较重，特别是长期运转时，HA 的开启有时候会导致 ESX 服务宕机，但通常不会影响虚拟主机。
- 物理主机在连接时，如果经常提示失去连接，可以尝试重启 vmware-vpxa 服务。
- 资源池中单个虚拟主机所拥有资源的大小不能超过所在物理主机的实际大小，如物理主机内存为 48GB，资源池所拥有内存为 80GB，在此资源池上建立的虚拟主机的最大内存不能超过 48GB。
- 集群内节点或集群本身会隐含一个根资源池。
- 资源池可以划分多个，在一个资源池下面也可以建立子资源池。
- 通常可以设定高性能资源池、中性能资源池、低性能资源池，用于放置满足不同服务等级的业务。
- 对于性能要求极高的虚拟主机，可以不放置于资源池，而直接放置于集群节点之上运转。

# 4.2　共享存储池

共享存储池是实现 VMware 虚拟化数据中心架构的重要组成部分，搭建共享存储池涉及虚拟化 VMKernel 网络、FC 存储网络、LUN 划分与挂接等，下面将以实践的形式进行演示。

## 4.2.1　共享存储

VMware 支持三类共享存储平台，分别是基于 IP 的块设备、基于 FC 网络的块设备、基于 NAS 的文件系统。前两种类型的设备，差别在于存储网络所用的传输介质不同，前者是基于 IP 网络，在 IP 网络上模拟 SCSI 协议(称为 iSCSI)，实现主机与存储的互操作；后者是通过 FC 网络直接传输数据块。通常基于 FC 网络的共享存储性能更优，但成本也会比较高。

NAS 文件系统基于 IP 网，执行的是 CIFS 或 NFS 等协议的互操作，比较块设备，这种方式性能损耗会更多一些，但考虑 NAS 本身成本较低，容量更大，因此非常适合于大规模可控成本下的数据中心环境。

在 VMware 环境下，访问 iSCSI 块设备和 NAS 文件系统都通过 VMKernel 网络，同时它也是执行 VMotion 控制与传输的网络。

### 1. VMKernel 网络

VMKernel 网络主要用于完成两件事：一是承载虚拟主机 VMotion 通信；二是承担主机与存储的通信。配置 VMKernel 网络最好创建独立的虚拟交换机，同时要求集群内的所有主机均在一个 VMKernel 网络下工作。

创建 VMKernel 网络与创建虚拟交换机类似，只是在向导的连接类型中选择 VMKernel 即可，如图 4-20 所示，具体操作可参见上一章虚拟交换机的创建。

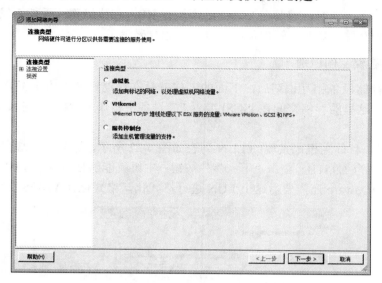

图 4-20　VMKernel 网络创建向导

### 2. 主机与存储设备之间挂接

主机与存储设备之间通过网络的方式进行关联挂接，如果是 NAS 或 IP SAN，则要借助于 VMKernel 网络，这里需要配置主机与存储设备能够互相访问的网络地址。

有一点需要提醒：在 iSCSI 环境下，涉及主机对存储设备的发现，VMware 提供了动态发现与静态发现，通常在 IP SAN 环境下最稳妥的是静态发现，如图 4-21 所示。

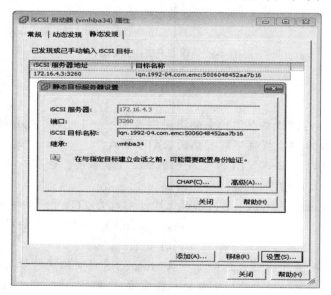

图 4-21　iSCSI 静态发现

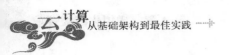
如果是光纤网络，则执行 FC 挂接方式，首先确保光纤线物理上连接，可以是主机与存储设备直连，也可以是通过光纤交换机中转，不过通过光纤交换机需要划分 Zone(存储区域)；其次，当线路连接成功时，需要在 VMware 中执行 HBA 扫描操作，看能否发现存储设备；最后，当检测到存储设备时，管理员就可以为其划分磁盘了。

### 3. 主机对存储空间识别

在主机与存储设备相互识别后，下面的工作就是在存储设备上为主机分配存储空间、设定访问权限，这里的存储空间在 iSCSI 或者 FC 设备中称作 LUN，而在 NAS 设备中称为文件夹。

以 FC 为例，目前主机已发现的 LUN 列表如图 4-22 所示，这是由后端存储设备分配的一个 LUN，大小为 1.95TB。单击"下一步"按钮，主机就能够使用这个 LUN，当然为了能够真正使用，VMware 还需要对这个 LUN 进行格式化，格式化为 VMFS 文件系统。

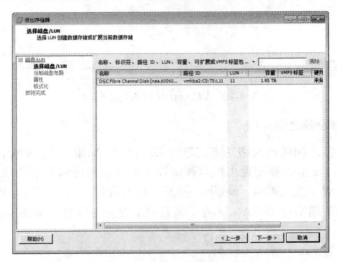

图 4-22　识别 FC 存储 LUN

**小经验**

- LUN 是由存储设备抽象出来的逻辑磁盘，一个 LUN 可能会对应多个物理磁盘，LUN 本身会提供不同规格的 RAID 模式。
- ESX 中可以将每一个 LUN 当成一个独立磁盘来用；也可以将多个 LUN 合并成一个逻辑磁盘来用。
- 目前 VMware vSphere4 支持的最大虚拟磁盘为 2TB。
- VMFS(VMware Virtual Machine File System)是一种高性能的群集文件系统，可以将多个 LUN 整合成一个独立的存储池。
- VMFS 利用共享存储来允许多个 VMware ESX 实例同时读写相同存储位置。
- VMFS 文件数据块是在卷创建时根据需要选择的，通常有 1MB、2MB、4MB 或 8MB 的块大小。
- 若想实现 2TB 大小的存储池，需设定数据块大小为 8MB。

如果用户使用的是 NAS 存储，存储空间的识别如图 4-23 所示，这是一个典型的配置远程 NFS 的过程。

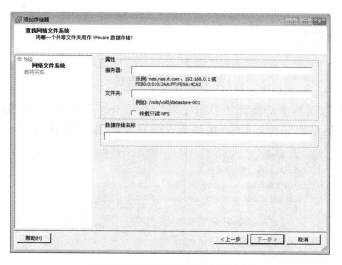

图 4-23　NAS 平台存储识别

用户需要填写 NAS 存储设备的 IP 地址、文件夹名称、存储名称等信息，在网络可达及 NAS 设备已为该主机分配访问权限的前提下，单击"下一步"按钮，主机就能够发现并加载这一存储空间。

## 4.2.2　案例：iSCSI 共享存储搭建

根据上面的介绍，这里采用 iSCSI 的方式为 HAZoneA 集群中的两台主机配置共享存储空间，具体操作步骤如下。

### 1. 网络配置

主机均是双网卡服务器，选择第二块网卡用于承担存储网络，参数配置如下。

(1)　vlan　471，划分 172.16.4.0 网段为 VMKernel 网络。

(2)　主机 172.16.1.143 的 VMKernel 网络 IP 地址为 172.16.4.19；另一台主机的地址为 172.16.4.20。

配置成功后的效果如图 4-24 所示。

图 4-24　VMKernel 网络配置

### 2. 存储识别

为两台主机指定 iSCSI 服务器，以其中一台为例，这里采用静态配置的方式，具体步骤如下。

(1)　选中主机 172.16.1.143，在"配置"对话框中，选择"存储适配器"，在右边的"iSCSI

Software Adapter"中选择带有 WWN 号的 iSCSI 设备，单击"属性"，如图 4-25 所示。

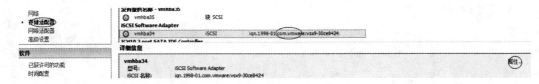

图 4-25　存储适配器

（2）在 iSCSI 启动器中切换到"静态发现"选项卡，手动输入 iSCSI 服务器的 IP 地址及服务端口，其中后端存储设备的 IP 地址为 172.16.4.2，端口默认为 3260，如图 4-26 所示。

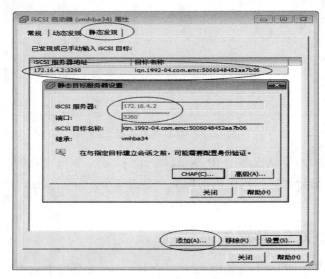

图 4-26　静态发现

（3）在存储设备上为主机分配了 5 个 LUN，大小均为 104GB，在主机执行刷新操作，可以发现这些新分配的 LUN，如图 4-27 所示。

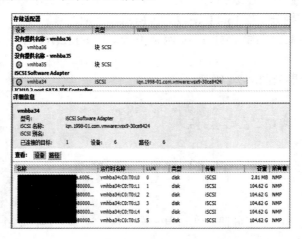

图 4-27　LUN 列表

### 3. 存储配置

在存储管理页面中选择"添加存储器"命令，在如图 4-28 所示的对话框中选择"磁盘/LUN"挂接模式。

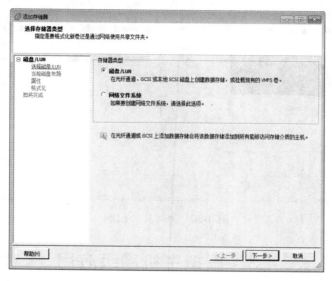

图 4-28　添加存储器

单击"下一步"按钮，会列出 LUN 列表，这里先选择其中一个，并顺次单击"下一步"按钮，在如图 4-29 所示的对话框中单击"完成"按钮即可。

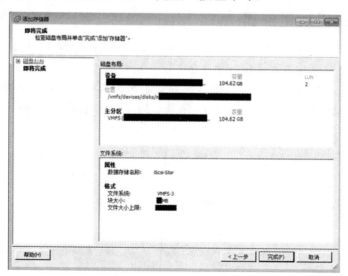

图 4-29　添加存储器完成确认

新创建的共享存储空间命名为"iScsi-Stor"，单击"属性"，在出现的对话框中单击"增加"按钮，可以顺次将其余四块 LUN 合并至"iScsi-Stor"存储空间中，如图 4-30 所示。

在另一台主机执行类似的操作，至此主机的 iSCSI 共享存储创建完毕。

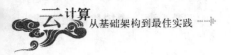

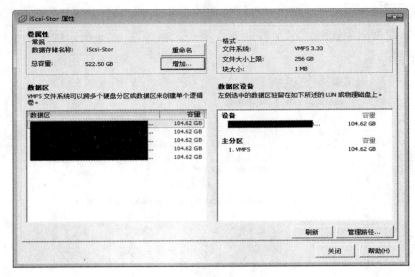

图 4-30　添加其余 LUN

# 4.3　虚拟主机高级应用

VMware 还拥有动态热迁移技术、模板转换、虚拟主机大批量部署等高级功能，这些功能非常实用，下面一一进行演示。

## 4.3.1　虚拟主机批量部署

上一章介绍了基于导入的方式进行虚拟主机批量部署，这里介绍另外一种以模板的方式批量部署，相比于导入方式，模板更高效。

模板部署过程：先制作一台虚拟主机，并安装客户机操作系统，在所有配置操作完成后，将该虚拟主机转换为模板，如图 4-31 所示。以 Linux_Test_A 为例，通过图 4-31 所示的操作可以转换为模板，并命名为 Linux_Test。

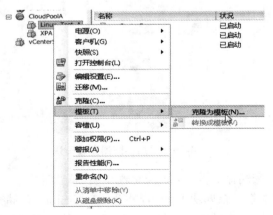

图 4-31　克隆为模板

选择刚创建的虚拟主机模板 Linux_Test 并右击，选择"从该模板部署虚拟机"命令，如图 4-32 所示，在出现的向导对话框中顺次配置即可。

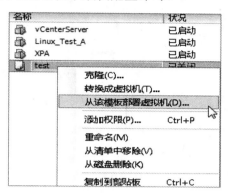

图 4-32　从模板中部署

　　克隆又可以称为复制，就是将一台虚拟主机完整地复制出一份进行存放。

　　虚拟主机转换为模板的过程与从模板中部署虚拟主机的过程类似，都需要确认如下参数：名称、所处资源池或者运行节点位置、存储位置和磁盘格式等参数

　　制作成模板后，存放于共享存储之中，能带来很多好处：

(1) 便于快速、大批量部署与转换。

(2) 可以制作不同规格的模板，便于管理与同步共享。

(3) 速度优于 OVF 部署。

## 4.3.2　虚拟主机热迁移

　　虚拟主机有两种迁移方式，一是冷迁移，在虚拟主机关机后，将虚拟主机从一个物理节点迁移到另外一个节点；二是热迁移，在虚拟主机不关机的前提下，将虚拟主机从一个节点平滑迁移到另一个节点，在迁移过程中虚拟主机上运行的业务不受影响。

　　冷迁移类似于克隆或者模板功能，这里不再进行讲解，下面重点介绍热迁移。热迁移技术的基础是 VMotion，整个迁移可分为三个阶段。

　　(1) 当触发迁移命令后，先验证是否具备热迁移条件，例如：CPU 是否兼容，网络和存储资源是否可以共享。

　　(2) 将虚拟主机状态信息，如 CPU、内存、网络连接信息迁移至目标主机，原理是内存拷贝，即将虚拟主机在源节点上的所有内存信息，分阶段拷贝至目标节点上，通常先拷贝不变的内存信息，并在新的交换机上注册新迁移的虚拟主机，最后拷贝剩余有变化的内存信息，这种机制可以确保在拷贝过程中虚拟主机业务不受影响。

　　(3) 拷贝完毕后，经验证无误，并确认启动新虚拟主机正常后删除源虚拟主机；若启动过程存在问题，则中止操作，回滚到未迁移状态。

　　以热迁移 vCenter Server 虚拟主机为例，演示热迁移过程，由于节点 172.16.1.143 负载

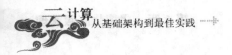

较重，准备将 vCenter Server 动态迁移至 172.16.1.144 节点，具体步骤如下。

（1）选中 vCenter Server 虚拟主机并右击，选择"迁移"命令，如图 4-33 所示。

图 4-33  选择"迁移"命令

（2）在出现的对话框中选中"更改主机"单选按钮，单击"下一步"按钮，并选择要迁移到的目标地址，如图 4-34 和图 4-35 所示。

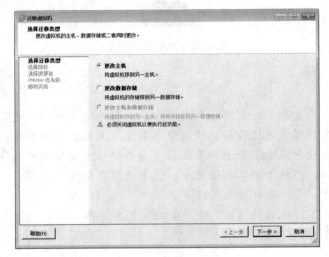

图 4-34  选择迁移类型

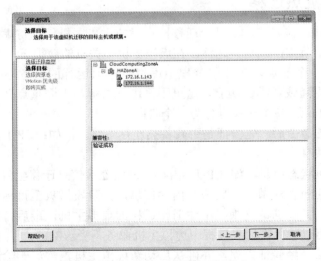

图 4-35  选择要迁移的目标节点

(3)　单击"下一步"按钮，并在如图 4-36 所示的确认对话框中单击"完成"按钮。

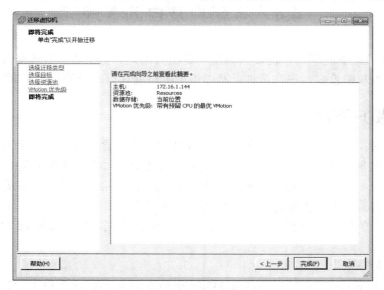

图 4-36　选择要迁移的目标节点

(4)　为了演示热迁移过程对业务的影响，可以在第三方机器执行 ping 172.16.1.163 -t 指令，查看整个迁移过程中虚拟主机的响应情况，如图 4-37 所示。

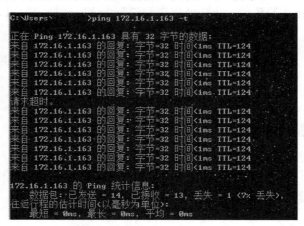

图 4-37　热迁移对业务的影响

**小经验**

- 目前热迁移的前提是在同一共享存储内，但 VMware 5.1 平台以后可以支持无共享存储下的热迁移。
- 热迁移拷贝中虚拟主机业务被影响的时间可以在 2 秒以内，读者可以在迁移过程中不断 ping 虚拟主机，查看延时持续的时间。

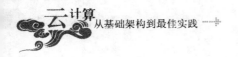

# 4.4  多租户及自助管理

在 IaaS 环境准备完毕后，需要面向用户提供自助式业务申请与管理服务，这里涉及多租户、虚拟主机权限设定、日常运维以及虚拟主机自助式管理等操作，下面一一进行演示。

## 4.4.1  多租户案例

多租户是虚拟化乃至云计算中的一个重要概念，它的含义可以从两个方面理解：一是在同一物理空间里，用户可以独立地使用资源，而不会感知到对方的存在，更不会因为自己的使用影响对方；二是资源可以通过多租户的模式批发给中介用户，中介用户可以自主管理所授权的资源，并自主决定资源如何为其最终用户使用。

多租户典型的例子是资源池，下面设计一个案例，将创建的资源池 cc 只授权给 fdd 用户使用。

相关步骤如下。

(1)  创建 Windows 用户：在 vCenter Server 所在的 Windows 主机上创建一个来宾账号 fdd，并设定密码。

(2)  创建角色：在 vCenter "主页"中的"系统管理"的"角色"中单击"添加角色"按钮，如图 4-38 所示。

创建名为 cloudpool 的角色，并选择相应的权限，这里选择虚拟机、资源、网络等权限，具体如图 4-39 所示。

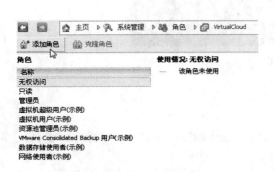

图 4-38  添加角色

图 4-39  角色配置

(3) 选中资源池 cc 并右击，选择"添加权限"命令，如图 4-40 所示。

图 4-40 设定权限

(4) 在分配权限的对话框中，选择已创建的 fdd 账号，并添加至用户列表中，如图 4-41 所示。

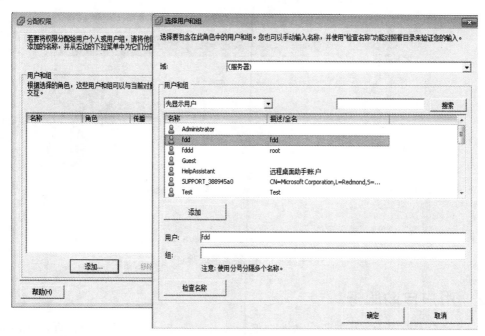

图 4-41 添加用户

(5) 为 fdd 用户选择 cloudpool 角色，如图 4-42 所示。

(6) 通过 vSphere 客户端以 fdd 的身份进行登录，效果如图 4-43 所示。

本次实践示例是一次典型的多租户资源分配，通过多租户模式非常有助于分布式运营与管理，例如，可以为下属的分支部门分配各自独立的资源池。

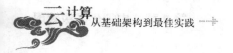
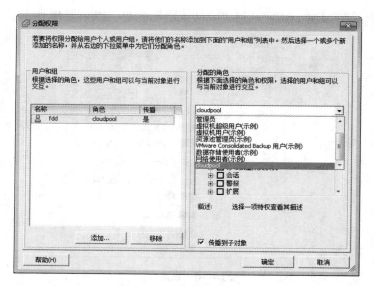

图 4-42　为用户分配角色

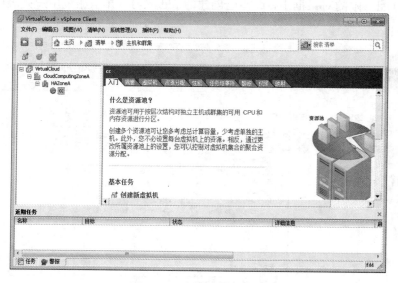

图 4-43　资源池管理验证

## 4.4.2　用户自助服务

对于最终用户，可能不需要资源池，但会涉及对所申请虚拟主机的管理，在没有自助服务平台前，通常是用户提出申请，管理人员创建好虚拟主机，将远程访问接口向用户开放，用户就可以通过 Windows 的远程桌面或者 Linux 的 SSH 及 VNC 工具管理自己的 Windows 或 Linux 虚拟主机，这种模式比较简单，但有一个明显的问题，即当虚拟主机被关闭或存在问题时，用户只能求助于管理人员，假设一个管理人员面临数百个这样的用户，无疑会带来极大的管理挑战。

因此需要面向最终用户提供自助式服务平台，所谓自助服务平台类似于银行的 ATM

机，不可能让所用的银行用户都去柜台解决问题。

这里以 VMware 自带的 Web 管理门户，配合权限设置，我们搭建一个简易的自助式虚拟主机管理平台。

以管理虚拟主机 XPA 为例，介绍搭建步骤：

（1）用户提交虚拟主机申请，管理人员受理申请，并在 vCenter Server 上为其创建一个账号，如当前创建一个 Test 账号。

（2）管理人员选中该虚拟主机，通过权限设定，将 XPA 虚拟主机关联至 Test 账号，并授予其管理权限，效果如图 4-44 所示。

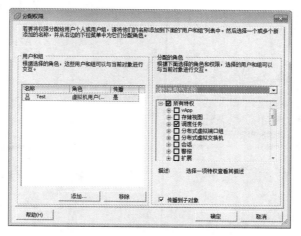

图 4-44　关联 Test 账号到虚拟主机

（3）用户输入 https://172.16.1.163，在出现的页面中选择 Web Access，在弹出的对话框中输入用户名与密码，如图 4-45 所示。

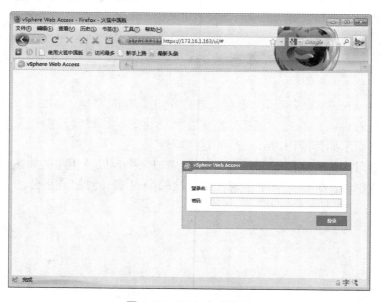

图 4-45　Web 方式登录

(4) 登录成功后，会出现如图 4-46 所示的界面，用户可以自助式管理 XPA 虚拟主机，包括启动、暂停、关闭、通过 Web 方式远程可视化管理虚拟主机等。

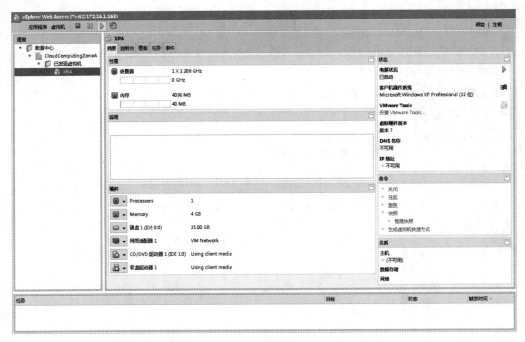

图 4-46 Test 用户自助管理界面

当然 Test 用户也可以通过 vSphere 客户端访问虚拟主机，具体操作读者可以自行尝试，通过这种方式可以搭建一个简单的用户自助虚拟主机管理平台。当然这个平台并不完善，会需要大量人工的操作，特别是无法处理用户批量虚拟主机申请，有兴趣的读者可以研究如何实现自助式资源申请功能。

## 4.5 小 结

本章以 VMware 的高级应用为重点，着重介绍了集群、HA、DRS、VMotion、共享存储、权限与角色管理、自助式管理等功能，在具体讲解时，以实践操作为主，在一个真实数据中心场景下演示如何应用 VMware 的这些特性。

通过本章学习，读者应能够掌握 VMware 虚拟化平台以及相应的知识点，通过本章知识的综合，读者也应能够搭建一个小规模端到端的 IaaS 云计算服务平台。

# 第 5 章

## 虚拟化编程

【内容提要】

本章将介绍 VMware ESX 平台常见命令的用途及使用方式，以及如何通过脚本、PowerCLI、WebService 接口对 VMware 进行二次编程与开发。

通过本章学习，读者应能够比较全面地了解 ESX、PowerCLI 命令，具备通过命令行的方式管理虚拟化平台，对 VMware 平台进行脚本编程、WebService 编程、混合编程等能力，为以后定制开发虚拟化管理平台奠定基础。

本章要点

- ■ ESX 命令介绍
- ■ VMware 脚本编程
- ■ WebService 接口开发
- ■ PowerCLI 接口使用

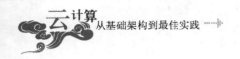

# 5.1　ESX 命令详解

ESX 提供了命令行管理工具，可以实现对虚拟化平台、虚拟主机、存储、网络、安全、性能及容量、用户权限等全方位的管理。

## 5.1.1　命令行管理接口介绍

ESX 由多个命令行工具集组成，既有运行在本地 Shell 平台之上的 esxcfg、vm、vmware-cmd 等命令，也有支持从远程进行管理的，如 VMware PowerCLI，它是一种基于 Windows PowerShell 的 vSphere 命令接口。除上述命令行之外，VMware 还提供了 SDK 及 WebService 等外部编程接口，方便开发者开发调用。

为了方便读者了解在什么时候使用什么工具，这里给出几种应用场景。

### 1. 简单管理

简单管理是指用户主要依赖于 VMware 可视化管理平台，但在 ESX 节点出现配置错误或故障的情形下，需要登录到这些 ESX 平台进行现场或远程管理。在这种场景下，用户可以选择 Shell 方式(注：如果是 ESXi，可以选择先开通其 Linux Shell)，以命令行交互的方式进行管理。

比较常用的管理命令包括网络类、主机配置类、存储类、虚拟主机类，本节后面的内容会着重介绍如何使用这种方式进行轻量级管理。ESX 的管理命令多以 esx、vm 等开头，输入这些前缀，按下 Tab 键可以列出与当前前缀相关的命令。

```
[root@vsx9 /]# esx
esxcfg-addons        esxcfg-pciid
esxcfg-advcfg        esxcfg-rescan
esxcfg-auth          esxcfg-resgrp
esxcfg-boot          esxcfg-route
esxcfg-configcheck   esxcfg-scsidevs
esxcfg-dumppart      esxcfg-swiscsi
esxcfg-firewall      esxcfg-upgrade
esxcfg-hwiscsi       esxcfg-vmknic
esxcfg-info          esxcfg-volume
esxcfg-init          esxcfg-vswif
esxcfg-module        esxcfg-vswitch
esxcfg-mpath         esxcli
esxcfg-nas           esxtop
esxcfg-nics          esxupdate
[root@vsx9 /]# vm
vmkchdev             vmstat
vmkerrcode           vm-support
vmkfstools           vmware/
vmkiscsiadm          vmware-authd
vmkiscsid            vmware-autopoweron
vmkiscsi-tool        vmware-cmd
vmkloader            vmware-configcheck
vmkload_mod          vmware-hostd
vmklogger            vmware-hostd-support
vmkmicrocodeintel    vmware-mkinitrd
vmkmod-install.sh    vmware-vim-cmd
```

```
vmkmod-preinst.sh      vmware-vimdump
vmkperf                vmware-vimsh
vmkping                vmware-watchdog
vmkuptime.pl            vmware-webAccess
vmkvsitools
```

**示例 1：** 检测当前配置的虚拟交换机参数信息是否正确，esxcfg-vswitch 是管理虚拟交换机，-1 是列出当前交换机配置。

```
[root@vsx9 /]# esxcfg-vswitch -l
Switch Name      Num Ports    Used Ports   Configured Ports    MTU       Uplinks
vSwitch0         32           4            32                  1500      vmnic0

  PortGroup Name      VLAN ID    Used Ports      Uplinks
  Test                452        0               vmnic0
  VM Network          452        1               vmnic0
  Service Console     452        1               vmnic0

Switch Name    Num Ports    Used Ports    Configured Ports    MTU       Uplinks
vSwitch1       64           3             64                  1500      vmnic1

  PortGroup Name      VLAN ID      Used Ports    Uplinks
  iSCSI               471          1             vmnic1
```

### 2. 批量管理

批量管理是指用户所管理的 ESX 节点数量比较庞大，经常会面临批量的业务处理，而依赖于传统的可视化平台会存在较长的时间成本，因此在这种情形下，推荐采用脚本的方式进行批量管理。

用户可以编写 Shell、Perl 脚本，甚至是 C 语言写的可执行文件，部署到需要执行的节点，运行后进行批量业务处理，这里的脚本本质上是对上述管理命令进行整合后形成可以独立完成某一工作任务的程序。

本章后面的一节将会介绍如何通过编写脚本来批量管理 ESX 主机，脚本在编写完毕后可以通过 SSH 的方式上传到 ESX 节点执行。

**示例 2：** 列出当前 ESX 主机所有的虚拟主机及其状态。

```
[root@vsx9 home]# vi check.sh
#!/bin/sh
list=$(vmware-cmd -l | awk '{print $1}')
for i in $list
do
  j=$(vmware-cmd $i getstate)
  echo name: $i status:$j
done

"check.sh" 8L, 131C written
[root@vsx9 home]# sh check.sh
name:
/vmfs/volumes/4c31371a-65f53b42-9db2-0025900253f4/Linux_Test_A/Linux_Tes
t_A.vmx status:getstate() = on
name:
/vmfs/volumes/4c8f1720-c3e98166-730a-0025900253b4/vCenter_Server_A/vCent
er_Server_A.vmx status:getstate() = off
```

### 3. 外部统一管理

外部统一管理是指用户有一定数量的管理节点，但为了增加管理的弹性以及防范因开

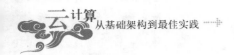

启过多 ESX 权限而带来的安全方面的不确定性，可以采用通过一台外部主机进行统一接口管理。

这种管理方式的优点是既可以对单台 ESX 主机进行管理，也可以对整个 ESX 集群进行管理，推荐采用的是 VMware PowerCLI 命令集合。

用户通过 VMware PowerCLI 接口，在一台 Windows 机器上管理网络可达的 ESX 主机，VMware PowerCLI 由命令、实例脚本和功能库组成，目前支持 200 多个命令，涵盖虚拟机、主机、网络、日志、性能报告等各方面。PowerCLI 本身支持脚本编程，在管理多台机器时可以编写 PowerCLI 脚本，更有能力者，可以将 PowerCLI 命令封装到可视化界面下，提供更友好的用户交互。

安装成功后的 PowerCLI 如图 5-1 所示。

图 5-1　VMware PowerCLI

PowerCLI 虚拟主机的管理命令列表如下。

```
Add-VMHost                          Get-VMHostService
Add-VmHostNtpServer                 Get-VMHostSnmp
Apply-VMHostProfile                 Get-VMHostStartPolicy
Export-VMHostProfile                Get-VMHostStorage
Format-VMHostDiskPartition          Get-VMHostSysLogServer
Get-HAPrimaryVMHost                 Import-VMHostProfile
Get-Host                            Install-VMHostPatch
Get-VMHost                          Move-VMHost
Get-VMHostAccount                   New-VMHostAccount
Get-VMHostAdvancedConfigurati       New-VMHostNetworkAdapter
Get-VMHostAuthentication            New-VMHostProfile
Get-VMHostAvailableTimeZone         New-VMHostRoute
Get-VMHostDiagnosticPartition       Out-Host
Get-VMHostDisk                      Read-Host
Get-VMHostDiskPartition             Remove-VMHost
Get-VMHostFirewallDefaultPoli       Remove-VMHostAccount
Get-VMHostFirewallException         Remove-VMHostNetworkAdapter
Get-VMHostFirmware                  Remove-VMHostNtpServer
Get-VMHostHba                       Remove-VMHostProfile
Get-VMHostModule                    Remove-VMHostRoute
Get-VMHostNetwork                   Restart-VMHost
Get-VMHostNetworkAdapter            Restart-VMHostService
Get-VMHostNtpServer                 Set-VMHost
Get-VMHostPatch                     Set-VMHostAccount
Get-VMHostProfile                   Set-VMHostAdvancedConfigurati
Get-VMHostProfileRequiredInpu       Set-VMHostAuthentication
Get-VMHostRoute                     Set-VMHostDiagnosticPartition
```

```
Set-VMHostFirewallDefaultPoli          Set-VMHostStartPolicy
Set-VMHostFirewallException            Set-VMHostStorage
Set-VMHostFirmware                     Set-VMHostSysLogServer
Set-VMHostHba                          Start-VMHost
Set-VMHostModule                       Start-VMHostService
Set-VMHostNetwork                      Stop-VMHost
Set-VMHostNetworkAdapter               Stop-VMHostService
Set-VMHostProfile                      Suspend-VMHost
Set-VMHostRoute                        Test-VMHostProfileCompliance
Set-VMHostService                      Test-VMHostSnmp
Set-VMHostSnmp
```

**示例 3**：通过 PowerCLI 连接 ESX 主机 172.16.1.143，查看运行状态。

```
PS C:\Program Files\VMware\Infrastructure\vSphere PowerCLI>
Connect-VIServer 172.16.1.143

Name                           Port  User
----                           ----  ----
172.16.1.143                    443  root
PS C:\Program Files\VMware\Infrastructure\vSphere PowerCLI> GET-VM

Name                 PowerState   Num CPUs    Memory (MB)
----                 ----------   --------    -----------
Linux_Test_A         PoweredOn    1           4096
XPA                  PoweredOff   1           4096
```

**4. 大规模统一调度管理**

这种情形是指拥有大规模的虚拟化应用环境，有大量的用户，存在多租户的应用环境，有集中管理门户与自助服务平台，管理人员需要统一调度后台运维平台，由于环境复杂，VMware 自带的工具往往无法满足全部需求，需要对虚拟化平台进行二次开发，这时推荐采用通过 SDK 包或 WebService 的方式进行编程开发。

用户可以选择通过 WebService 的方式对所有的 ESX 节点、vCenter 以及虚拟主机、网络、存储资源进行统一调度管理，并根据权限设定，对终端用户开放部分虚拟主机的管理权限，这种基于纯 B/S 的模式结构简洁，易于快速开发与部署，推荐的 WebService 开发环境是 Java 或.Net，当然用 PHP 或者 Python 也可以。

用户也可以采用 C/S 与 B/S 混合的开发模式，即选择在 ESX 节点上部署 Agent 代理，通过管理中心与 Agent 代理的交互来完成 C/S 架构下的管理与调度，前端通过 B/S 的方式进行发布，采用这种方式的好处是能够更精细地管理虚拟化平台，防止 WebService 环境失效带来的不可用性，弊端是每台 ESX 主机均需要安装 Agent 代理。

# 5.1.2　ESX 命令列表

ESX 的主要命令由 vmk、esxcfg-、vcb、vmware 四类前缀组成，除这些前缀外，也有一些以 esx 或者 vm 开头的命令。每一个命令后面会有不同类型的参数选项，用户在使用时要加以留意。

表 5-1～表 5-4 列出了主流前缀的命令列表及其功能。

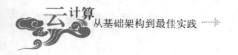
表 5-1　以 vmk 为前缀的命令列表

| 命令名称 | 含 义 | 命令名称 | 含 义 |
|---|---|---|---|
| vmkchdev | 查看 ESX 存储设备 | vmkiscsiadm | 用于 iSCSI 管理 |
| vmkloader | 用于装载 VMkernel | vmkiscsid | ESX 下的 iSCSI 连接工具 |
| vmkmicrocodeintel | 用于 intel 内核补丁的查找 | vmkload_mod | 加载与卸载 ESX 内核模块 |
| vmkperf | 查看某一事件性能 | vmkping | PING 命令 |
| vmkvsitools | 查看 VMware 设备或设备详细信息 | vmkfstools | 管理虚拟磁盘 |
| vmkerrcode | 列出 ESX 错误代码 | vmkiscsi-tool | 用于配置 iSCSI 工具 |
| vmklogger | 管理 ESX 日志 | | |

表 5-2　以 esxcfg-为前缀的命令列表

| 命令名称 | 含 义 | 命令名称 | 含 义 |
|---|---|---|---|
| esxcfg-addons | 管理 ESX 所安装的组件 | esxcfg-configcheck | ESX 配置信息检查 |
| esxcfg-dumppart | 内核 dump 管理工具 | esxcfg-advcfg | 用于 ESX 主机配置 |
| esxcfg-init | 用于 ESX 主机初始化 | esxcfg-vswitch | 管理 ESX 虚拟交换机 |
| esxcfg-nics | 调整网卡参数 | esxcfg-upgrade | 用于 ESX 升级 |
| esxcfg-route | 管理默认路由 | esxcfg-resgrp | 管理 ESX 资源群组 |
| esxcfg-vmknic | 配置与管理虚拟网卡 | esxcfg-nas | 配置 NAS 存储设备 |
| esxcfg-vswif | 管理 Service Console | esxcfg-volume | 管理快照磁盘 |
| esxcfg-swiscsi | 给出 ESX 支持的 iSCSI 平台 | esxcfg-scsidevs | 列出 iSCSI 设备 |
| esxcfg-rescan | 重新扫描 HBA 卡上的存储设备 | esxcfg-pciid | 列出 PCI 设备的 XML 文件 |
| esxcfg-mpath | 配置存储多路径 | esxcfg-module | 配置 ESX 内核驱动程序 |
| esxcfg-hwiscsi | 配置硬件 iSCSI 参数 | esxcfg-firewall | 配置 ESX 主机防火墙 |
| esxcfg-boot | 用于 ESX 主机引导 | esxcfg-auth | 配置 ESX 主机以及授权策略 |
| esxcfg-info | 显示 ESX 主机各项信息 | | |

表 5-3　以 vcb 为前缀的命令列表

| 命令名称 | 含 义 | 命令名称 | 含 义 |
|---|---|---|---|
| vcbExport | 备份导出 | vcbMounter | 备份挂载 |
| vcbVmName | 获取虚拟主机信息 | vcbSnapAll | 对所有虚拟主机执行快照 |
| vcbUtil | 标识资源池、文件夹等信息 | vcbRestore | 恢复指定的虚拟主机 |
| vcbSnapshot | 创建快照 | vcbResAll | 还原所有的虚拟主机 |

表 5-4　以 vmware 及其他字符为前缀的命令列表

| 命令名称 | 含　义 | 命令名称 | 含　义 |
|---|---|---|---|
| vmware-cmd | 用于管理虚拟主机 | vmware-vim-cmd | 在 Service Console 下运行临时命令 |
| vmware-vimsh | 提供特殊的 Shell | esxcli | 可用于管理存储以及存储路径、策略等 |
| esxtop | 列出 ESX 主要进程运行性能 | esxupdate | 用于 ESX 更新 |
| vm-support | 打包虚拟主机配置文件 | | |

## 5.2　命令管理实践

本小节通过实际案例演示如何通过 ESX 命令控制与管理虚拟主机、虚拟化网络、存储、磁盘等 VMware 对象。

### 5.2.1　虚拟主机管理

虚拟主机管理可以通过 vmware-cmd 命令完成，为命令 vmware-cmd 指定 ESX 目标主机，通过参数控制能够实现查看虚拟主机数量、列表、查看虚拟主机运行状态、开启与关闭虚拟主机、执行虚拟主机快照、对于新创建的虚拟主机进行注册或撤销等功能。

#### 1. vmware-cmd 命令的参数

vmware-cmd 命令的参数如下。

1)　ESX 主机操作

```
/usr/bin/vmware-cmd -l
/usr/bin/vmware-cmd -s listvms
/usr/bin/vmware-cmd -s register <config_file_path>
/usr/bin/vmware-cmd -s unregister <config_file_path>
```

2)　虚拟主机操作(<cfg>指虚拟主机名称带绝对目录)

```
/usr/bin/vmware-cmd <cfg> getstate
/usr/bin/vmware-cmd <cfg> start [soft|hard|trysoft]
/usr/bin/vmware-cmd <cfg> stop [soft|hard|trysoft]
/usr/bin/vmware-cmd <cfg> reset [soft|hard|trysoft]
/usr/bin/vmware-cmd <cfg> suspend [soft|hard|trysoft]
/usr/bin/vmware-cmd <cfg> getconfig <variable>
/usr/bin/vmware-cmd <cfg> setguestinfo <variable> <value>
/usr/bin/vmware-cmd <cfg> getguestinfo <variable>
/usr/bin/vmware-cmd <cfg> getproductinfo <product_info>
/usr/bin/vmware-cmd <cfg> connectdevice <device_name>
/usr/bin/vmware-cmd <cfg> disconnectdevice <device_name>
/usr/bin/vmware-cmd <cfg> getid
/usr/bin/vmware-cmd <cfg> getconfigfile
/usr/bin/vmware-cmd <cfg> getheartbeat
/usr/bin/vmware-cmd <cfg> getuptime
/usr/bin/vmware-cmd <cfg> gettoolslastactive
/usr/bin/vmware-cmd <cfg> hassnapshot
```

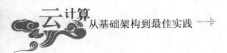

```
/usr/bin/vmware-cmd <cfg> createsnapshot <name> <description> <quiesce>
<memory>
    /usr/bin/vmware-cmd <cfg> revertsnapshot
    /usr/bin/vmware-cmd <cfg> removesnapshots
/usr/bin/vmware-cmd <cfg> answer
```

**2. 命令的使用实例**

下面以实例的形式介绍如何使用这些命令。

1) 查看当前 ESX 主机的所有虚拟主机

运行 **vmware-cmd -l** 命令可以列出当前 ESX 主机下的所有虚拟主机，虚拟主机的名称以绝对路径的形式显示。

```
[root@vsx9 /]# vmware-cmd -l
/vmfs/volumes/4c31371a-65f53b42-9db2-0025900253f4/Linux_Test_A/Linux_Tes
t_A.vmx
/vmfs/volumes/4c8f1720-c3e98166-730a-0025900253b4/vCenter_Server_A/vCent
er_Server_A.vmx
```

2) 显示虚拟主机 Linux_Test_A 状态

运行 **vmware-cmd vmname getstate** 命令可以列出指定虚拟主机的当前状态，这里的状态值分有 on、off 等，分别代表启动与关闭。

通过指定虚拟主机名称或绝对路径两种方式查看状态。

```
[root@vsx9 /]# vmware-cmd
/vmfs/volumes/4c31371a-65f53b42-9db2-0025900253f4/Linux_Test_A/Linux_Tes
t_A.vmx getstate
getstate() = on
[root@vsx9 /]# vmware-cmd Linux_Test_A getstate
getstate() = on
```

3) 关闭虚拟主机 Linux_Test_A

运行 **vmware-cmd vmname stop trysoft** 命令可以关闭指定的虚拟主机，当然前提是虚拟主机处于开启状态。

对于命令的执行结果通过返回值可以判断，如果为正值则执行成功，否则执行失败。

```
[root@vsx9 /]# vmware-cmd Linux_Test_A stop trysoft
stop(trysoft) = 1
[root@vsx9 /]# vmware-cmd Linux_Test_A getstate
getstate() = off
```

运行后的效果也可以通过可视化工具来验证，执行完关闭虚拟主机"Linux_Test_A"命令后的效果如图 5-2 所示。

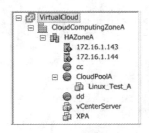

**图 5-2　Linux_Test_A 虚拟主机关闭状态**

4）　重新开启虚拟主机 Linux_Test_A

运行 **vmware-cmd vmname start** 命令可以开启指定的虚拟主机，前提是虚拟主机处于关闭或者暂停状态，同样如果返回值为正值则执行成功，否则执行失败。

```
[root@vsx9 /]# vmware-cmd Linux_Test_A start
start() = 1
[root@vsx9 /]# vmware-cmd Linux_Test_A getstate
getstate() = on
```

运行后的效果如图 5-3 所示。

5）　注销虚拟主机 Linux_Test_A

运行 **vmware-cmd vmname -s unregister** 命令可以移除指定的虚拟主机，前提是虚拟主机已注册成功且处于关闭状态。

```
[root@vsx9 /]# vmware-cmd Linux_Test_A -s unregister
vim.fault.InvalidPowerState: The attempted operation cannot be performed in
the current state (Powered On).
[root@vsx9 /]# vmware-cmd Linux_Test_A stop trysoft
stop(trysoft) = 1
[root@vsx9 /]# vmware-cmd Linux_Test_A unregister
[root@vsx9 /]# vmware-cmd -l
/vmfs/volumes/4c8f1720-c3e98166-730a-0025900253b4/vCenter_Server_A/vCent
er_Server_A.vmx
```

运行后的效果如图 5-4 所示。

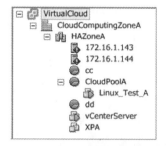

图 5-3　开启 Linux_Test_A 虚拟主机开启状态　　　图 5-4　注销虚拟主机 Linux_Test_A

6）　重新注册 Linux_Test_A 虚拟主机

运行 **vmware-cmd vmname.vmx -s register** 命令可以注册指定的虚拟主机，这一命令可用于新创建但未注册的虚拟主机或者之前撤销的虚拟主机。

对于要注册的虚拟主机必须指定.vmx 文件的绝对路径，如下所示。

```
[root@vsx9 /]# vmware-cmd
/vmfs/volumes/4c31371a-65f53b42-9db2-0025900253f4/Linux_Test_A/Linux_Tes
t_A.vmx
 -s register
[root@vsx9 /]# vmware-cmd -l
/vmfs/volumes/4c31371a-65f53b42-9db2-0025900253f4/Linux_Test_A/Linux_Tes
t_A.vmx
/vmfs/volumes/4c8f1720-c3e98166-730a-0025900253b4/vCenter_Server_A/vCent
er_Server_A.vmx

[root@vsx9 /]# vmware-cmd Linux_Test_A  start
start() = 1
```

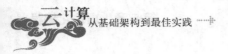

运行后的效果如图 5-5 所示。

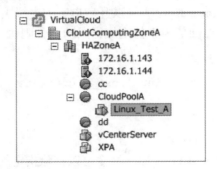

图 5-5　重新注册 Linux_Test_A

7)　管理另外一台 ESX 主机

在运行 vmware-cmd 命令时，通过-H(指定主机 IP)、-U(指定用户名)、-P(指定密码)等参数可以远程管理其他的 ESX 主机。

以 172.16.1.144 为例，连接虚拟主机、列出虚拟主机状态、关闭虚拟主机等的命令如下。

```
[root@vsx9 ~]# vmware-cmd -H 172.16.1.144 -U root -P 098 -l
/vmfs/volumes/4c8f1720-c3e98166-730a-0025900253b4/vCA/vCA.vmx
[root@vsx9 ~]# vmware-cmd -H 172.16.1.144 -U root -P 098
/vmfs/volumes/4c8f1720-c3e98166-730a-0025900253b4/vCA/vCA.vmx getstate
getstate() = on
[root@vsx9 ~]# vmware-cmd -H 172.16.1.144 -U root -P 098
/vmfs/volumes/4c8f1720-c3e98166-730a-0025900253b4/vCA/vCA.vmx stop
trysoft
stop(trysoft) = 1
```

**小总结**

vmware-cmd 命令的使用：

● 通过 vmware-cmd 工具可以实现对 ESX 中虚拟主机的基本管理，可以将这些命令封装并以 Web 的形式发布，用户可以通过 Web 方式操作所属虚拟主机的启动、关闭、暂停、重置、状态查看等功能。

● 对于批量创建的虚拟主机通过 register 命令注册后，方可使用。

● 通过 unregister 命令，可以撤销虚拟主机，搭配 rm 命令，实现对虚拟主机关联文件的全部清理。

● 可以编写脚本并定期运行，检查各 ESX 主机之上的各虚拟主机的状态，如果出现故障则重新启动。

## 5.2.2　虚拟化网络管理

ESX 提供了针对虚拟交换机、虚拟 VLAN、Service Console、vmkernel、vmotion、物理网卡、虚拟化网卡等的管理命令。这些命令非常实用，对于新安装好的 ESX 主机，需要用这些命令配置网络及 Service Console，不然无法访问。

对于运行于 ESX 之上的虚拟主机，在需要配置虚拟交换机及 VLAN 时也需要关注这些命令，如：在可视化界面中配置失败，只能通过命令行重新设置网络参数。

为了方便用户更深入地了解虚拟化网络命令的使用，下面进行演示。

### 1. 管理 Service Console

Service Console 属于 ESX 管理专用的地址，需要配置的内容包括：所属的交换机、所属的交换机端口、VLAN、IP 地址、子网掩码、网关 IP 地址等，对于 Service Console 的管理可以通过 esxcfg-vswif 命令完成。

输入 esxcfg-vswif -l 可以查看配置的 Service Console 信息。

```
[root@vsx9 /]# esxcfg-vswif -l
Name       Port Group/DVPort   IP Family IP Address
Netmask                                Broadcast       Enabled   TYPE
vswif0   Service Console     IPv4       172.16.1.143
255.255.255.192                        172.16.1.191    true      STATIC
[root@vsx9 /]# cat /etc/sysconfig/network-scripts/ifcfg-vswif0
DEVICE=vswif0
HOTPLUG=yes
MACADDR=00:50:56:4f:f0:46
ONBOOT=yes
PORTGROUP="Service Console"
BOOTPROTO=static
DHCPV6C=no
IPADDR=172.16.1.143
IPV6INIT=no
IPV6_AUTOCONF=no
NETMASK=255.255.255.192
GATEWAY=172.16.1.190
```

配置 Service Console 涉及两个步骤。

(1) 修改 Service Console 所在交换机的 IP 地址信息。

(2) 修改 VLAN 信息。

具体操作如下，配置 IP 地址为 172.16.1.143、设置 VLAN 为 452。

```
[root@vsx9 /]esxcfg-vswif -a vswif0 -p "service console" -i 172.16.1.143 -n
255.255.252.0
[root@vsx9 /]# esxcfg-vswitch -p "Service Console" -v 452 vSwitch0
```

另外一种方式配置 Service Console 的方法是修改网卡 IP 地址、重新配置 VLAN，如下所示。

```
[root@vsx9 /]# vi /etc/sysconfig/network-scripts/ifcfg-vswif0
DEVICE=vswif0
HOTPLUG=yes
MACADDR=00:50:56:4f:f0:46
ONBOOT=yes
PORTGROUP="Service Console"
BOOTPROTO=static
IPADDR=172.16.1.145
NETMASK=255.255.255.192
GATEWAY=172.16.1.190
[root@vsx9 /]# esxcfg-vswitch -p "Service Console" -v 452 vSwitch0
```

### 2. 管理交换机

esxcfg-vswitch 命令用于管理交换机，包括：创建与删除交换机、创建端口组、创建与

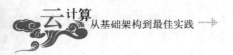
删除 VLAN 信息等。

通过 esxcfg-vswitch -l 命令可以查看当前配置的交换机信息。

```
[root@vsx9 /]# esxcfg-vswitch -l
Switch Name    Num Ports  Used Ports  Configured Ports  MTU     Uplinks
vSwitch0       32         4           32                1500    vmnic0

  PortGroup Name    VLAN ID  Used Ports  Uplinks
  Test              452      0           vmnic0
  VM Network        452      1           vmnic0
  Service Console   452      1           vmnic0

Switch Name     Num Ports  Used Ports  Configured Ports  MTU   Uplinks
vSwitch1        64         3           64                1500  vmnic1

  PortGroup Name    VLAN ID  Used Ports  Uplinks
  iSCSI             471      1           vmnic1
```

添加一台交换机的命令如下，其中 vSwitch2 是指要创建的虚拟交换机名称。

```
[root@vsx9 /]# esxcfg-vswitch -a vSwitch2
```

可以为新添加的交换机创建端口组，例如设置端口组为 test。

```
[root@vsx9 /]# esxcfg-vswitch -A test vSwitch2
```

可以为新创建的交换机关联工作网卡，当前拥有网卡 vmnic0 与 vmnic1，由于这些网卡已关联至其他虚拟交换机，因此会操作失败。如果想关联网卡，则先在网卡上移除之前的虚拟交换机，再进行关联。

```
[root@vsx9 /]# esxcfg-vswitch -L vmnic0 vSwitch2
[2012-09-11 15:35:56 'VirtualSwitch' warning] Unable to Add Uplink vmnic0.
SysinfoException: Node (VSI_NODE_net_portsets_link) ; Status(bad0004)= Busy;
Message= Unable to Set
Failed to add uplink vmnic0 to vswitch vSwitch2, Error: SysinfoException:
Node (VSI_NODE_net_portsets_link) ; Status(bad0004)= Busy; Message= Unable
to Set
```

图 5-6 所示配置用于验证虚拟交换机 vSwitch2 的创建效果。

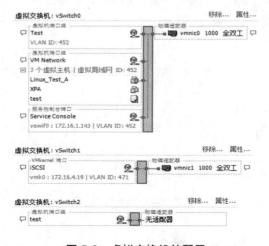

**图 5-6　虚拟交换机的配置**

删除交换机要使用 -d 选项，如下所示。

```
[root@vsx9 /]# esxcfg-vswitch -d vSwitch2
[root@vsx9 /]# esxcfg-vswitch -l
Switch Name    Num Ports   Used Ports   Configured Ports    MTU       Uplinks
vSwitch0       32          4            32                  1500      vmnic0

   PortGroup Name      VLAN ID   Used Ports      Uplinks
   Test                452       0               vmnic0
   VM Network          452       1               vmnic0
   Service Console     452       1               vmnic0

Switch Name      Num Ports    Used Ports    Configured Ports   MTU    Uplinks
vSwitch1         64           3             64                 1500   vmnic1

   PortGroup Name     VLAN ID     Used Ports       Uplinks
   iSCSI              471         1                vmnic1
```

### 3. 管理 VLAN

通过 esxcfg-vswitch 中的 -p、-v 属性可以管理端口组、设置端口组中的 vlan 信息等。如：
在交换机 vSwitch1 上创建 vm2 端口组，并指定 vlan 为 12。

```
[root@vsx9 /]# esxcfg-vswitch -A "vm2" vSwitch1
[root@vsx9 /]# esxcfg-vswitch -p "vm2" -v 12 vSwitch1
[root@vsx9 /]# esxcfg-vswitch -l
Switch Name    Num Ports   Used Ports   Configured Ports    MTU       Uplinks
vSwitch0       32          4            32                  1500      vmnic0

   PortGroup Name      VLAN ID   Used Ports      Uplinks
   Test                452       0               vmnic0
   VM Network          452       1               vmnic0
   Service Console     452       1               vmnic0

Switch Name      Num Ports    Used Ports    Configured Ports   MTU    Uplinks
vSwitch1         64           3             64                 1500   vmnic1

   PortGroup Name     VLAN ID   Used Ports       Uplinks
   vm2                12        0                vmnic1
   iSCSI              471       1                vmnic1
```

删除 vm2 这个端口组。

```
[root@vsx9 /]# esxcfg-vswitch -D "vm2" vSwitch1
[root@vsx9 /]# esxcfg-vswitch -l
Switch Name    Num Ports   Used Ports   Configured Ports    MTU       Uplinks
vSwitch0       32          4            32                  1500      vmnic0

   PortGroup Name      VLAN ID   Used Ports      Uplinks
   Test                452       0               vmnic0
   VM Network          452       1               vmnic0
   Service Console     452       1               vmnic0

Switch Name   Num Ports   Used Ports   Configured Ports    MTU      Uplinks
vSwitch1      64          3            64                  1500     vmnic1

   PortGroup Name     VLAN ID     Used Ports   Uplinks
   iSCSI              471         1            vmnic1
```

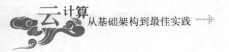

### 4. 配置 vmotion、vmkernel

esxcfg-vmknic 命令用于管理 vmotion 或者 vmkernel 网络，它的使用方式类似于 esxcfg-vswif，通过-l 属性可以查看配置的 vmkernel 网络。

```
[root@vsx9 /]# esxcfg-vmknic -l
Interface  Port Group/DVPort        IP Family IP Address     Netmask
Broadcast       MAC Address         MTU       TSO MSS        Enabled Type
vmk0            iSCSI               IPv4      172.16.4.19    255.255.254.0
172.16.5.255    00:50:56:79:96:ec   1500          65535    true STATIC
```

创建 vmkernel 的方式并无特别之处，在指定的交换机中创建一个 vmkernel 端口组，并用 esxcfg-vmknic -a -i x.x.x.x -n 255.255.255.0 pgName 的命令格式编辑这个端口组及配置 IP 地址。

### 5. 管理网卡

esxcfg-nics 命令可用于管理物理网卡、配置工作模式、配置速率等参数，输入-l 命令可以查看已配置的网卡运行信息。

```
[root@vsx9 /]# esxcfg-nics -l
Name   PCI        Driver      Link Speed      Duplex MAC Address       MTU
Description
vmnic0 05:00.00 igb           Up   1000Mbps Full    00:25:90:02:53:f4 1500
Intel Corporation 82576 Gigabit Network Connection
vmnic1 05:00.01 igb           Up   1000Mbps Full    00:25:90:02:53:f5 1500
Intel Corporation 82576 Gigabit Network Connection
```

### 6. 防火墙管理

esxcfg-firewall 用于管理防火墙以及安全控制策略，可以通过这条命令动态决定放行哪些服务，通过-s 命令可以查看所管理的已知服务。

```
[root@vsx9 /]# esxcfg-firewall -s
Known services: aam activeDirectorKerberos caARCserve CIMHttpServer
CIMHttpsServer CIMSLP commvaultDynamic commvaultStatic esxupdate
faultTolerance ftpClient ftpServer httpClient kerberos LDAP LDAPS
legatoNetWorker nfsClient nisClient ntpClient smbClient snmpd sshClient
sshServer swISCSIClient symantecBackupExec symantecNetBackup telnetClient
TSM updateManager VCB vncServer vpxHeartbeats webAccess
```

原理上，esxcfg-firewall 是对 iptables 命令的封装，有兴趣的读者可以用 esxcfg-firewall –q 命令与 iptables -L -n 命令进行结果对比。

ESX 默认的服务及端口号包括 ssh(22)、web-access(80/443)、virtual server(902)、vm 控制台 (903)、NFS(2049)、iSCSI(3260)、License Server 通信(2700)、vmotion(8000)、HA(2050-5000/ 8042-8045)等。

开放某一项服务的格式是"-e 服务名"。

```
[root@vsx9 /]# esxcfg-firewall -e sshClient
[root@vsx9 /]# esxcfg-firewall -d sshClient(-d 为关闭某一项服务)
```

也可以通过端口号进行设置。

```
[root@vsx9 /]# esxcfg-firewall -o 22,tcp,out,ssh
```

## 5.2.3　其他管理

ESX 还提供了管理存储的命令，如扫描、增加、归并、删除、监控等操作。常用的存储设备管理命令包括 esxcfg-nas、esxcfg-scsidevs、esxcfg-mpath、esxcfg-swiscsi、esxcfg-hwiscsi 等。通过 ESX 命令行模式管理虚拟磁盘非常有用，特别是在制作多虚拟主机共享磁盘时，不借助命令行很难实现。

下面简单演示这些操作。

### 1. 查看多路径信息

运行 mpath 命令，执行-l 参数，可以列出所有的路径信息，设置过滤参数，可以只查看相关的 SCSI 路径。

```
[root@vsx9 ~]# esxcfg-mpath -l | less
iqn.1998-01.com.vmware:vsx9-30ce8424-00023d000001,iqn.1992-04.com.emc:50
06048452aa7b06,t,1-naa.6006048000029010583653303030353131
   Runtime Name: vmhba34:C0:T0:L1
   Device: naa.6006048000029010583653303030353131
   Device Display Name: EMC iSCSI Disk
(naa.6006048000029010583653303030353131)
   Adapter: vmhba34 Channel: 0 Target: 0 LUN: 1
   Adapter Identifier: iqn.1998-01.com.vmware:vsx9-30ce8424
   Target Identifier:
00023d000001,iqn.1992-04.com.emc:5006048452aa7b06,t,1
   Plugin: NMP
   State: active
   Transport: iscsi
   Adapter Transport Details: iqn.1998-01.com.vmware:vsx9-30ce8424
   Target Transport Details: IQN=iqn.1992-04.com.emc:5006048452aa7b06
Alias= Session=00023d000001 PortalTag=1

iqn.1998-01.com.vmware:vsx9-30ce8424-00023d000001,iqn.1992-04.com.emc:50
06048452aa7b06,t,1-naa.6006048000029010583653303030353137
   Runtime Name: vmhba34:C0:T0:L2
   Device: naa.6006048000029010583653303030353137
   Device Display Name: EMC iSCSI Disk
(naa.6006048000029010583653303030353137)
   Adapter: vmhba34 Channel: 0 Target: 0 LUN: 2
   Adapter Identifier: iqn.1998-01.com.vmware:vsx9-30ce8424
   Target Identifier:
00023d000001,iqn.1992-04.com.emc:5006048452aa7b06,t,1
   Plugin: NMP
   State: active
   Transport: iscsi
   Adapter Transport Details: iqn.1998-01.com.vmware:vsx9-30ce8424
   Target Transport Details: IQN=iqn.1992-04.com.emc:5006048452aa7b06
Alias= Session=00023d000001 PortalTag=1
```

### 2. 磁盘管理

使用 vmkfstools 命令可以创建虚拟磁盘，更改虚拟磁盘的属性。VMware 中为虚拟机存储提供了三种类型的虚拟磁盘，分别为 raw、thin、thick，其中 raw 属于裸设备格式，使用裸设备格式可以实现对存储所分配 LUN 的直接操作，对于一些对性能有需求的虚拟主机业务，如 oracle asm、虚拟主机集群等可以采用这种模式创建虚拟磁盘。

thin 属于精简磁盘格式，这种格式的好处是对于实际分配的磁盘空间，是根据其使用状况动态增长的，能够节约磁盘空间，如初始化分配 10GB，可能在最开始只分配 1GB，随着使用会不断按需调整。

thick 属于厚磁盘格式，即一次性分配所有的空间，这种格式也分为 Zeroed thick disk 与 Eager zeroed thick disk 两种，前者的特点是在第一次写入时清理磁盘，是 thick 的默认格式；后者的特点是在创建磁盘时，即对整个磁盘全部写入 0。

用命令创建一块 1GB 大小的磁盘。

```
[root@vsx9 home]# vmkfstools -c 10M -a lsilogic -d eagerzeroedthick test.vmdk
[root@vsx9 home]# ls
test-flat.vmdk  test.vmdk
```

将创建成功的 test.vmdk 磁盘转化成 thin 模式，-i 是指定源磁盘；-d 是指定目标磁盘。

```
[root@vsx9 home]# vmkfstools -i test.vmdk -d thin test1.vmdk
Destination disk format: VMFS thin-provisioned
Cloning disk 'test.vmdk'...
Clone: 100% done.
[root@vsx9 home]# ll
-rw------- 1 root root 10485760 Sep 11 17:07 test1-flat.vmdk
-rw------- 1 root root      489 Sep 11 17:07 test1.vmdk
-rw------- 1 root root 10485760 Sep 11 17:02 test-flat.vmdk
-rw------- 1 root root      439 Sep 11 17:02 test.vmdk
```

### 3. 多虚拟主机共享逻辑大磁盘

当前有多个虚拟主机需要共享一块 2TB 的磁盘，对于这一任务，有两个问题：一是共享的磁盘容量大，需要单独制作；二是磁盘需要在多虚拟主机共享，涉及磁盘同步管理。

这一任务在现实运营中比较常见，这里给出解决方案。

主要步骤如下。

(1) 用 vmkstools 命令创建磁盘，命令如下。

```
[root@vsx9 ~]# vmkfstools -c 2048G -a lslogic -d eagerzeroedthick test.vmdk
```

(2) 为第一台虚拟主机创建一个新的独立的 SCSI 设备，如 SCSI3:0。

(3) 加载此磁盘到虚拟主机中，并关联之前创建的 SCSI 设备，在配置文件中编辑 SCSI3:0 参数信息，设置 scsi3.shareBus="physical"。即允许虚拟主机物理共享此虚拟磁盘。

相应的配置文件如下。

```
[root@vsx9 Linux_Test_A]# cat Linux_Test_A.vmx | less
…
scsi3.present = "TRUE"
scsi3.sharedBus = "physical"
scsi3.virtualDev = "lsilogic"
memsize = "4096"
scsi3:0.present = "TRUE"
scsi3:0.fileName = "testvmdk"
scsi3:0.deviceType = "scsi-hardDisk"
…
```

(4) 在其他虚拟主机上重复步骤 2～3。

(5) 操作完毕后，在这些虚拟主机上就能够看到新创建的逻辑磁盘，下面的工作就是对虚拟磁盘进行格式化、重做文件系统、挂接至本地等操作。

### 4. 性能与状态查看

应用 esxtop 命令能够查看 ESX 各主要进程的运行状态，包括进程列表、CPU、内存等使用，命令类似于 Linux 的 top，运行后的效果如图 5-7 所示。

```
[root@vsx9 /]# esxtop
 4:45:35pm up 380 days  7:06, 141 worlds; CPU load average: 0.01, 0.01, 0.00
PCPU USED(%): 108.3   0.0   0.0   0.0   0.0   0.0   0.0   0.0   0.9   0.0   0.1   0.0   0.0   0.0   0.0   0.0 AVG:   6.9
PCPU UTIL(%): 100.0   0.9   0.8   0.7   0.8   0.8   0.7   0.8   3.6   0.8   0.8   0.4   0.9   0.8   0.8   0.8 AVG:   7.1
CORE UTIL(%): 100.0         0.9         0.8         0.9         3.8         0.5         1.0         0.9       AVG:  13.6
CCPU(%):   0 us, 100 sy,   0 id,   0 wa ;      cs/sec:      0

     ID      GID NAME                NWLD   %USED    %RUN    %SYS   %WAIT    %RDY   %IDLE  %OVRLP   %CSTP  %MLMTD  %SWPWT
      1        1 idle                  16    0.02    0.04    0.00    0.00    0.01    0.00    0.00    0.00    0.00    0.00
      2        2 system                 7    0.00    0.00    0.00    0.03    0.00    0.00    0.00    0.00    0.00    0.00
      6        6 helper                77    0.00    0.00    0.00    0.28    0.00    0.00    0.00    0.00    0.00    0.00
      7        7 drivers                9    0.00    0.00    0.00    0.03    0.00    0.00    0.00    0.00    0.00    0.00
      8        8 vmotion                4    0.00    0.00    0.00    0.01    0.00    0.00    0.00    0.00    0.00    0.00
     10       10 console                2    0.00    0.00    0.00    0.00    0.00    0.00    0.00    0.00    0.00    0.00
     15       15 vmkapimod              9    0.00    0.00    0.00    0.03    0.00    0.00    0.00    0.00    0.00    0.00
     17       17 FT                     1    0.00    0.00    0.00    0.00    0.00    0.00    0.00    0.00    0.00    0.00
     18       18 vobd.4272              8    0.00    0.00    0.00    0.03    0.00    0.00    0.00    0.00    0.00    0.00
     19       19 vmkiscsid.4280         2    0.00    0.00    0.00    0.01    0.00    0.00    0.00    0.00    0.00    0.00
     20       20 net-cdp.4283           1    0.00    0.00    0.00    0.00    0.00    0.00    0.00    0.00    0.00    0.00
     21       21 vmware-vmkauthd        1    0.00    0.00    0.00    0.00    0.00    0.00    0.00    0.00    0.00    0.00
     51       51 Linux_Test_A           4    0.00    0.00    0.00    0.01    0.00    0.00    0.00    0.00    0.00    0.00
```

图 5-7　性能查看

## 5.3　脚 本 编 程

通过脚本可以更方便地管理虚拟化平台，本节将演示如何通过脚本编程对虚拟主机进行状态监测、创建虚拟主机、批量生成虚拟主机、自动化对虚拟主机进行备份与恢复，最后提供一个能够实现短信与邮件警告的接口。

### 5.3.1　虚拟主机状态检测

在数据中心运维过程中，状态监测是一项极为重要的内容，通过实时的状态监测可以了解物理主机以及虚拟主机的运转情况、实际性能情况、资源消耗情况等信息，这些信息的重要性不言而喻，它是分析系统健康与否的重要依据。

本小节设计了一个针对虚拟主机状态的监测示例。

#### 1. 案例描述

生产环境由多个 ESX 节点组成，这些节点上运转着相当数量的虚拟主机，管理人员需要第一时间了解这些虚拟主机是否处于运转状态。如果其处于运转状态，则提示正常；如果处于非运转状态，则发出警告。

#### 2. 案例分析

通过对任务描述的简要分析，可以得出如下几点结论：

(1)　编写一个能够定期执行的监测脚本，可以采用 crond 定期执行脚本，也可以采用监测脚本循环执行的方式。

(2)　存在多台 ESX 主机，并且未来会涉及数量的变化，因此对于所监测的 ESX 主机需要有配置文件，这样只需修改配置文件即可灵活配置被监测的 ESX 节点。

(3) 监测脚本涉及对 ESX 主机中虚拟主机的管理，可以采用 vmware-cmd 命令来实现，监测脚本的主要工作流程如下。

获取所要监测的主机 IP、用户名、密码列表，并对列表中的主机顺次执行如下操作。

① 通过 vmware-cmd -l 命令获取目标 ESX 主机虚拟主机列表。

② 对列表中的虚拟主机，执行如下操作。

③ 通过 getstate 命令获取当前虚拟主机状态。

● 如果状态为 on，则表示正常。

● 如果状态为 off，则表示处于关闭状态，并发生警告。

### 3. 代码编写与执行

分解上面的需求，这里涉及配置文件、监测脚本及定时执行等模块，具体内容如下。

(1) 配置文件名称为 Host.List，每一行代表一台 ESX 主机，一行由三个字段组成，分别代表 IP 地址、用户名、密码，用空格隔开，如下所示。

```
[root@vsx9 home]# cat Host.list
172.16.1.143    root  abc123
172.16.1.144    root  abc123
```

(2) 脚本文件名称为 CheckHostStatus.sh，代码如下。

```
[root@vsx9 home]# vi CheckHostStatus.sh
#!/bin/sh

function CheckStatue()  #1
{
   list=$(vmware-cmd -H $1 -U $2 -P $3 -l | awk '{print $1}')  #2
   for i in $list
   do
     if [ -z "$i" ]; then
      echo NULL VM
     else
       result=$(vmware-cmd -H $1 -U $2 -P $3 $i getstate | grep 'on')  #3
       name=$(echo $i | awk -F '/' '{print $NF}' | tr -d ''| awk -F '.' '{print
         $1}' | tr -d '')  #4
       if [ -n "$result" ]; then
          echo name: $name status:OK
       else
          echo name: $name status:OFF,Send Mail Tip
       fi
     fi
   done
}
while true  #5
do
   cat Host.list | while read line  #6
   do
     ip=$(echo $line | awk '{print $1}')
     user=$(echo $line | awk '{print $2}')
     name=$(echo $line | awk '{print $3}')
     echo Connect [$ip ,begin to Check...
     CheckStatue $ip $user $name
     echo End Connect.
   done
echo ++++++++++++++++++++++++++++++++++++++++++++
sleep 30s
done
```

**小总结**

脚本分析:

- #1: 具体的监测函数。
- #2: 利用 vmware-cmd -l 命令登录每一台 ESX 主机,并通过 awk 命令分析执行结果,得出虚拟主机列表。
- #3: 检测虚拟主机状态,如果结果字符中含有 on 则返回,否则返回空。
- #4: 对含有绝对路径的虚拟主机进行两次字符串过滤,第一次过滤 "/",第二次过滤 ".",过滤结果如下所示,虚拟主机绝对路径。

  /vmfs/volumes/4c31371a-65f53b42-9db2-0025900253f4/Linux_Test_A/Linux_Test_A.vmx

- #5: 脚本处于死循环状态,在每执行完一次监测后,睡眠 30 秒。
- #6: 从配置文件中顺次读取配置信息,并通过 awk 命令拆分出 IP、用户名、密码等信息。

执行后的结果为 Linux_Test_A。

(3) 输入 sh CheckHostStatus.sh 执行脚本。

```
[root@vsx9 home]# sh CheckHostStatus.sh
Connect [172.16.1.143] ,begin to Check...
name: Linux_Test_A status:OK
name: vCenter_Server_A status:OFF,Send Mail Tip
End Connect.
Connect [172.16.1.144] ,begin to Check...
name: vCA status:OK
End Connect.
+++++++++++++++++++++++++++++++++++++++++++++
Connect [172.16.1.143] ,begin to Check...
name: Linux_Test_A status:OK
name: vCenter_Server_A status:OFF,Send Mail Tip
End Connect.
Connect [172.16.1.144] ,begin to Check...
name: vCA status:OK
End Connect.
+++++++++++++++++++++++++++++++++++++++++++++
```

**小总结**

对脚本稍加改动可以实现下面的效果。

(1) 获取所管 ESX 主机所有的虚拟主机的列表信息。

(2) 可以实现对处于关闭状态的虚拟主机执行启动命令,当然前提要构造一个策略以确定是否需要对虚拟主机进行启动。

(3) 扩大对虚拟主机的性能信息的指标监测,如 CPU、内存、磁盘情况、网络状况。

(4) 可以构造一个用户邮件列表,当虚拟主机处于关闭状态时,向其所管用户发送邮件。

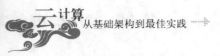

## 5.3.2 创建虚拟主机

IaaS 中最基础的服务是为用户提供虚拟主机，对于用户通过自助服务门户提交过来的申请，当管理员审核批准后，在收集用户提供的配置信息后，会自动创建虚拟主机，并且安装操作系统。

前台自助服务申请以及配置信息收集，并不是特别困难的事情，这里主要演示后台在接收到前台指令后，如何通过调用脚本创建一台虚拟主机。

### 1．案例分析

创建虚拟主机涉及下面几个环节。

(1) 在 vmfs 空闲空间中创建虚拟主机所属的目录。

(2) 创建虚拟主机的配置文件.vmx，对虚拟主机的电源、磁盘、网络、内存、版本等信息进行填充。

(3) 创建虚拟主机磁盘文件，并关联到虚拟主机配置文件中。

### 2．脚本编写

下面创建一个名为 New_1 的虚拟主机，具体流程如下。

(1) 获取 vmfs 中存放路径，并创建 New_1 目录。

(2) 在 New_1 目录中创建 New_1.vmx 文件，写入虚拟主机版本、内存、客户机操作系统、vmdk 磁盘所在路径、以太网信息等，具体的其他配置项可以自定义添加。

(3) 通过 vmkfstools 命令，创建一块容量为 1GB 的磁盘。

(4) 注册创建好的虚拟主机，并启动虚拟主机。

具体的代码如下。

```
[root@vsx9 home]# vi NewVM.sh
#!/bin/sh
VMName="New_1"
DIR="/vmfs/volumes/4c31371a-65f53b42-9db2-0025900253f4"
VMDIR=$DIR/New_1
VMFile=$VMDIR/$VMName
GuestOS="rhel5"

mkdir $VMDIR
touch $VMFile.vmx
cat >> $VMFile.vmx<<EOF

config.version = "8"
virtualHW.version = "7"
memsize = "1024"
displayName = "$VMName"
guestOS = "$GuestOS"
powerType.powerOff = "soft"
powerType.powerOn = "default"
powerType.suspend = "hard"
powerType.reset = "soft"


ide0:0.present = "TRUE"
ide0:0.fileName = "$VMName.vmdk"
ide1:0.present = "TRUE"
```

```
ide1:0.fileName = ""
ide1:0.deviceType = "atapi-cdrom"

ethernet0.present = "TRUE"
ethernet0.networkName = "VM Network"
ethernet0.addressType = "vpx"
EOF

chmod 755 $VMFile.vmx
vmkfstools  -c 100M -a lsilogic -d thin $VMFile.vmdk
vmware-cmd -s register $VMFile.vmx
vmware-cmd $VMName start trysoft
```

输入 sh NewVM.sh 执行脚本，输入 vmware-cmd 及进入 New_1 所在的目录查看创建成功后的虚拟主机信息。

```
[root@vsx9 home]# sh NewVM.sh
Creating disk 'test_1.vmdk' and zeroing it out...
Create: 100% done.
start(trysoft) = 1
[root@vsx9 home]# vmware-cmd -l
/vmfs/volumes/4c31371a-65f53b42-9db2-0025900253f4/Linux_Test_A/Linux_Tes
t_A.vmx
/vmfs/volumes/4c31371a-65f53b42-9db2-0025900253f4/New_1/New_1.vmx
/vmfs/volumes/4c8f1720-c3e98166-730a-0025900253b4/vCenter_Server_A/vCent
er_Server_A.vmx
[root@vsx9 home]# cd
/vmfs/volumes/4c31371a-65f53b42-9db2-0025900253f4/New_1/
[root@vsx9 New_1]# ll
total 1048896
-rw------- 1 root root 1073741824 Sep 12 21:25 New_1-64423be6.vswp
-rw------- 1 root root  104857600 Sep 12 21:24 New_1-flat.vmdk
-rw------- 1 root root        466 Sep 12 21:24 New_1.vmdk
-rw------- 1 root root          0 Sep 12 21:24 New_1.vmsd
-rwxr-xr-x 1 root root       1828 Sep 12 21:26 New_1.vmx
-rw------- 1 root root        260 Sep 12 21:26 New_1.vmxf
-rw------- 1 root root       8684 Sep 12 21:25 nvram
-rw-r--r-- 1 root root      56473 Sep 12 21:27 vmware.log
```

对比 vSphere 客户端工具，可以查看执行效果，如图 5-8 所示。

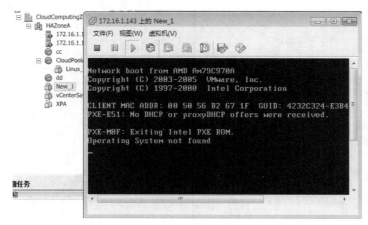

图 5-8　自动化创建虚拟主机

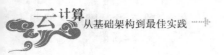

### 5.3.3 批量复制虚拟主机

稍具有规模的虚拟化数据中心，都会涉及对虚拟主机的大批量部署，克隆与模板是最好的方式，但人工操作有时会比较费时，这里设计了一个案例，可以借助指定的模板批量复制与注册虚拟主机。

#### 1. 案例分析

基于模板部署与创建虚拟主机的操作类似，不同之处是对磁盘的处理，新建虚拟主机是新建虚拟磁盘，而克隆虚拟主机则是转化虚拟磁盘。

具体的流程如下。

(1) 通过脚本参数输入，获取要复制的数量、指定的模板名称，当前已创建好一个模板 tp。

(2) 编辑当前虚拟主机的配置文件.vmx。

(3) 转化 tp 的 vmdk 磁盘，并将新生成的磁盘关联到虚拟主机文件中。

#### 2. 脚本编写

根据上面的流程，具体代码如下。

```
[root@vsx9 home]# cat CopyVM.sh
#!/bin/sh
i=1
while [ $i -le $1 ]
do
VMName="Copy_"$i
DIR="/vmfs/volumes/4c31371a-65f53b42-9db2-0025900253f4"
VMDIR=$DIR/Copy_$i
VMFile=$VMDIR/$VMName
GuestOS="rhel5"

mkdir $VMDIR
touch $VMFile.vmx
cat >> $VMFile.vmx<<EOF

config.version = "8"
virtualHW.version = "7"
memsize = "1024"
displayName = "$VMName"
guestOS = "$GuestOS"
ide0:0.present = "TRUE"
ide0:0.fileName = "$VMName.vmdk"
ide1:0.present = "TRUE"
ide1:0.fileName = ""
ide1:0.deviceType = "atapi-cdrom"
ethernet0.present = "TRUE"
ethernet0.networkName = "VM Network"
ethernet0.addressType = "vpx"
EOF

chmod 755 $VMFile.vmx
vmkfstools -i $VMDIR/$2/$2-flat.vmdk -d thin $VMFile.vmdk
vmware-cmd -s register $VMFile.vmx
echo Create VM [ Copy_$i ] OK...
i='expr $i + 1'
done
```

输入 sh CopyVM.sh 执行脚本，本次复制五次 tp 模板，运行结果如下。

```
[root@vsx9 home]# sh CopyVM.sh 5 tp
Create VM [ Copy_1 ] OK...
Create VM [ Copy_2 ] OK...
Create VM [ Copy_3 ] OK...
Create VM [ Copy_4 ] OK...
Create VM [ Copy_5 ] OK...
[root@vsx9 home]# vmware-cmd -l
/vmfs/volumes/4c31371a-65f53b42-9db2-0025900253f4/Copy_1/Copy_1.vmx
/vmfs/volumes/4c31371a-65f53b42-9db2-0025900253f4/Copy_2/Copy_2.vmx
/vmfs/volumes/4c31371a-65f53b42-9db2-0025900253f4/Copy_3/Copy_3.vmx
/vmfs/volumes/4c31371a-65f53b42-9db2-0025900253f4/Copy_4/Copy_4.vmx
/vmfs/volumes/4c31371a-65f53b42-9db2-0025900253f4/Copy_5/Copy_5.vmx
/vmfs/volumes/4c31371a-65f53b42-9db2-0025900253f4/Linux_Test_A/Linux_Tes
t_A.vmx
/vmfs/volumes/4c31371a-65f53b42-9db2-0025900253f4/New_1/New_1.vmx
/vmfs/volumes/4c8f1720-c3e98166-730a-0025900253b4/vCenter_Server_A/vCent
er_Server_A.vmx
```

效果如图 5-9 所示。

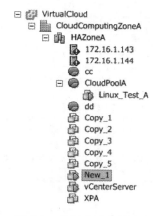

图 5-9  批量克隆虚拟主机

## 5.3.4  自动化备份

备份是保障系统高可靠运行的关键要素，VMware 提供了虚拟主机备份与恢复的命令，也提供了虚拟主机快照与恢复的命令，使用这些命令可以满足不同粒度的虚拟主机备份与恢复需求，不过这种基于手动的方式无法满足实际需求。为了保障数据中心生产业务中虚拟主机的可靠运转，需要在对关键的虚拟主机执行自动化的备份，这里设计一个脚本，能够对指定虚拟主机执行自动备份操作。

### 1. 案例分析

VMware 的 vcbMounter 命令能够对指定的虚拟主机进行全库备份，它需要提供的参数包括：物理 ESX 主机 IP 地址、用户名、密码、需要备份的虚拟主机名称或者 IP 地址、备份到的目标文件夹等。

下面编写脚本，调用该命令实现对指定虚拟主机的自动化全备份操作。

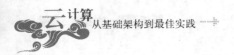

## 2. 脚本编写

具体的代码如下：

```
[[root@vsx9 home]# vi AutoBackup.sh
#!/bin/sh
BDir="/vmfs/volumes/4c31371a-65f53b42-9db2-0025900253f4/"
IP="172.16.1.143"
User="root"
Passwd="abc123"

vcbMounter -h $IP -u $User -p $Passwd -a name:$1 -r $BDir$2 -t fullvm
```

输入 sh AutoBackup.sh Linux_Test_A Test_A，对 172.16.1.143 上面的虚拟主机 Linux_Test_A 执行备份，备份的路径位于 vmfs 存储区域中的 Test_A 目录下。

具体的执行效果如下：

```
[root@vsx9 home]# sh AutoBackup.sh Linux_Test_A Test_A
[2012-09-12 23:16:06.650 F4F85B60 info 'App'] Current working directory:
/home
Copying "[Storage1 (15)] Linux_Test_A/Linux_Test_A.vmx":
        0%=====================50%====================100%
        ********************************************************

Copying "[Storage1 (15)] Linux_Test_A/Linux_Test_A.nvram":
        0%=====================50%====================100%
        ********************************************************

Copying "[Storage1 (15)] Linux_Test_A/vmware-7.log":
        0%=====================50%====================100%
        ********************************************************

Copying "[Storage1 (15)] Linux_Test_A/vmware-8.log":
        0%=====================50%====================100%
        ********************************************************

Copying "[Storage1 (15)] Linux_Test_A/vmware-9.log":
        0%=====================50%====================100%
        ********************************************************

Copying "[Storage1 (15)] Linux_Test_A/vmware-10.log":
        0%=====================50%====================100%
        ********************************************************

Copying "[Storage1 (15)] Linux_Test_A/vmware-5.log":
        0%=====================50%====================100%
        ********************************************************

Copying "[Storage1 (15)] Linux_Test_A/vmware-6.log":
        0%=====================50%====================100%
        ********************************************************

Copying "[Storage1 (15)] Linux_Test_A/vmware.log":
        0%=====================50%====================100%
        ********************************************************

Converting
"/vmfs/volumes/4c31371a-65f53b42-9db2-0025900253f4/Test_A/scsi0-0-0-Linu
x_Test_A.vmdk" (compact file):
        0%=====================50%====================100%
```

```
********************************************************
[root@vsx9 home]# ll
/vmfs/volumes/4c31371a-65f53b42-9db2-0025900253f4/Test_A/
total 1127744
-rw-r--r-- 1 root root        950 Sep 12 23:16 catalog
-rw------- 1 root root       8684 Sep 12 23:16 Linux_Test_A.nvram
-rw------- 1 root root       2981 Sep 12 23:16 Linux_Test_A.vmx
-rw------- 1 root root  343670784 Sep 12 23:16
scsi0-0-0-Linux_Test_A-s001.vmdk
-rw------- 1 root root  765657088 Sep 12 23:17
scsi0-0-0-Linux_Test_A-s002.vmdk
-rw------- 1 root root   33947648 Sep 12 23:17
scsi0-0-0-Linux_Test_A-s003.vmdk
-rw------- 1 root root     327680 Sep 12 23:16
scsi0-0-0-Linux_Test_A-s004.vmdk
-rw------- 1 root root      65536 Sep 12 23:16
scsi0-0-0-Linux_Test_A-s005.vmdk
-rw------- 1 root root        710 Sep 12 23:17 scsi0-0-0-Linux_Test_A.vmdk
-rw-r--r-- 1 root root         58 Sep 12 23:17 unmount.dat
-rw------- 1 root root      92843 Sep 12 23:16 vmware-10.log
-rw------- 1 root root      85085 Sep 12 23:16 vmware-5.log
-rw------- 1 root root      85193 Sep 12 23:16 vmware-6.log
-rw------- 1 root root      84708 Sep 12 23:16 vmware-7.log
-rw------- 1 root root      84702 Sep 12 23:16 vmware-8.log
-rw------- 1 root root      84701 Sep 12 23:16 vmware-9.log
-rw------- 1 root root     218381 Sep 12 23:16 vmware.log
```

**小总结**

- 通常需要设计一块物理独立的存储区域，执行虚拟主机备份任务，当然前提需要将这块存储空间挂接至相关的 ESX 节点上。
- 备份后的恢复命令是 vcbRestore。
- 可以通过 crond 来设定时间间隔对某些重要的虚拟主机执行全备份。
- 可以思考如何构建统一的自动化备份与恢复脚本，能够实现对任意节点上的虚拟主机执行全备份与恢复。

## 5.3.5　自动警告接口

在数据中心运维过程中，涉及大量的监测与调度任务，面对海量数据，管理人员很难有精力一一识别与分析，此外很多管理人员并非 24 小时值守，很多问题发生时，管理人员不一定在场。解决这种问题，需要一套自动化报告与告警发送，能够将任务执行后的结果发送到管理人员指定的手机短信或邮件中。

### 1. 案例分析

邮件与短信警告模块很常见，但要能够做到接口普适性、运行低成本就不太容易了，根据平时的运维经验，这里给出设计如下。

（1）利用脚本编写邮件发送模块，这里采用的是 Python 语言。

（2）发送的内容主要是文件，其他脚本将结果形成 cli.htm 文件，并调用发送脚本进行邮件发送。

（3）采用的是 139 邮箱，一是 139 邮箱是免费的；二是 139 邮箱在收到邮件后，会自动发送短信提醒，在发送时限定只有紧急事务才可以发送，能够节省运营成本。发送频繁的机构可以注册收费版本或者直接购买短信服务平台。

### 2. 脚本编写

自动警告脚本的工作流程如下。

（1）设置 139 邮件的 SMTP 发送参数、设定收件人参数、设定邮件的标题、正文文件。

（2）通过 Python 中的 SMTP 库，在格式化好相应信息后，调用发送模块。

具体代码如下：

```
[root@vsx9 home]# vi SendMail.py
#!/usr/bin/python
import email
import mimetypes
from email.MIMEImage import MIMEImage
from email.MIMEMultipart import MIMEMultipart
from email.MIMEText import MIMEText
import smtplib

def SendMail(login, srcfrom, to, subject, htmlFile):
    server = login.get('server')
    user = login.get('user')
    password = login.get('password')
    if not (server and user and password) :
        print 'Info error, exit now'
        return

    content = MIMEMultipart('related')
    content['Subject'] = subject
    content['From'] = srcfrom
    content['To'] = to

    mime = MIMEMultipart('alternative')
    content.attach(mime)

    htmlText = MIMEText(htmlFile, 'html', 'utf-8')
    mime.attach(htmlText)

    smtp = smtplib.SMTP()
    smtp.connect(server)
    smtp.login(user, password)
    smtp.sendmail(srcfrom, to, content.as_string())
    smtp.quit()
    return

if __name__ == '__main__' :
    login = {}
    login['server'] = 'smtp.139.com'
    login['user'] = '135000000'
    login['password'] = XXXXXX
    srcfrom = '135000000@139.com'
    to = '135000000@139.com'
    subject = 'ESX Error'
    htmlFile = open('cli.htm')
    try:
        htmlText = htmlFile.read( )
    finally:
```

```
        htmlFile.close( )
    SendMail(login, srcfrom, to, subject, htmlText)
```

在其他任务脚本中只需要将要发送的内容写入 cli.htm 文件，并调用 python SendMail.py，即可以实现自动发送。当然本接口也可以独立运行，直接在 Shell 中输入 python SendMail.py，如下所示。

```
[root@vsx9 home]# python SendMail.py
```

**小总结**

- 可以在本章其他脚本中调用本模块，体验自动化警告的效果。
- 可以对自动警告接口进行扩展，实现如下功能。
  - 构建用户管理列表，以用户邮件账户关联任务。
  - 运行于后台，并以队列的形式发送指定文件夹中的文件。
  - 任务文件只需要将任务写成标准格式的发送文件，并放置在固定的目录中，自动警告模块会自动加载这些待发送的文件队列，并根据邮件的关联规则，确定发送的目标地址。

# 5.4  PowerCLI 与 WebService

本节将演示如何通过 PowerCLI，在 Windows 平台上管理 VMware；同时介绍 VMware 的 WebService 接口，并演示如何进行编程开发。

## 5.4.1  PowerCLI

PowerCLI 是基于 Windows PowerShell 标准开发的 VMware 平台的 Windows 工具集，它的实现机制是依据 PowerShell 接口规范封装了 200 多个 VMware 操作命令，这些命令底层通过与 VMware 的 WebService 接口实现信息交互。

使用 PowerCLI 的前提条件是 ESX 与 vCenter 环境均部署且已开启 WebService 服务。

### 1. PowerCLI 的安装与部署

安装 PowerCLI 的过程并不复杂，共两个步骤。

(1) 确认当前环境是否存在 PowerShell，如果没有，则从 Windows 官方网站下载 PowerShell 运行环境，并安装。

下载地址为 http://support.microsoft.com/kb/968929。

(2) 从 VMware 官网下载 PowerCLI 安装包，执行安装即可，下载地址为 https://my.vmware.com/web/vmware/details?downloadGroup=VSP510-PCLI-510&productId=284。

安装成功后，PowerCLI 运行界面如图 5-10 所示。

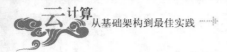

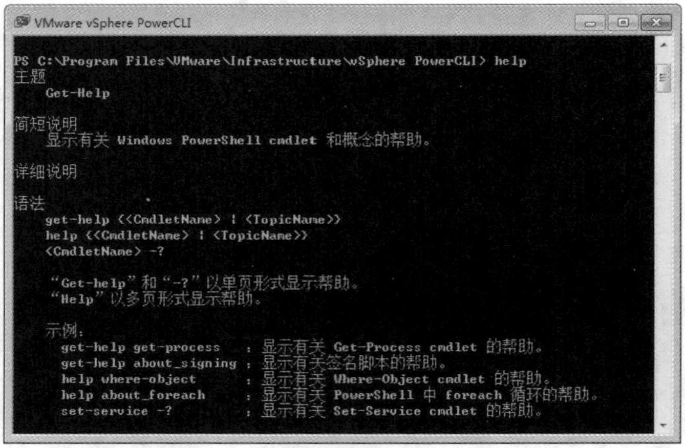

图 5-10  PowerCLI 运行界面

### 2. PowerCLI 虚拟主机状态查看

PowerCLI 提供了 Connect-VIServer 命令用于连接远程的 ESX 或者 vCenter 平台，它的格式为：

```
Connect-VIServer [Host IP] -username [user] -password [pass]
```

Host IP 代表 IP 地址；user 代表用户名；pass 代表密码。

当连接成功后，就可以管理 ESX 或者 vCenter 虚拟化平台，PowerCLI 的命令列表在前面有所提及，它的命令前缀以 GET、SET 居多，意思是指定获得某些属性、设置某些属性。Get-VM 命令可以列出当前的虚拟主机列表；Start-VM 用于启动新的虚拟主机；Stop-VM 用于关闭虚拟主机，后面的参数是虚拟主机名称。

下面将演示如何连接 vCenter，并且列出虚拟主机列表及其状态，并演示如何开启与关闭虚拟主机。

```
PS C:\> Connect-VIServer 172.16.1.163 -username administrator -password
aaa123
Name                         Port  User
----                         ----  ----
172.16.1.163                  443   administrator
------------------------------------------------------------------------
PS C:\> Get-VM
Name                  PowerState Num CPUs Memory (MB)
----                  ---------- -------- -----------
Linux_Test_A          PoweredOn  1        4096
vCenterServer         PoweredOn  2        4096
XPA                   PoweredOff 1        4096
------------------------------------------------------------------------
PS C:\> stop-vm Linux_Test_A

确认
是否确实要执行此操作?
对目标"VM 'Linux_Test_A'"执行操作"Stop-VM"。
[Y] 是(Y)  [A] 全是(A)  [N] 否(N)  [L] 全否(L)  [S] 挂起(S)  [?] 帮助
(默认值为"Y"):y

Name                  PowerState Num CPUs Memory (MB)
----                  ---------- -------- -----------
```

```
Linux_Test_A          PoweredOff 1       4096
-----------------------------------------------------------------------
--------------------------------------------------
PS C:\> get-vm

Name                  PowerState Num CPUs Memory (MB)
----                  ---------- -------- -----------
Linux_Test_A          PoweredOff 1       4096
vCenterServer         PoweredOn  2       4096
XPA                   PoweredOff 1       4096
-----------------------------------------------------------------------
PS C:\> start-vm Linux_Test_A

Name                  PowerState Num CPUs Memory (MB)
----                  ---------- -------- -----------
Linux_Test_A          PoweredOn  1       4096
-----------------------------------------------------------------------
PS C:\> get-vm

Name                  PowerState Num CPUs Memory (MB)
----                  ---------- -------- -----------
Linux_Test_A          PoweredOn  1       4096
vCenterServer         PoweredOn  2       4096
XPA                   PoweredOff 1       4096
```

### 3. PowerCLI 数据中心管理

PowerCLI 支持查看数据中心、创建与更改数据中心，并能够创建资源池、动态管理加入的节点等操作，当然这只是一部分功能。

下面将演示三项任务。

(1)　创建三个数据中心 A-DB、B-DB、C-DB。

(2)　在源数据中心 CloudComputingZoneA 中创建资源池 CloudPoolB。

(3)　在资源池 CloudPoolB 创建虚拟主机 VMA，参数为 1GB 内存、400MB 硬盘。

具体的操作如下。

```
PS C:\> New-DataCenter -location (Get-Folder -NoRecursion) -name 'A-DC'

Name                              Id
----                              --
A-DC                              Datacenter-datacenter-3000
-----------------------------------------------------------------------
PS C:\> New-DataCenter -location (Get-Folder -NoRecursion) -name 'B-DC'

Name                              Id
----                              --
B-DC                              Datacenter-datacenter-3005
-----------------------------------------------------------------------
PS C:\> New-DataCenter -location (Get-Folder -NoRecursion) -name 'C-DC'

Name                              Id
----                              --
C-DC                              Datacenter-datacenter-3010
-----------------------------------------------------------------------
PS C:\> Get-DataCenter

Name                              Id
----                              --
A-DC                              Datacenter-datacenter-3000
```

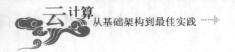

```
C-DC                                     Datacenter-datacenter-3010
CloudComputingZoneA                      Datacenter-datacenter-2854
B-DC                                     Datacenter-datacenter-3005
-------------------------------------------------------------------------
PS C:\> $HA=Get-DataCenter -name 'CloudComputingZoneA' | get-cluster -name
'HAZo
neA'
-------------------------------------------------------------------------
PS C:\> New-Resourcepool -location $HA -name 'CloudPoolB'
----                  --
CloudPoolB            ResourcePool-resgroup-3015
PS C:\> New-VM -name VMA -VMHost Host -ResourcePool CloudPoolB -DiskMB 200
-Memo
ryMB 1000
Name                  PowerState Num CPUs Memory (MB)
----                  ---------- -------- -----------
VMA                   PoweredOff 1        1000
-------------------------------------------------------------------------
PS C:\> Start-VM VMA

Name                  PowerState Num CPUs Memory (MB)
----                  ---------- -------- -----------
VMA                   PoweredOn  1        1000
```

执行后的效果如图 5-11 所示。

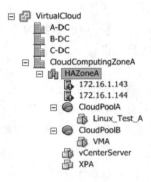

图 5-11　执行后的效果

**小总结**

- 可以为创建成功的数据中心创建集群，并加入 ESX 主机节点。
- 可以为资源池设定参数值。
- 可以指定多种方式创建虚拟主机，如通过模板、克隆。
- 在创建虚拟主机时，可以指定磁盘存储的位置。
- 可以考虑编写 PS 脚本执行上述操作。

### 4. PowerCLI 命令分类

PowerCLI 命令比较丰富，为方便理解，这里对 PowerCLI 命令从管理对象上分为五类，一类是管理虚拟主机；一类是管理虚拟化网络；一类是管理物理主机；一类针对系统运行状态；一类用于管理数据中心。

下面给出了各类的主要 PowerCLI 命令列表，读者可自行验证这些命令的使用方法。

1) 针对虚拟主机管理

```
Set-VM                    Suspend-VM             New-CDDrive
Set-VMResourceCon-        Get-Snapshot           New-FloppyDrive
guration                  Get-CDDrive            New-HardDisk
Set-Snapshot              Get-HardDisk           New-NetworkAdapter
Set-CDDrive               Get-Snapshot           Remove-Snapshot
Set-FloppyDrive           Get-FloppyDrive        Remove-CDDrive
Set-HardDisk              Get-UsbDevice          Remove-FloppyDrive
Set-NetworkAdapter        Get-VMQuestion         Remove-NetworkAdapter
Start-VM                  Invoke-VMScript        Remove-VM
Stop-VM                   New-VM                 Remove-UsbDevice
Move-VM                   New-Snapshot           Restart-VM
Get-VM
```

2) 针对虚拟化网络管理

```
New-VMHostNetworkA        Set-VMHostSnmp         Get-VMHostSnmp
dapter                    Set-ScsiLunPath        Get-VMHostFirewallDe
New-VirtualSwitch         Test-VMHostSnmp        faultPolicy
New-VirtualPortGro        Set-VIToolkitCon-      Get-VMHostFirewallEx
up                        guration               ception
Remove-VirtualSwit        Get-OSCustomizationNic Set-VMHostNetwork
ch                        Mapping                Set-VMHostFirewallDe
Remove-VMHostNetwo        New-OSCustomizationNic faultPolicy
rkAdapter                 Mapping                Set-VMHostFirewallEx
Remove-VirtualPort        Set-OSCustomizationNic ception
Group                     Mapping                Set-VMHostNetworkAda
Remove-VMHostNtpSe        Get-NicTeamingPolicy   pter
rver                      Set-NicTeamingPolicy   Set-VMGuestNetworkIn
Set-VirtualPortGro        Get-VMHostHba          terface
up                        Set-VMHostHba          Get-VMGuestRoute
Set-VirtualSwitch         Get-iScsiHbaTarget     New-VMGuestRoute
Set-ScsiLun               New-iScsiHbaTarget     Remove-VMGuestRoute
Set-ScsiLunPath           Remove-iScsiHbaTarget  Set-VMGuestRoute
Get-ScsiLun               Set-iScsiHbaTarget     Add-PassthroughDevice
Get-ScsiLunPath           Set-VMHostStorage      Get-PassthroughDevice
Get-VirtualSwitch         Get-VMHostNtpServer    Remove-PassthroughDe
Get-VirtualPortGro                               vice
up                                               Get-VMGuestNetworkIn
Get-VMHostNetwork                                terface
```

3) 针对系统状态管理

```
Get-StatInterval          Remove-VICredentialStor Get-LogType
Get-StatType              eItem                   Get-VICredentialSt
Get-Stat                  Set-StatInterval        oreItem
Get-Log                   Get-OSCustomizationSpec Get-VMResourceCon-
Get-VIEvent               New-OSCustomizationSpec guration
Get-PowerCLIDocument      Remove-OSCustomizationS Set-VMHostSysLogSe
ation                     pec                     rver
Get-PowerCLICommunit      Set-OSCustomizationSpec New-StatInterval
y                         Get-PowerCLIConguration New-VICredentialSt
Get-PowerCLIVersion       Remove-StatInterval     oreItem
```

4) 针对物理主机管理

```
Add-VMHost                Get-VMHostStorage       New-VMHostProfile
Get-VMHost                Apply-VMHostProfile     Remove-VMHostProfile
Remove-VMHost             Export-VMHostProfile    Set-VMHostProfile
Import-VMHostProfile      Get-VMHostProfile       Test-VMHostProfileCo
                                                  mpliance
```

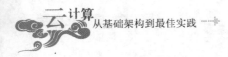

5) 针对数据中心管理

```
Get-View                    Disconnect-VIServer        Remove-Folder
Get-VIObjectByVIView        Get-Datacenter             Stop-Task
Get-CustomAttribute         Get-Inventory              New-Folder
New-CustomAttribute         Get-Datastore              New-DrsRule
Remove-CustomAttribu        Set-Datastore              Get-DrsRule
te                          Remove-Datastore           Remove-DrsRule
Set-CustomAttribute         Get-NetworkAdapter         Set-DrsRule
Get-Annotation              Get-Task                   Get-DrsRecommendati
Set-Annotation              Wait-Task                  on
Remove-Inventory            Get-Template               Apply-DrsRecommenda
Move-Inventory              Move-Template              tion
Connect-VIServer            New-Template               Get-VIPrivilege
Remove-VApp                 Remove-Template            Get-VIRole
Set-VApp                    Set-Template               New-VIRole
Start-VApp                  Set-Folder                 Remove-VIRole
Stop-VApp                   Move-Folder                Set-VIRole
Set-VIPermission            Import-VApp                Get-VIPermission
Get-VApp                    New-VApp                   New-VIPermission
Export-VApp                                            Remove-VIPermission
```

## 5.4.2 WebService

VMware 定义了相对标准的 WebService 接口，并提供了基于 C#、Java 的 SDK 开发包，用户可以通过下载这些 SDK 开发包，用 Java 或 C#开发 WebService 应用程序。当然用户也可以使用其他语言，如 PHP 等按照 VMware 所规定的协议交互格式实现对其 WebService 的调用。

WebService 本身是一个非常大的命题，这里限于篇幅，不打算过多讲解 WebService 开发，但为了方便读者理解 VMware 的 WebService 调用，下面给出一个简单的 PHP 示例，有兴趣的读者可以用这个例子验证自己的 PHP 环境是否搭建成功。

### 1. 环境要求

部署 PHP 开发环境，包括 Apache 环境、PHP 环境等，并下载 Neusoap 开发库，这个库以 SOAP 的方式与 WebService 接口进行交互。

### 2. PHP 脚本代码

利用 PHP 的 SOAP，调用 172.16.1.143 中的 RetrieveServiceContent 信息，并显示到界面上，代码如下。

```
<html>
<title>SOAP Result</title>
<body>
<?php
  require_once("lib/nusoap/nusoap.php");

  $conn=new soapclient("https://172.16.1.143/sdk");

  $namespace="urn:vim2";
  $msg[3]=new soapval('_this','ServiceInstance','ServiceInstance');
  $result=$conn->call("RetrieveServiceContent",$msg,$namespace);

  echo "<p>SOAP Result:</p>";
  print "<textarea cols=60 rows=20>";
  print_r($result);
  print "</textarea>";
```

```
?>
</body>
</html>
```

### 3. 执行结果

在 IE 中输入 PHP 的 URL 地址，并查看结果，如图 5-12 所示。

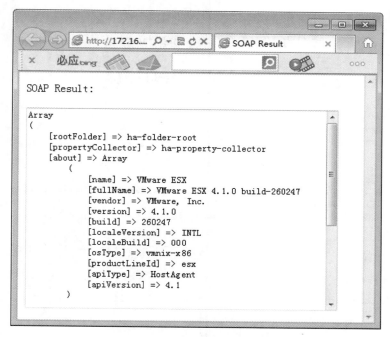

图 5-12　WebService 的执行结果

## 5.4.3　Java SDK 开发

SDK 开发本质上也是依赖 WebService 接口，通过调用 VMware 提供的 SDK 包可以实现对 VMware 的二次开发。

下面简述开发环境的搭建，并以一个示例介绍如何使用 Java 操作 VMware 平台。

### 1. 开发环境

开发环境由操作系统、Java 开发环境、VMware SDK 环境组成，下面分别介绍。

1)　操作系统环境

操作系统可以是 Windows 或者 Linux，这本身没有任何限制，只是不同的操作系统要对应不同的 Java 开发环境。

2)　Java 开发环境

使用的 JDK 环境是 JDK 1.6.25，下载地址是 http://java.sun.com/javase/downloads/index.jsp。

下载完毕后，配置 JAVA_HOME 与 CLASSPATH。

Java 的开发平台是 Eclipse，下载地址是 http://www.eclipse.org/downloads/，读者可以根

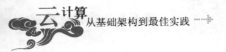
据实际操作系统环境选择相应的版本。

3)　SDK 开发环境

从 VMware 官方网站下载针对 Java 的 SDK 开发包(VMware-vSphere-SDK-5.1.0-774886)，下载地址是 http://communities.vmware.com/community/vmtn/developer/forums/vcloudsdkjava。

下载后，解压缩开发包，找到 vim25.jar 包。

## 2. 代码编写

建立 Eclipse 工程，命名为 VMConn，将 vim25.jar 包引入工程中，创建 VMConn.java 文件。

这个例子的功能是登录指定的虚拟化平台，相关代码如下。

```java
import java.security.cert.*;
import java.util.*;
import javax.net.ssl.*;
import javax.xml.ws.*;
import com.vmware.vim25.*;
public class VMConn {
   private static class TrustAllCert implements TrustManager,
      X509TrustManager {
      public X509Certificate[] getAcceptedIssuers() {
         return null;
      }
      public void checkServerTrusted(X509Certificate[] certs, String
      authType) {
         return;
      }
      public void checkClientTrusted(X509Certificate[] certs, String
         authType) {
         return;
      }
   }
   private static VimPortType vimPort;
   private static VimService vimService;
   private static ServiceContent serviceContent;
   private static final List<String> hostSystemAttributesArr = new
      ArrayList<String>();

   private static boolean connect(String url,String username,String password)
   {
       // 设置SSL
      try{
      TrustManager[] trustAllCerts = new TrustManager[1];
      TrustManager cert = new TrustAllCert();
      trustAllCerts[0] = cert;
      SSLContext sc = SSLContext.getInstance("SSL");
      sc.init(null, trustAllCerts, null);

HttpsURLConnection.setDefaultSSLSocketFactory(sc.getSocketFactory());

      HostnameVerifier hv = new HostnameVerifier() {
         public boolean verify(String urlHostName, SSLSession session) {
            return true;
         }
      };
      HttpsURLConnection.setDefaultHostnameVerifier(hv);

      ManagedObjectReference SVC_INST_REF = new ManagedObjectReference();
      SVC_INST_REF.setType("ServiceInstance");
```

```
    SVC_INST_REF.setValue("ServiceInstance");

    vimService = new VimService();
    vimPort = vimService.getVimPort();
    Map<String, Object> ctxt = ((BindingProvider)
        vimPort).getRequestContext();
    ctxt.put(BindingProvider.ENDPOINT_ADDRESS_PROPERTY, url);
    ctxt.put(BindingProvider.SESSION_MAINTAIN_PROPERTY, true);
    serviceContent = vimPort.retrieveServiceContent(SVC_INST_REF);
    vimPort.login(serviceContent.getSessionManager(), username, password,
        null);
    }catch(Exception e){
     return false;
    }
  return true;
}
private static void disconnect() throws Exception {
    vimPort.logout(serviceContent.getSessionManager());
}
public static void main(String[] args) {
  try {
  String url="https://172.16.1.143/sdk";
  String username="root";
  String password="abc123";
  if(connect(url,username,password))
  {
      System.out.println("Login OK ,information: "+vimService.toString());
  }
  disconnect();
  } catch (Exception e) {
   e.printStackTrace();
  }
 }
}
```

### 3. 编译与运行

采用 Eclipse 平台编译运行后的效果如图 5-13 所示。

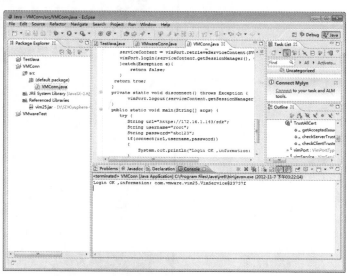

图 5-13　VMConn 执行结果

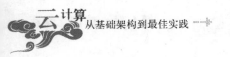

# 5.5 小　　结

本章介绍了 VMware 管理命令、PowerCLI 命令、脚本编程、基于 WebService 的编程等内容，通过这些示例讲解，读者应理解 VMware 编程开发框架，并且具备对 VMware 进行二次开发的能力。

通过本章的学习，期望读者有这样的认识：在云数据中心的发展过程中，不应过分依赖厂商提供的商业化平台，这种机制无助于数据中心的做大做强，要有一定的二次开发能力，这样不仅有助于降低采购成本(提升议价能力)，也能提升团队的综合实力。

# 第6章

## 开源虚拟化平台

【内容提要】

本章重点介绍 KVM 这款开源虚拟化平台的使用，主要内容包括：如何通过可视化工具管理 KVM 虚拟主机、如何通过脚本与命令实现对虚拟主机的自动化管理，如何通过 API 接口对虚拟主机进行应用开发等。

开源虚拟化平台对于一定规模的数据中心意义重大，希望读者能够熟练掌握 KVM 虚拟化平台，尽可能在生产环境中使用它。

本章要点

- ■　KVM 的主要功能
- ■　可视化 KVM 管理
- ■　KVM 的命令与脚本
- ■　KVM 的编程开发

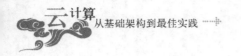

# 6.1 KVM 详解

本小节将介绍 KVM 的功能，并通过实践演示如何安装 KVM 平台、如何对 KVM 虚拟平台进行可视化管理、如何创建与管理虚拟主机等。

## 6.1.1 KVM 的主要功能及意义

随着云数据中心规模的扩大，所面临的运营成本会急剧上升，如：一些是商用平台的许可授权及服务费，动辄百万、千万量级。以虚拟化平台为例，如果采用纯商用平台(按非折扣价)，一台虚拟主机甚至可以接近一台物理主机的价格。除高昂的直接与间接成本外，纯商用平台在数据中心达到一定规模后，会面临平台功能难以满足快速变化的业务需求，这是因为规模越大意味着系统运维要向着更底层深入，而商用平台轻易不会让用户触及底层。

因此在云数据中心发展到一定阶段和一定规模后，使用开源平台或自主研发平台的意义就不同寻常，它不一定从根本上解决问题，但可以在一定程度上缓解因成本、技术不可控带来的负面效果。

以虚拟化管理为例，规模化部署的开源平台应能带来以下三点好处。

(1) 成本可控，规模不会受限于昂贵的许可费用。

(2) 技术可控，可以根据实际需求调整或优化虚拟化内核，或者优化虚拟化管理平台。

(3) 团队能力提升，通过自主解决问题，会无形之中提升团队的技术实力，并会随着数据中心规模的扩大而正向提高。

当然自主开发也面临一些问题，如：版本交付上存在延期问题；服务与技术质量上存在隐患；需要研发费用的投入等，但相比于被商用平台绑架的风险，这些代价应该是可以承受的。

**小建议**

> 开源平台的规模：
> - 规模较大时(2500 台虚拟主机以上)，应考虑依赖开源平台，只在关键核心业务上保留一定规模的商用平台。
> - 规模中等时(2500 台虚拟主机以内)，可以考虑以商用平台为主，开源平台为辅。
> - 规模较小时(500 台虚拟主机以内)，尽量采用商用平台；如采用开源平台，也要购买第三方开源服务。

当前有很多款开源的虚拟化平台以及管理平台，比较引人注目是 XEN 和 KVM，这里以 KVM 为重点，根据数据中心的实际需求，着重介绍 KVM 的主要功能，并且演示如何使用这些功能。

KVM 虚拟化平台能够满足数据中心对虚拟主机的应用需求，具体来讲，KVM 中拥有以下几个主要能力。

1) 虚拟主机管理

支持对虚拟主机的创建、启动、编辑、关闭、暂停；支持 Windows 以及 Linux 系列虚拟主机运行；无虚拟主机使用数量限制。

2) 共享存储管理

支持对共享存储管理，KVM 本身基于 Linux 平台，因此支持本地文件系统、NFS 的管理，支持不同存储平台的 LUN 挂载与磁盘归并，也支持主流的分布式文件系统和集群文件系统。

3) 网络管理

支持对虚拟主机进行虚拟网络设置与管理。

4) 快照与备份管理

支持虚拟主机快照的创建与管理；支持虚拟主机的备份与恢复；支持虚拟主机之间的转换，如 VMware 虚拟主机可以与 KVM 虚拟主机相互转换。

5) 迁移管理

支持虚拟主机的离线迁移、故障转移；如：支持 KVM 环境中不同节点上虚拟主机迁移；也支持异构虚拟化节点之间的虚拟主机迁移。

6) 应用扩展

拥有开源的管理平台，支持对 KVM 内核的定制与开发，支持脚本以及 API 接口，可以通过外部编程实现对 KVM 平台的二次应用开发。

## 6.1.2　环境准备与 KVM 安装

演示环境采用单台物理主机(配置：16 个 CPU、64GB 内存、500GB 硬盘、双网卡等)搭建 KVM 运行环境，环境中操作系统选择的是红帽 6.0，这款操作系统里内置了 KVM 内核，可以开箱即用。

如果用户环境中没有 KVM 运行环境，可以参照下面的方法安装与配置 KVM。

### 1. 准备前环境检查

安装前需要检查物理主机 CPU 是否支持 KVM 内核。KVM 对 CPU 有一定要求，要么是 Intel VT；要么是 AMD SVM。

检查的命令如下：

```
[root@kvm /]# cat /proc/cpuinfo | grep 'vmx sx' | less
flags           : fpu vme de pse tsc msr pae mce cx8 apic mtrr pge mca cmov
pat pse36 clflush dts acpi mmx fxsr sse sse2 ss ht tm pbe syscall nx pdpe1gb
rdtscp lm constant_tsc arch_perfmon pebs bts rep_good xtopology nonstop_tsc
aperfmperf pni pclmulqdq dtes64 monitor ds_cpl vmx smx est tm2 ssse3 cx16
xtpr pdcm dca sse4_1 sse4_2 popcnt aes lahf_lm ida arat tpr_shadow vnmi
flexpriority ept vpid
```

若有信息返回，则表示支持，可以进入下一步中的 KVM 安装。

### 2. 安装 KVM

通过 yum 命令自动下载与安装 KVM，操作如下：

```
[root@kvm /]#yum -y install kvm kmod-kvm qemu kvm-qemu-img
```

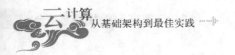

### 3. 安装所需外围软件包

安装外围的软件包，如 virt-viewer、virt-manager、libvirt、libvirt-python、python-virtinst 等，命令如下：

```
[root@kvm /]# yum install virt-viewer virt-manager libvirt libvirt-python
python-virtinst
```

### 4. 安装后检查

安装完毕后，重启系统，并验证 KVM 是否安装成功：

```
[root@kvm /]# reboot
[root@kvm /]# lsmod | grep kvm
kvm_intel            45674  6
kvm                 291811  1 kvm_intel
```

通过 VNC 环境可以验证可视化管理界面是否安装正确，如图 6-1 所示。

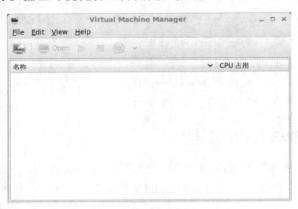

图 6-1　VMM 管理界面

## 6.1.3　KVM 虚拟主机管理

VMM 是 KVM 的可视化管理工具，下面以示例的方式介绍添加物理节点、查看物理节点属性、创建虚拟主机等操作。

### 1. 添加物理节点

VMM 支持对 XEN 与 KVM 等虚拟化平台的管理，添加物理节点的步骤是：在 VMM 管理界面的 File 菜单中选择 Add Connection 命令，会弹出如图 6-2 所示的对话框，这里可以添加 XEN 或者 KVM 物理节点，由于要添加的是本地节点，因此选择 Local 即可；如果要添加其他远程物理主机节点，应在 Hostname 中输入 IP 地址。

### 2. 物理节点管理

选中添加成功的物理主机并右击，可以弹出如图 6-3 所示功能菜单。若想删除该物理节点，可以先单击 disconnect，后单击 delete。

图 6-2　添加物理主机　　　　图 6-3　物理主机管理菜单

如果要查看物理节点的相关信息，可以单击"详情"，在详情里面会看到几个选项卡，从左向右依次是：overview(信息查看)、virtual Networks(虚拟化网络)、Storage(存储)、Network Interfaces(网络接口)，功能分别是：查看基础设备信息、基础运行信息；管理虚拟化网络，管理 IP 地址；管理存储平台，如 iSCSI、NAS、LVM 等；管理物理网络接口等。

图 6-4 所示的是 KVM 主机常规信息对话框，上面部分显示的是基础信息，涉及主机名称、连接协议、CPU、存储、虚拟化平台等；下面部分实时显示 CPU 及内存占用率的信息。

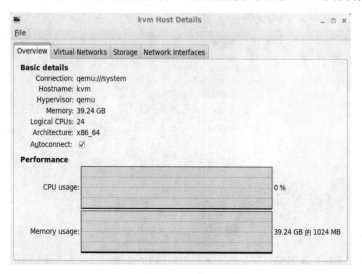

图 6-4　物理主机信息查看

网络接口用于管理网卡，由于当前 Libvirt 无法管理网络接口，因此显示如图 6-5 所示的信息。

虚拟化网络类似于 VMware 中的虚拟交换机，只是功能要弱一些，可以在虚拟化网络中创建新的网络地址段，并与创建成功的虚拟主机相关联。KVM 默认会创建名为 default 的虚拟网络，采用 DHCP 的方式向虚拟主机分配 IP 地址。

效果如图 6-6 所示。

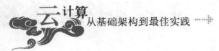

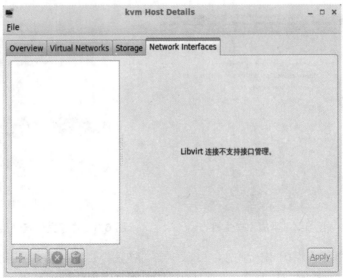

图 6-5　网络接口管理

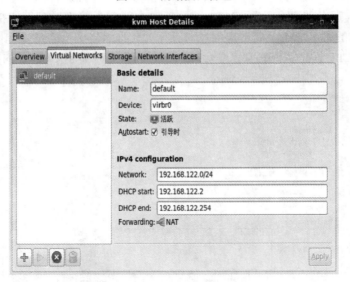

图 6-6　物理主机信息

以新建一个虚拟网络为例,需要依次指定虚拟化网络名称、虚拟网络的 IP 地址段、DHCP
网段设置、虚拟网络物理连接类型等信息, 其中物理网络连接类型分为逻辑连接、直接物
理连接两种, 模式分 NAT、路由两种,如图 6-7 所示。

跟 VMware 相类似, KVM 也支持存储池管理,目前支持文件系统、远程文件系统、块
设备分配的 LUN、LVM 聚合的逻辑空间、NAS 等。

支持的存储池类型列表如图 6-8 所示。

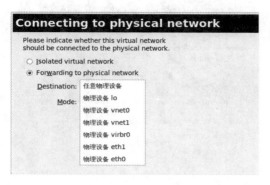

图 6-7　网络连接方式

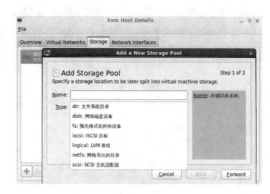

图 6-8　存储池类型

默认的存储池是本地文件系统，存放于/var/lib/libvirt/images 目录下，每一个创建的虚拟主机.img 文件默认会存放于此。

效果如图 6-9 所示。

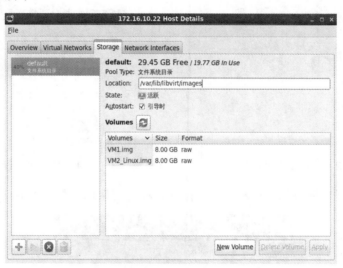

图 6-9　默认存储池管理

## 3. 创建虚拟主机

可视化创建虚拟主机比较简单，总共需要五个步骤。

(1) 指定虚拟主机名称，指定客户机操作系统的安装方式，如图 6-10 所示。

(2) 指定操作系统 ISO 文件的存放地址，指定客户机操作系统的运行环境，这里选择安装 Windows，如图 6-11 所示。

(3) 设定内存以及 CPU 大小，如图 6-12 所示。

(4) 设定磁盘大小，设定磁盘存放位置，如图 6-13 所示。

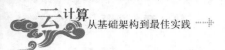

图 6-10　虚拟主机名称

图 6-11　客户机操作系统环境

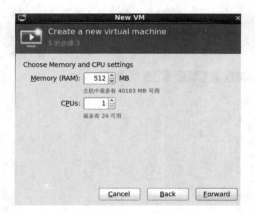

图 6-12　内存及 CPU 设置

图 6-13　磁盘设置

(5)　设定网络、虚拟化运行环境、虚拟主机环境的架构，如图 6-14 所示。

图 6-14　虚拟网络设置

制作虚拟主机完毕后，启动虚拟机会进入操作系统安装界面，如图 6-15 所示。

**图 6-15　操作系统安装**

# 6.2　KVM 的命令

qemu-img、qemu-kvm、virsh 是 KVM 的管理命令集，通过这些命令可以管理磁盘、快照、虚拟主机、存储池、网络等。

## 6.2.1　qemu-img

Qemu 的全称为 Quick Emulator，它在本质上是独立的虚拟机软件，也可用于 KVM 虚拟化平台的管理。在 KVM 中可以由 QEMU 充当外层管理控制，底层内核依赖于 KVM。

Qemu 的主要工具集合包括：qemu-img、qemu-kvm、qemu-system-x86_64、qemu-x86_64，功能分别是磁盘创建与管理、虚拟主机 KVM 功能、模拟整个 PC 机、模拟 x86 中 64 位处理器等。

对于 KVM 命令控制，使用比较多的是 qemu-img 与 qemu-kvm，下面分别进行介绍。

### 1. qemu-img 命令详解

在 KVM 环境中输入 qemu-img –help 命令，可以看到本命令的语法：

```
[root@kvm /]# qemu-img help | less
…
Command syntax:
  check [-f fmt] filename
  create [-f fmt] [-o options] filename [size]
  commit [-f fmt] filename
  convert [-c] [-f fmt] [-O output_fmt] [-o options] filename [filename2 [...]]
output_filename
  info [-f fmt] filename
  snapshot [-l | -a snapshot | -c snapshot | -d snapshot] filename
  rebase [-f fmt] [-u] -b backing_file [-F backing_fmt] filename
…
```

上面各子命令的具体含义如下。

(1)　check 用于检查磁盘镜像。

(2)　create 用于创建磁盘镜像，需要指定磁盘镜像的大小与文件格式。

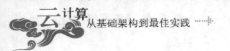

(3) commit 将对前端磁盘镜像的更改应用至后端磁盘镜像，多用于磁盘创建与磁盘派生。

(4) convert 用于执行磁盘镜像的格式转换，甚至可以执行异构虚拟主机之间的磁盘镜像转换，如从 VMware 转换成 KVM 虚拟磁盘。

(5) info 用于查看磁盘镜像信息。

(6) snapshot 用于磁盘镜像快照的创建、删除与应用。

(7) rebase 用于磁盘镜像的派生与调整。

### 2. 磁盘创建

磁盘镜像创建的命令格式如下：

```
create [-f fmt] [-o options] filename [size]
```

比较重要参数是-f，用于指定镜像文件的格式，常见的格式如表 6-1 所示；filename 是指镜像文件名，默认存放目录是/var/lib/libvirt/images；size 是指镜像的大小。

表 6-1　文件格式表

| 名　称 | 描　述 |
|--------|--------|
| raw | 默认格式，优点是易向不同模拟器导出，只有写入数据才占据空间 |
| qcow2 | 优点是能获得较小映像，节省空间，也是虚拟池默认格式 |
| qcow | 不推荐使用 |
| cow | 写入映像格式的用户模式 Linux 副本，不支持 Windows |
| vmdk | VMware 3 和 4 兼容映像格式 |
| cloop | Linux 压缩回送映像 |

-o 是指其他选项，查看其他选项的方法是：

```
[root@kvm images]# qemu-img create -o ?
Supported options:
size             Virtual disk size
```

**示例**：创建一个 raw 格式的磁盘镜像名为 windows：

```
[root@kvm images]# qemu-img create -f raw windows 8G
Formatting 'windows', fmt=raw size=8589934592
[root@kvm images]# ls
VM1.img  VM2_Linux.img  windows
[root@kvm images]# qemu-img info windows
image: windows
file format: raw
virtual size: 8.0G (8589934592 bytes)
disk size: 0
```

### 3. 磁盘转换

将指定的磁盘镜像转换成其他格式的磁盘镜像，磁盘转换命令格式如下：

```
qemu-img convert [-c] [-f fmt] [-O output_fmt] [-o options] filename
[filename2 [...]] output_filename
```

这些参数的具体含义如下。

(1) -c：采用压缩，只有 qcow 和 qcow2 才支持。

(2) -f：源镜像的格式。

(3) -O：目标镜像的格式。

(4) -o：其他选项。

(5) filename：源文件。

(6) output_filename：转化后的文件。

**示例：** 将磁盘镜像 windows 转换成 qcow2 格式的 windows1：

```
[root@kvm images]# qemu-img convert -c -O qcow2 windows windows1
[root@kvm images]# ls
VM1.img VM2_Linux.img  windows  windows1
[root@kvm images]# qemu-img info windows1
image: windows1
file format: qcow2
virtual size: 8.0G (8589934592 bytes)
disk size: 136K
cluster_size: 65536
```

### 4. 磁盘快照

磁盘快照只支持 qcow2 格式，镜像快照命令格式如下：

```
qemu-img snapshot [-l | -a snapshot | -c snapshot | -d snapshot] filename
```

各个参数的含义如下。

(1) -l：列出磁盘镜像的所有快照。

(2) -a：应用指定的快照。

(3) -c：创建一个快照。

(4) -d：删除一个快照。

(5) snapshot：指快照的名称。

**示例：** 为 windows1 创建两个磁盘快照(SN1 和 SN2)，删除 SN1，应用 SN2：

```
[root@kvm images]# qemu-img snapshot -c SN1 windows1
[root@kvm images]# qemu-img info windows1
image: windows1
file format: qcow2
virtual size: 8.0G (8589934592 bytes)
disk size: 156K
cluster_size: 65536
Snapshot list:
ID        TAG              VM SIZE            DATE         VM CLOCK
1         SN1                   0 2012-09-15 17:14:54   00:00:00.000
[root@kvm images]# qemu-img snapshot -c SN2 windows1
[root@kvm images]# qemu-img info windows1
image: windows1
file format: qcow2
virtual size: 8.0G (8589934592 bytes)
disk size: 156K
cluster_size: 65536
Snapshot list:
ID        TAG              VM SIZE            DATE         VM CLOCK
1         SN1                   0 2012-09-15 17:14:54   00:00:00.000
2         SN2                   0 2012-09-15 17:15:11   00:00:00.000
```

```
[root@kvm images]# qemu-img snapshot -d SN1 windows1
[root@kvm images]# qemu-img info windows1
image: windows1
file format: qcow2
virtual size: 8.0G (8589934592 bytes)
disk size: 156K
cluster_size: 65536
Snapshot list:
ID        TAG                 VM SIZE           DATE         VM CLOCK
2         SN2                       0 2012-09-15 17:15:11  00:00:00.000
[root@kvm images]# qemu-img snapshot -a SN2 windows1
[root@kvm images]# qemu-img snapshot -l windows1
Snapshot list:
ID        TAG                 VM SIZE           DATE         VM CLOCK
2         SN2                       0 2012-09-15 17:15:11  00:00:00.000
```

## 6.2.2　qemu-kvm

qemu-kvm 命令用于运行与安装 KVM 虚拟主机，它的语法格式如下：

```
qemu-kvm [options] [disk_image]
```

输入 qemu-kvm -help 可以查看具体的命令参数，比较于 qemu-img，它的参数更庞大，既涉及虚拟主机常规运行环境参数、网络环境参数、磁盘环境参数、安装环境参数，也包括诸如蓝牙参数、启动参数、驱动程序参数、VNC 显示参数、快捷键等配置项。

下面列出几个主要参数信息(经删减)：

```
[root@kvm ~]# qemu-kvm --help
Standard options:(标准参数：CPU、内存、磁盘、CD 驱动器等)
M machine       select emulated machine (-M ? for list)
-cpu cpu        select CPU (-cpu ? for list)
-hda/-hdb file  use 'file' as IDE hard disk 0/1 image
-cdrom file     use 'file' as IDE cdrom image (cdrom is ide1 master)
-drive [file=file][,if=type][,bus=n][,unit=m][,media=d][,index=i]
 -set group.id.arg=value
Display options:(显示参数：VNC 远程访问、字符界面访问等)
-vnc display    start a VNC server on display
Network options:(网络参数：虚拟网卡设置、MAC 地址置、IP 地址设置)
-net
nic[,vlan=n][,macaddr=mac][,model=type][,name=str][,addr=str][,vectors=v
]
-net
socket[,vlan=n][,name=str][,fd=h][,listen=[host]:port][,connect=host:por
t]
Character device options:(字符驱动参数：字符驱动设置)
-chardev null,id=id
-chardev
socket,id=id[,host=host],port=host[,to=to][,ipv4][,ipv6][,nodelay]
Bluetooth(R) options:(蓝牙设备：蓝牙设置)
-bt hci,null    dumb bluetooth HCI - doesn't respond to commands
Linux/Multiboot boot specific:(启动设置：内核启动设置)
-kernel bzImage use 'bzImage' as kernel image
-append cmdline use 'cmdline' as kernel command line
-initrd file    use 'file' as initial ram disk
Debug/Expert options:(调试设置：设备调试设置)
-serial dev     redirect the serial port to char device 'dev'
-parallel dev   redirect the parallel port to char device 'dev'
-monitor dev    redirect the monitor to char device 'dev'
-gdb dev        wait for gdb connection on 'dev'
```

```
-daemonize      daemonize QEMU after initializing
During emulation, the following keys are useful:(快捷键设置)
ctrl-alt-f      toggle full screen
ctrl-alt-n      switch to virtual console 'n'
ctrl-alt        toggle mouse and keyboard grab
```

整个命令参数比较复杂，下面仅介绍几个重点参数。

(1) -m、-cpu：内存与 CPU 信息，用于设定内存大小与 CPU 的个数。

(2) -had：指定 IDE 磁盘，后面可以跟磁盘镜像文件。

(3) -cdrom：CD 驱动器，后面跟 ISO 安装程序。

(4) -boot [a|c|d]：由软盘(a)、硬盘(c)或 CD-ROM(d)启动，默认由硬盘启动。

(5) -vnc：指定 VNC 管理地址，可以与 KVM 所在节点使用同一个地址。

(6) -net：用于配置网络信息，如配置 IP 地址、VLAN 信息、MAC 地址信息、网络信息等。

(7) -series dev：指定串口调试设备，类似于串口管理。

下面将演示如何使用 qemu-kvm 命令创建及管理虚拟主机。

### 1. 虚拟主机启动

前面用 qemu-img 成功创建了 windows 磁盘镜像文件，这里通过命令将虚拟主机与镜像文件相关联，并在镜像文件中启动和安装虚拟主机，相关命令如下：

```
[root@kvm images]# qemu-kvm -localtime -cdrom /home/win.iso -m 512 -boot d
windows -vnc 172.16.10.22:3
```

命令的解析如下。

(1) localtime：指本地时间。

(2) cdrom：指定的本地的 windows 安装镜像。

(3) m：指定内存大小。

(4) boot d：指从 CD-ROM 启动。

(5) vnc：设定虚拟主机 VNC 访问的地址。

通过客户端 VNC 工具可以远程管理新建的虚拟主机，VNC 的地址为 172.16.10.22:3，如图 6-16 所示。

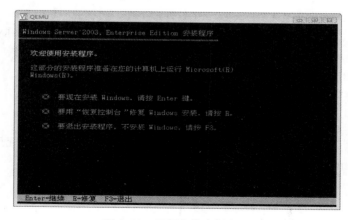

图 6-16　远程安装虚拟主机

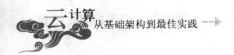

### 2. 虚拟主机启动参数

对于 KVM 虚拟主机，为了更好的用户体验，需要附带大量的参数，上面的新建与启动只使用了少量参数。比较全面应用启动参数的是 VMM 平台，VMM 启动虚拟主机在本质上也是调用 qemu-kvm 命令。

下面给出 VMM 启动的虚拟主机的运行参数：

```
[root@kvm /]# ps -ef | grep 'qemu-kvm'
qemu    6505    1  8 Sep15 ?          04:18:46
/usr/libexec/qemu-kvm -S -M rhel6.0.0
-enable-kvm
-m 512
-smp 1,sockets=1,cores=1,threads=1
-name VM1
-uuid 853a0e9b-a3aa-720c-bc83-5146682fc0e9
-nodefconfig -nodefaults
-chardev
socket,id=monitor,path=/var/lib/libvirt/qemu/VM1.monitor,server,nowait
-mon chardev=monitor,mode=control -rtc base=localtime
-boot c
-drivefile=/var/lib/libvirt/images/VM1.img,if=none,id=drive-ide0-0-0,boo
t=on,format=raw,cache=none
-device  ide-drive,bus=ide.0,unit=0,drive=drive-ide0-0-0,id=ide0-0-0
-drivefile=/home/win.iso,if=none,media=cdrom,id=drive-ide0-1-0,readonly=
on,format=raw
-device ide-drive,bus=ide.1,unit=0,drive=drive-ide0-1-0,id=ide0-1-0
-netdev tap,fd=20,id=hostnet0
-device
rtl8139,netdev=hostnet0,id=net0,mac=52:54:00:14:2d:43,bus=pci.0,addr=0x3
-chardev pty,id=serial0 -device isa-serial,chardev=serial0
-usb -device usb-tablet,id=input0
-vnc 127.0.0.1:0
-vga std
-device AC97,id=sound0,bus=pci.0,addr=0x4 -device
virtio-balloon-pci,id=balloon0,bus=pci.0,addr=0x5
```

限于篇幅，这里对参数信息不做过多解释，有兴趣的读者可以将这些参数收集整理，在实际管理中应用。

## 6.2.3  virsh

virsh 是另外一组面向 KVM 管理的命令行工具集，这个工具比 qemu-kvm 友好，功能也比较强大。通过 virsh 命令可以对 KVM 节点、虚拟主机、存储池、网络、快照、运行信息监测等对象进行管理与控制。

virsh 命令的格式如下：

```
virsh [options] [commands]
```

virsh 通过可选参数命令与控制命令(主要依赖于控制命令)，实现对虚拟化平台的管理，virsh 可以基于 qemu 协议管理远程的 KVM 节点。

virsh 命令的选项如下所示：

```
[root@kvm /]# virsh --help | less
virsh [options] [commands]
  options:
```

```
-c | --connect <uri>    hypervisor connection URI
-r | --readonly         connect readonly
-d | --debug <num>      debug level [0-5]
-h | --help             this help
-q | --quiet            quiet mode
-t | --timing           print timing information
-l | --log <file>       output logging to file
-v | --version          program version

commands (non interactive mode):
  help            print help
  attach-device   attach device from an XML file
  attach-disk     attach disk device
  attach-interface attach network interface
  autostart       autostart a domain
  capabilities    capabilities
  cd              change the current directory
…
```

由于命令比较多，上面只节选了部分控制命令。为方便理解，这里将 virsh 命令划分为连接类、磁盘镜像类、虚拟主机控制类、物理存储池类、虚拟化网络类、物理网络类、快照管理类、防火墙安全类等类，下面择其要点进行介绍。

### 1. 查看物理主机的连接及状态

通过 connect 命令可以连接 KVM 主机，连接本地 KVM 的格式如下：

```
    virsh connect qemu:///system 或直接键入 virsh
[root@kvm /]# virsh
Welcome to virsh, the virtualization interactive terminal.

Type:  'help' for help with commands
       'quit' to quit

virsh # nodeinfo
CPU model:           x86_64
CPU(s):              24
CPU frequency:       1600 MHz
CPU socket(s):       2
Core(s) per socket:  6
Thread(s) per core:  2
NUMA cell(s):        3
Memory size:         41147776 kB
```

### 2. 查看虚拟主机状态

通过 list 命令可以查看运行于本地 KVM 节点的所有虚拟主机列表，通过 domain 编号可以深入查看某一虚拟主机的详细信息。

```
virsh # list
 Id Name                 State
----------------------------------
  7 VM1                  running
  8 VM2_Linux            running
virsh # vcpuinfo 7
VCPU:          0
CPU:           18
State:         running
CPU time:      845.0s
```

```
CPU Affinity:
yyyyyyyyyyyyyyyyyyyyyyyy--------------------------------------------------
virsh # dominfo 7
Id:              7
Name:            VM1
UUID:            853a0e9b-a3aa-720c-bc83-5146682fc0e9
OS Type:         hvm
State:           running
CPU(s):          1
CPU time:        15788.9s
Max memory:      524288 kB
Used memory:     524288 kB
Persistent:      yes
Autostart:       disable
Security model:  selinux
Security DOI:    0
Security label:  system_u:system_r:svirt_t:s0:c170,c758 (enforcing)
```

### 3. 关闭与开启、暂停与恢复虚拟主机

有两对命令：start 与 destroy、suspend 与 resume 分别对应于虚拟主机的开启与关闭、暂停与恢复。下面演示如何关闭与开启指定的虚拟主机：

```
virsh # destroy VM1
Domain VM1 destroyed
virsh # list
 Id Name                State
--------------------------------
  8 VM2_Linux           running
```

图 6-17 展示了通过 VMM 验证控制效果。

**图 6-17　虚拟主机关闭**

启动虚拟主机使用 start 命令，需要指定虚拟主机名称，以 VM1 为例：

```
virsh # start VM1
Domain VM1 started
virsh # list
 Id Name                State
--------------------------------
  8 VM2_Linux           running
 12 VM1                 running
```

对于已运行的虚拟主机，可以通过 suspend 暂停；要想重新激活，可以使用 resume 命令。暂停命令如下：

```
virsh # suspend 12
Domain 12 suspended
virsh # list
 Id Name                State
--------------------------------
  8 VM2_Linux           running
 12 VM1                 paused
```

暂停后虚拟主机的状态如图 6-18 所示。

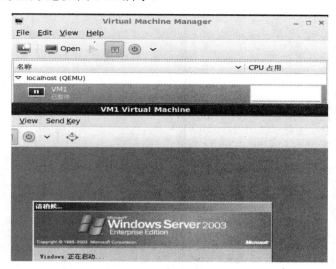

图 6-18　虚拟主机暂停

使用 resume 命令重新恢复虚拟主机，结果如下：

```
virsh # resume 12
Domain 12 resumed
virsh # list
 Id Name                 State
--------------------------------
  8 VM2_Linux            running
 12 VM1                  running
```

### 4. 创建虚拟主机

在 virsh 中可以通过 create 命令创建虚拟主机，与创建虚拟主机相关的文件有虚拟磁盘镜像、XML 描述文件。

虚拟磁盘镜像的创建前面已有介绍，对于 XML 描述文件，默认虚拟主机 XML 文件存放于/etc/libvirt/qemu 目录中，有兴趣的读者可以在这个目录查看 XML 描述文件的结构。

下面演示通过 create 命令创建 KVM 虚拟主机的过程。

创建磁盘镜像与 XML 配置文件。磁盘镜像使用 windows.img，描述 XML 文件编写借鉴其他虚拟主机，在/etc/libvirt/qemu 目录中，拷贝之前的 VM1.xml 文件，新命名为windows.xml，打开这个配置文件并编辑下面几个关键项：

```
[root@kvm /]# cd /etc/libvirt/qemu
[root@kvm qemu]# cp VM1.xml windows.xml
[root@kvm qemu]# ls
VM1.xml  VM2_Linux.xml  networks  windows.xml
[root@kvm qemu]# vi windows.xml
<domain type='kvm'>
  <name>windows</name>
  <uuid>76468be4-d974-3d5e-095a-68a520cc6219</uuid>
  <memory>524288</memory>
  <currentMemory>524288</currentMemory>
  <vcpu>1</vcpu>
```

```xml
<os>
  <type arch='x86_64' machine='rhel6.0.0'>hvm</type>
  <boot dev='hd'/>
</os>
<features>
  <acpi/>
  <apic/>
  <pae/>
</features>
<clock offset='localtime'/>
<on_poweroff>destroy</on_poweroff>
<on_reboot>restart</on_reboot>
<on_crash>restart</on_crash>
<devices>
  <emulator>/usr/libexec/qemu-kvm</emulator>
  <disk type='file' device='disk'>
    <driver name='qemu' type='raw' cache='none'/>
    <source file='/var/lib/libvirt/images/windows'/>
    <target dev='hda' bus='ide'/>
    <address type='drive' controller='0' bus='0' unit='0'/>
  </disk>
  <disk type='file' device='cdrom'>
    <driver name='qemu' type='raw'/>
    <source file='/home/win.iso'/>
    <target dev='hdc' bus='ide'/>
    <readonly/>
    <address type='drive' controller='0' bus='1' unit='0'/>
  </disk>
  <controller type='ide' index='0'>
    <address type='pci' domain='0x0000' bus='0x00' slot='0x01'
        function='0x1'/>
  </controller>
  <interface type='network'>
    <mac address='52:54:00:14:2d:e3'/>
    <source network='default'/>
    <address type='pci' domain='0x0000' bus='0x00' slot='0x03'
        function='0x0'/>
  </interface>
  <serial type='pty'>
    <target port='0'/>
  </serial>
  <console type='pty'>
    <target port='0'/>
  </console>
  <input type='tablet' bus='usb'/>
  <input type='mouse' bus='ps2'/>
  <graphics type='vnc' port='-1' autoport='yes'/>
  <sound model='ac97'>
    <address type='pci' domain='0x0000' bus='0x00' slot='0x04'
        function='0x0'/>
  </sound>
  <video>
    <model type='vga' vram='9216' heads='1'/>
    <address type='pci' domain='0x0000' bus='0x00' slot='0x02'
        function='0x0'/>
  </video>
  <memballoon model='virtio'>
    <address type='pci' domain='0x0000' bus='0x00' slot='0x05'
        function='0x0'/>
  </memballoon>
</devices>
```

```
</domain>
```

用 define 与 create 执行创建命令，结果如下：

```
[root@kvm qemu]# virsh define windows.xml
Domain windows defined from windows.xml
[root@kvm qemu]# virsh create windows.xml
Domain windows created from windows.xml

[root@kvm qemu]# virsh list
 Id Name                 State
--------------------------------
  8 VM2_Linux            running
 12 VM1                  running
 13 windows              running
```

虚拟主机 windows 创建成功后，通过 VMM 验证结果，如图 6-19 所示。

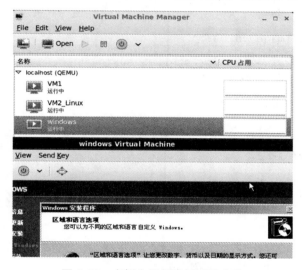

图 6-19  虚拟主机创建后系统安装

# 6.3  脚本与 API 接口

本小节介绍 KVM 的脚本编程，通过编写监测虚拟主机的运行状态、交互式创建虚拟主机、对虚拟主机进行自动化控制等例子演示脚本的使用；另外 KVM 对外也提供了开放式编程接口，可以通过 libvirt 库对 KVM 进行二次开发。

## 6.3.1  脚本实践：虚拟化交互式创建

使用 qemu-kvm 或 virsh 命令创建虚拟主机需要输入与编写大量的参数，对于用户使用并不友好，这里结合实际用户的管理需求，设计了用于交互式创建虚拟主机的脚本。

### 1. 案例分析

脚本提示用户输入创建虚拟主机所需要的各项信息，确认无误后，通过格式化用户输入，生成一条创建命令。底层创建命令基于 qemu-img 与 qemu-kvm。

具体流程如下。

(1) 通过提示信息，顺次接受用户输入的虚拟主机名、磁盘大小、CPU、内存、VNC、CDROM 等信息。

(2) 格式化一条 qemu-img 命令用于创建磁盘，格式化 qemu-kvm 命令用于创建并运行虚拟主机。

(3) 通过远程 VNC 查看创建的虚拟主机；

### 2. 脚本编写

脚本如下：

```
[root@kvm home]# cat CreateKVM.sh
#!/bin/sh
VMDir="/var/lib/libvirt/images/"
echo -n "Input VMNam:>"
read VMname
echo -n "Input Image Value:>"
read Value
qemu-img create -f raw $VMDir$VMname $Value
echo -n "Input CPU Number:>"
read CPU
echo -n "Input Mem:>"
read Mem
echo -n "VNC display IP:>"
read Display
echo -n "CD ROM :>"
read CDRom
echo -n "Boot (c/b/d):>"
read boot
qemu-kvm -localtime -cdrom $CDRom -m $Mem -boot $boot $VMDir$VMname -vnc
$Display
```

运行脚本：

```
[root@kvm home]# sh CreateKVM.sh
Input VMNam:>win
Input Image Value:>8G
Formatting '/var/lib/libvirt/images/win', fmt=raw size=8589934592
Input CPU Number:>1
Input Mem:>1000M
VNC display IP:>172.16.10.22:4
CD ROM :>/home/win.iso
Boot (c/b/d):>d
```

通过输入进程列表，查看已创建的虚拟主机进程：

```
[root@kvm images]# ps -ef | grep 'qemu-kvm'
root    10405 10355 94 10:10 pts/5    00:02:56 qemu-kvm -localtime -cdrom
/home/win.iso -m 1000M -boot d /var/lib/libvirt/images/win -vnc
172.16.10.22:4
root    10848 30179  0 10:13 pts/7    00:00:00 grep qemu-kvm
```

通过 VNC 客户端，输入 172.16.10.22:4 查看安装界面，如图 6-20 所示。

图 6-20　交互式创建的虚拟主机

**小扩展**

- 当前自主交互并没有对用户的输入进行有效验证，因此读者可以自行增加对数据进行有效性验证的代码。
- 可以再增加默认选项，每一项参数均有一个默认值，用户回车便选中默认值。
- 有的参数值比较固定，可以通过让用户输入选择的方式进行设定。
- 可以改写本程序，将用户的输入保存至 XML 文件中，并调用 virsh create 命令启动虚拟主机。
- 可以扩展成批量创建虚拟主机的脚本。

## 6.3.2　脚本实践：虚拟主机状态监测

在多节点 KVM 环境，会运转大量虚拟主机，在日常工作中需要对这些虚拟主机的数量及状态进行统计，这里设计了一个脚本，用于定期统计各个物理 KVM 主机的虚拟主机列表及其状态。

### 1. 案例分析

需要建立一个 KVM 节点列表，记作 Host.list 文件，记录各个机器的 IP 地址。脚本应部署在其中一台主机上，可以对其他主机进行远程监测，并对结果进行汇总分析。

主要流程如下。

(1) 设定监测主机对各个 KVM 主机的免密码登录。

(2) 顺次读取 host.list 列表，并通过 virsh connect qemu+ssh 命令顺次登录各 KVM 节点；执行并抓取 list 命令的结果。

(3) 分析出各个物理主机上的虚拟主机数量，并列出各自的状态。

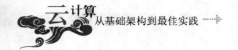
### 2. 脚本编写

SSH 免登录配置如下：

```
[root@kvm ~]# ssh-keygen
Generating public/private rsa key pair.
Enter file in which to save the key (/root/.ssh/id_rsa):
Enter passphrase (empty for no passphrase):
Enter same passphrase again:
Your identification has been saved in /root/.ssh/id_rsa.
Your public key has been saved in /root/.ssh/id_rsa.pub.
The key fingerprint is:
7f:94:40:3b:4c:81:a7:2e:b1:2c:e9:0e:8a:7c:e3:28 root@kvm
The key's randomart image is:
+--[ RSA 2048]----+
|         .+.     |
|        .+..     |
|         o=      |
|      .  . o .   |
|     o +S  o     |
|     o + ...     |
|   .. . .  .     |
|E..+.       .    |
|+oooo            |
+-----------------+
[root@kvm ~]# cd ~.ssh/
[root@kvm .ssh]# cat id_rsa.pub >> authorized_keys
```

Host.list 列表文件如下：

```
[root@kvm home]# cat Host.list
172.16.10.22
172.16.10.22
```

脚本如下：

```
[root@kvm home]# vi Mon.sh
#!/bin/sh
while true
do
  cat Host.list | while read line
  do
    ip=$(echo $line | awk '{print $1}')
    echo Connect [$ip] ,begin to Check...
    virsh --connect qemu+ssh://root@$ip/system   \ list | grep -v '-' | grep
-v 'Id'
    echo End Connect.
  done
echo +++++++++++++++++++++++++++++++++++++++++++++
sleep 30s
done
```

运行效果如下：

```
[root@kvm home]# sh Mon.sh
Connect [172.16.10.22] ,begin to Check...
  8 VM2_Linux           running
 12 VM1                 running
 13 windows             running

End Connect.
```

```
Connect [172.16.10.22] ,begin to Check...
  8 VM2_Linux             running
 12 VM1                   running
 13 windows               running

End Connect.
+++++++++++++++++++++++++++++++++++++++++++++
```

**小经验**

脚本分析：

- virsh -connect qemu+ssh://root@ip/system \ list | grep -v '- '|grep -v 'Id'
- virsh - connect qemu+ssh://root@ip/system 表示连接指定的 IP 主机。
- \ list 是执行 list 命令。
- | grep － v '-'|grep - v 'Id'是指从结果集合中去掉包括 "-" 或者 "Id" 的行。

## 6.3.3　Libvirt 接口介绍

Libvrit 是一套面向 XEN、KVM 等虚拟化平台的开源虚拟化开发库，它基于 C 语言编写，支持多种语言调用，如 Python、C、Ruby、Java 等；当前 Linux 平台上的虚拟化管理工具如 virt-manager、virt-install、virsh 等均是基于 Libvirt 开发。

目前 Libvirt 库支持对虚拟主机的各种监测与控制、支持 Xen 与 KVM、在新版本中也支持 VMware 平台；对于其他操作系统上的虚拟化产品，Libvirt 也不同程度地支持，目前 Libvrit 所支持的 Hypervisor 列表如下：

```
KVM/QEMU Linux hypervisor
Xen hypervisor on Linux and Solaris hosts
LXC Linux container system
OpenVZ Linux container system
User Mode Linux paravirtualized kernel
VirtualBox hypervisor
VMware ESX and GSX hypervisors
VMware Workstation and Player hypervisors
Microsoft Hyper-V hypervisor
```

Libvrit 除控制虚拟主机之外，还支持虚拟化网络开发，如桥接、NAT、VEPA、VN-LINK 等，另外在存储方面支持 IDE、SCSI、USB disks、FibreChannel、LVM、iSCSI、NFS、文件系统等。

从架构上来讲，Libvirt 位于 Linux 主机之上，通过与 Hypervisor 交互实现对虚拟化平台的管理与控制，架构如图 6-21 所示。

Libvirt 的官方站点为 http://libvirt.org/，上面有更详细的介绍。

下面基于 Python，测试一个简单的 Libvirt 示例：

```
[root@kvm home]# vi test.py
import libvirt

kvm=libvirt.open("qemu:///system")

for nIndex in kvm.listDomainsID():
```

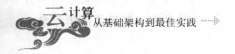

```
node = kvm.lookupByID(nIndex)

print "NodeName: %s" %  node.name()
```

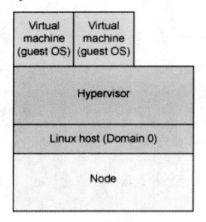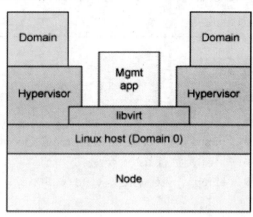

图 6-21　Libvirt 架构

通过命令 python test.py 测试效果：

```
[root@kvm home]# python test.py
NodeName: VM2_Linux
NodeName: windows
NodeName: VM1
```

# 6.4　KVM 虚拟平台开发案例

综合前面介绍的 Libvirt 开发库，本小节设计了一个简单的类似于 virsh 的工具，通过这个示例可以帮助读者更好地了解与掌握 KVM 开发技能。

## 6.4.1　需求与架构

实现一个虚拟化管理与控制平台，这个平台的功能类似于 virsh，由多条管理 KVM 的命令组成。为了更好地实现平台的可扩展性以及通用性，这个平台应支持配置与插件式的开发。

从架构上，整个平台应由主控制器与命令插件组成，用户在主控制器中输入相应的命令，主控制器通过用户命令动态调用命令插件，并反馈执行结果。开发人员可以动态地编写插件，配置并部署到主控制器，不断地完善整个管理与控制平台。

从功能上来讲，虚拟化管理与控制平台应包括如下几方面能力：

(1) 主控制器的用户交互功能，能够与用户进行命令行的交互。

(2) 插件配置与调用模块，支持插件的配置，并能够实现对插件的动态调用。

(3) 帮助信息的动态显示，根据插件命令的配置，显示当前可支持的命令帮助文档。

主控制器是基于 C 语言开发，插件可以支持 Shell、Python 等语言开发，下面详细介绍各部分的设计与实现。

## 6.4.2　插件配置与调用模块设计

本模块的主要工作是标准化配置插件命令，能够实现对插件命令的调用与执行，这里涉及几个技术点。

(1) 插件配置。应编写配置文件，所配置的信息包括插件的名称、插件的编写语言、插件的描述等。

(2) 插件配置的读取。应支持对插件配置文件的读取，并按标准格式加载至命令列表。

(3) 插件的调用。根据用户的输入，判断要调用的插件，根据插件的编写语言，选择执行插件的环境。

下面以代码的形式介绍这些技术点的实现。

### 1. 插件文件的格式

插件包括的配置项有：插件名称(name)、插件语言类型(type)、插件的描述信息(content)，所有插件的描述信息放置于配置文件 config 中，格式如下：

```
[root@kvm ckvm]# cat config
name:list
type:shell
content:list all domain
name:nodeinfo
type:shell
content:list node info
```

### 2. 插件文件的读取与加载

首先定义插件的信息节点，以循环读取配置文件的形式建立一个插件命令列表，其中插件信息节点的格式如下：

```
struct ConfigNode
{
    string strComName; // 插件的名称
    int nComType; // 0 shell; 1 c; 2 python
    string strContent; //插件的描述
};
vector<ConfigNode> vList;
```

读取与加载的函数如下：

```
void Init(vector<ConfigNode> &vList)
{
    FILE *pFile = fopen("config","r");
    if (NULL == pFile)
    {
        printf("Open File Error\n");
        exit(0);
    }
    string strField="";
    string strTemp = "";

    ConfigNode node;
    char c;
    while(!feof(pFile))
    {
```

```
                c = fgetc(pFile);
                if(c == ':')
                {
                    strField = strTemp;
                    strTemp = "";
                    continue;
                }
                else if (c == '\n' | c == '\r')
                {
                    if(strcmp(strField.c_str(),"name") == 0)
                    {
                        node.strComName = strTemp;
                    }
                    else if(strcmp(strField.c_str(),"type") == 0)
                    {
                        node.nComType = -1;
                        if(strcmp(strTemp.c_str(),"shell")==0) node.nComType = 0;
                        else if(strcmp(strTemp.c_str(),"c")==0) node.nComType = 1;
                        else if(strcmp(strTemp.c_str(),"python")==0) node.nComType = 2;
                    }
                    else if(strcmp(strField.c_str(),"content") == 0)
                    {

                        node.strContent = strTemp;
                        if(node.strComName.length() > 0 && node.nComType >=0
                            && node.nComType <=2 && node.strContent.length() > 0)
                            vList.push_back(node);
                        else
                        {
                            node.strComName = "";
                            node.nComType = -1;
                            node.strContent = "";
                        }
                    }
                    strTemp="";
                    strField="";
                    continue;
                }
                else
                    strTemp += c;
        }
        fclose(pFile);
}
```

### 3. 插件命令的调用

根据用户的输入，先提取出插件命令，并与插件列表进行比对，如果位于命令列表中，则根据插件的编写语言，格式化相应的环境执行命令：

(1)　如果是 Shell 脚本，格式化成 shell Command parameters。

(2)　如果是 Python 脚本，格式化成 python Command parameters。

要注意一点：插件的脚本文件与主控制器放置于同一目录下。

调用的语句如下：

```
for(int i = 0; i < vList.size(); i++)
{
    if(strcmp(strCommand,vList[i].strComName.c_str()) == 0)
    {
        string strExec="";
```

```
        if(vList[i].nComType == 0)
        {
            strExec = "sh ";
            strExec += strBuffer;
            system(strExec.c_str());
        }
        else if (vList[i].nComType == 2)
        {
        strExec = "python ";
            strExec += strBuffer;
            system(strExec.c_str());
        }
    }
}
```

## 6.4.3 用户交互模块设计

本模块循环接受用户输入，并对输入信息进行分解，通过空格分解出命令名及后面的参数。通过分解出的命令名，比对插件列表集中的命令集，如果匹配则调用该插件，并反馈执行结果，如果命令名是 help 或 exit 则打印帮助或退出。

用户交互模块的代码如下：

```
char strBuffer[1024];
char strCommand[1024];
while(true)
{
        printf("ckvm#");
        gets(strBuffer);
        int j;
        for(j = 0; j < strlen(strBuffer);j++)
        {
            if(strBuffer[j] != ' ')
            {
                strCommand[j] = strBuffer[j];
            }
            else
                break;
        }
        strCommand[j] = '\0';
        if(strcmp(strCommand,"help") == 0)
        {
            Help(vList);
            continue;
        }
        else if(strcmp(strCommand,"exit") == 0)
        {
            printf("Bye-Bye!\n");
            exit(0);
        }    ….
}
```

## 6.4.4 帮助模块设计

帮助模块用于输出所有的命令名称和命令列表，其代码如下：

```
void Help(vector<ConfigNode> &vList)
{
    printf(" -------------Help------------------------\n");
```

```
printf("help | print help information\n");
for(int i = 0; i < vList.size(); i++)
{
    printf("%s | %s\n",vList[i].strComName.c_str(),
        vList[i].strContent.c_str());
}
printf("exit | exit application\n");
printf(" ---------------------------------------\n");
}
```

## 6.4.5 运行与测试

编译主控制器及运行效果如下：

```
[root@kvm ckvm]# g++ ckvm.c -o ckvm
[root@kvm ckvm]# ./ckvm
 ---------------------------------------
        CKVM  Ver1.0
 ---------------------------------------
ckvm#help
 -------------Help---------------------
help | print help information
list | list all domain
nodeinfo | list domain[id] information
exit | exit application
 ---------------------------------------
ckvm#
```

### 1. 编写插件 list

插件 list 是基于 Shell 编写的，主要用于显示当前环境下虚拟主机运行的信息，脚本通过调用 virsh list 命令来完成。

插件的脚本如下：

```
#!/bin/sh
virsh list
```

插件的配置信息如下：

```
[root@kvm ckvm]# cat config
name:list
type:shell
content:list all domain
```

与 ckvm 集成后的测试效果如下：

```
ckvm#list
 Id Name                State
-------------------------------
  8 VM2_Linux           paused
 13 windows             running
```

### 2. 编写插件 nodeinfo

插件 list 的编写是基于 virsh 命令，而并非是通过对 Hypervisor 的直接调用，这里基于 Python 编写另一个插件，用于展示某一虚拟主机节点的信息。

插件脚本如下：

```
[root@kvm ckvm]# vi nodeinfo
import libvirt
import sys
import os

if __name__=="__main__":

    num=len(sys.argv)
    if num != 2 :
        print "Input Parameters Error!!"
        exit()
    else :
        num = sys.argv[1]
        kvm=libvirt.open("qemu:///system")
        for nIndex in kvm.listDomainsID():
            if nIndex == int(num) :
                print "Domain Information"
                print ""
                node = kvm.lookupByID(nIndex)
                list = node.info()
                print "Domain Name: %s" %  node.name()
                if list[0] == 1:
                    print "Status    : running"
                else:
                    print "Status    : stop"
                print "Max Memory : %s" % list[1]
                print "CPU Number : %s" % list[3]

                exit()
        print "Can't Find this Domain Machine [%s]" % num
```

插件的配置信息如下：

```
[root@kvm ckvm]# cat config
name:nodeinfo
type:python
content:list domain [id] information
```

与 ckvm 集成后的测试效果如下：

```
ckvm#nodeinfo 13
Domain Information

Domain Name: windows
Status    : running
Max Memory : 524288
CPU Number : 1
ckvm#nodeinfo 8
Domain Information

Domain Name: VM2_Linux
Status    : stop
Max Memory : 524288
CPU Number : 1
ckvm#exit
Bye-Bye!
```

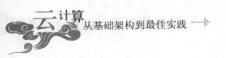

**小扩展**

ckvm 总结：

- 读者可以考虑基于 C 语言的插件编写并调用。
- 可以通过编写静态与动态库的形式，进行函数式调用。
- 可以考虑增加远程管理功能，实现对远程节点的调用与管理。
- 插件式开发相对比较灵活，能够增强程序的健壮性与稳定性，核心代码极为简洁，插件有问题不会影响全局运转。

# 6.5 小 结

本章的重点是介绍开源虚拟化平台 KVM，在内容设计上从 KVM 的可视化管理入手，介绍了如何在可视化环境下创建与管理虚拟主机；随后介绍了 KVM 常用的三个命令，并分别演示了这些命令的使用；最后介绍了 KVM 的编程与开发，包括 Shell 脚本开发、Python 脚本开发，最后通过一个 CKVM 平台，实现了一个简易的 KVM 管理平台。

通过本章的学习读者应能够掌握 KVM 的常规管理，并具备一定的二次开发能力。这里鼓励有兴趣的读者根据本章示例，深入研究 CKVM 程序，开发出符合自身需要的 KVM 管理与调度工具。

# 第3篇 云计算架构

# 第7章

## 云计算基础架构

**【内容提要】**

本章介绍云计算特别是传统 IT 模式下的云计算形态，内容涉及云计算基础架构、云计算资源平台架构，包括计算资源、存储资源、网络资源的规划、置备与管理；云计算服务交付与运维架构，包括服务目录制订、服务交付流程、运维管理流程、服务度量等。

**本章要点**

- 云计算基础架构
- 资源池的规划与置备
- 服务目录与服务交付
- 运维流程管理
- 服务度量

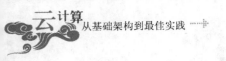

# 7.1　基础架构概述

在前面的章节中主要讲解了虚拟化技术。在许多场合，人们将虚拟化与云计算看作是一回事，认为虚拟化就是云计算，云计算一定使用虚拟化技术。其实，虚拟化并不等于云计算。事实证明，云计算并不一定依赖类似于 VMware 的服务器虚拟化技术。另一方面，运用虚拟化技术并不能自然而然地实现云计算。在全面了解和掌握了虚拟化技术，深刻理解了虚拟化技术的典型特性后，可以清楚地看到虚拟化技术在实现云计算上所具备的巨大优势。现在，让我们跳出技术细节，站在基础架构的层面，研究虚拟化技术如何构架出云计算。

基于虚拟化数据中心的云计算架构如图 7-1 所示。在这里，虚拟化平台居于核心位置，基础架构管理、基础架构资源都围绕虚拟化平台构建。服务器、存储、网络等物理资源应满足资源池化的特性要求，基础架构管理应最大限度满足资源的按需分配、弹性管理、自助服务、服务可度量等需求。

图 7-1　云计算基础架构

信息化正在迈入云计算的时代，我们已经知道云计算的理念之一就是服务，服务可以分为 IaaS(基础设施即服务)、PaaS(平台即服务)和 SaaS(软件即服务)。在以虚拟化技术为核心的云计算架构中，IaaS 被视为最重要、最基本的服务，是实现 PaaS 和 SaaS 的基础。如何在虚拟化数据中心架构出基础设施服务是本章的重点。

# 7.2　云计算资源架构

云计算可以将资源整合并以服务的形式对外发布，本小节介绍资源平台的基础架构，包括资源平台需求、资源平台置备、资源规划与管理等内容。

## 7.2.1　资源需求

既然是以基础设施服务为目标，那么服务交付就是一个关键点，基础设施的架构就可以从这一点，自顶而下地进行资源服务需求分析。一种有效的办法就是对资源服务需求进行抽象，将资源需求分解成基本要素，估算各资源需求要素的需求量。如表 7-1 所示，可以主要将资源需求归纳为服务器资源需求、网络访问需求和数据存储需求。

表 7-1　资源需求表

| | 编号 | 标 | 准 | 说 明 |
|---|---|---|---|---|
| 服务器资源需求 | A1 | 配置标准 | CPU 4GHz，内存 4GB，硬盘 20GB | 适用于 Web 服务等轻负载服务器 |
| | A2 | | CPU 8GHz，内存 8GB，硬盘 20GB | 适用于中等负载的中间件服务器 |
| | A3 | | CPU 16GHz，内存 16GB，硬盘 20GB | 适用于中间件等较高负载的服务器 |
| | A4 | | CPU 64GHz，内存 64GB，硬盘 20GB | 主要适用于数据库服务器 |
| | A5 | 操作系统 | Linux Server | 可选择仅安装服务，或安装和运行维护服务 |
| | A6 | | Windows Server | |
| | A7 | | 其他操作系统 | |
| 网络访问需求 | B1 | 系统总用户数 | | |
| | B3 | 常规期 | 时间范围 | 网络访问的常规时间段 |
| | B4 | | 日访问量 | 日网络访问人次 |
| | B5 | | 可允许的最大服务中断时间 | 服务恢复可允许的最长时间 |
| | B6 | 高峰期 | 时间范围 | 网络用户访问的高峰期 |
| | B7 | | 日访问量 | |
| | B8 | | 可允许的最大服务中断时间 | |
| | B9 | 关闭期 | 时间范围 | 可以关闭网络访问的时间段 |
| | B10 | | 是否可以关机 | 是否可以关闭服务器系统 |
| | B11 | | 可允许的最长服务恢复时间 | 开放网络访问可允许的最长恢复时间 |
| 数据存储需求 | D1 | 初始数据容量 | | 系统初创的初始化数据量，迁移已有系统的数据容量 |
| | D2 | 数据年增量 | | 每年新增的数据量 |
| | D3 | 数据生命周期 | 在线存储数据量 | 一般可以根据数据库中需要保留最近多少年的数据进行推算 |
| | D4 | | 近线存储数据量 | 数据超出年限迁移出在线数据库，其中哪些年份的数据应能快速导回在线数据库以备数据查询 |
| | D5 | | 离线存储数据量 | 超过哪些年份的数据基本已不再使用，可以被离线存储归档 |
| | D6 | | 可以清除的数据量 | 哪些数据量不再需要存储归档，可以进行删除处理 |
| | D7 | 数据恢复 | 可允许丢失的最大数据量 | 系统发生意外情况时，允许损失多长时间内的数据，称为数据恢复的 RPO |
| | D8 | | 可允许的最长数据恢复时间 | 允许在多长时间内完成达到 RPO 要求的数据恢复，称为数据恢复的 RTO |
| | D9 | | 数据备份的保留期 | 保留多长时间内的数据备份副本或保留最近多少个数据备份副本 |

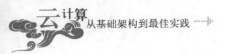

在将需求要素标准化后，就可以着手为典型的应用系统建模。以一个最常见的 3 层结构的应用系统为例，其结构如图 7-2 所示。服务器的数量配置综合考虑了性能和容量、高可用需求。假设支持最大用户并发访问数为 3000，需要配备 3 台 Web 服务器，每台 Web 服务器的最大连接数为 1000，每个 Web 服务器需要 3 台中间件应用以保证性能和容量，中间件应用服务器的数据库平均 JDBC 连接数为 300。

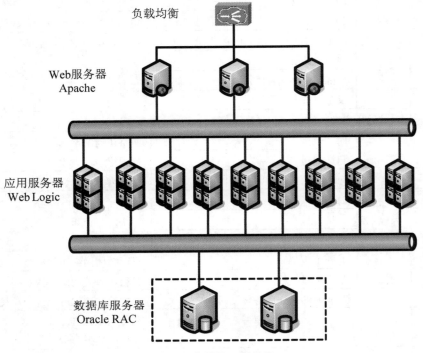

图 7-2　典型的 3 层结构

按照这一模型，这个应用系统的服务器的资源置备如表 7-2 所示。

表 7-2　资源置备

| 服 务 器 | CPU 核数 | 主频 | 内存 | 节点数 | 总计算能力 |
| --- | --- | --- | --- | --- | --- |
| Web 服务器 | 2 | 2GHz | 4GB | 3 | 12GHz，12GB |
| 应用服务器 | 2 | 2GHz | 4GB | 9 | 36GHz，36GB |
| 数据库服务器 | 8 | 2GHz | 32GB | 2 | 32GHz，64GB |

## 7.2.2　物理资源置备

目前 x86 架构服务器的性能记录不断被刷新，以国内某款自主设计的 8 路高端容错服务器为例，在 6U 机箱内集成了 8 颗处理器、单处理器 L3 Cache 18MB、计算核心 64 个、计算线程 128 个；支持 1T DDR3 内存；独立 8 通道 SAS RAID 卡，512MB Cache；集成 2×1000Mb/s 网卡并可另外插接 2 块双端口千兆网卡；可插接 2 块双端口 8Gb 光纤 HBA 卡；1200W 3+1 冗余电源。该款服务器的 SPEC 测试数据已与具有 32 颗 CPU 的 Sun M9000 相近，而 Sun M9000 需占用 1 个独立机柜，功率为 19.87kW，相比较其可节省 5/6 的空间和 4/5 的能耗。

在可靠性方面，高端 x86 架构服务器也已从芯片级、链路级、模块级和系统级提供了 RAS(Reliability, Availability and Serviceability)特性，易损件可热替换。

数据中心服务器系统采用 x86 开放体系结构已成趋势。物理服务器应选择支持硬件虚拟化技术，它是一系列 x86 平台硬件增强特性，可显著提高软件虚拟化解决方案的效率和能力。有了处理器硬件虚拟化技术的支持，多核带来的性能提升能够得到更好的体现。

虚拟化环境需要在合理成本的前提下，力求物理服务器支持更多的虚拟机负载，提供更大的服务器整合空间。当前，一台具有很好的虚拟化性价比的服务器配置如表 7-3 所示。

表 7-3　服务器规格参考

| 指标项 | 技术规格 |
| --- | --- |
| 系统架构 | x86 架构 2U 机架服务器 |
| CPU | 配置 2 颗处理器，计算能力(主频×内核数×单核线程数)为 64GHz |
| 内存 | 配置 128G ECC DDR3 |
| 硬盘 | 配置 5 块 600GB 10krpm SAS 硬盘，配置 512MB Cache 独立 8 通道 SAS RAID 卡，RAID10+热备盘、RAID5 |
| NIC | 配置 4 个千兆以太网口 |
| HBA | 配置 1 块双端口 8Gb 光纤通道 HBA 卡 |
| 管理功能 | 配置 IPMI 管理功能 |
| 电源 | 冗余双电源节能环保 |

对比单台 Web 服务器和应用服务器 4GHz CPU 处理能力和 4GB 内存容量的资源需求，单台物理服务器可以很容易地实现 64GHz 处理能力和 128GB 内存容量的资源供给。这从一个侧面反映出硬件技术和软件技术发展的不平衡。幸好，虚拟化技术就是解决这一问题的有效手段。单台物理服务器的处理能力越强大，可以同时运行的虚拟机负载就越多，典型的服务器整合的效果如图 7-3 所示。

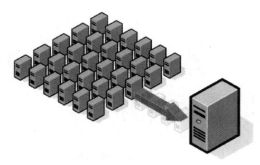

图 7-3　服务器整合

物理服务器的虚拟服务器置备也可以建立一些关联模型，并根据实际监测进行调整和优化，并以此作为物理服务器资源估算的依据。我们尝试给出以下一组资源置备策略。

● 物理服务器上的虚拟服务器内核置备总数不超过实际物理内核数的 4 倍。

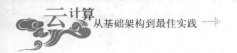

- 物理服务器上的虚拟服务器内存置备总量不应超过实际物理内存的 2 倍。
- 每个物理 NIC 上支持的虚拟服务器总数不超过 16 个。
- 每个 LUN 上支持的虚拟服务器总数不超过 32 个。

在虚拟化数据中心架构下，还需要采用全局化的服务器资源置备策略。如图 7-4 所示，应用系统在虚拟化环境下，基础设施架构模式由分散过渡到集中。在分散模式下，数据中心的资源估算以每个应用系统的峰值累加，其计算方法如下：

$$资源需求量 = Max(app1) + Max(app2) + \cdots + Max(appn)$$

这时每个应用系统与硬件绑定，硬件资源只能按照其所承载应用系统的负载峰值置备，尽管在非峰值期间，大量的硬件资源被闲置，但它们难以为其他应用系统共享。

在虚拟化数据中心的集中模式下，虚拟化技术大幅降低了应用系统与硬件资源的耦合度，硬件资源转化为可以在应用系统间共享的资源池，资源的使用按需分配、动态调度。在这种情况下，硬件资源置备采用的是一种全局方式，计算方法如下：

$$资源需求量 = Max(app1 + app2 + \cdots + appn)t$$

由于引入了时间变量 $t$，资源的分配和使用具有动态性。除非只有一个应用系统或所有应用系统的峰值出现在同一时间，否则全局资源置备方式总是具有更高的效益，资源利用将会得到可观的改善。

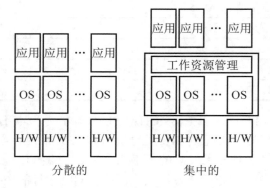

图 7-4　应用架构模式

## 7.2.3　资源池规划

在虚拟化数据中心，物理服务器集群将作为 IaaS 资源池的物理边界。如图 7-5 所示，一组 CPU 相互兼容、配置规格一致的服务器整合为一个集群，将 CPU 的处理能力和内存容量聚合在一起，作为一个整体为虚拟机负载提供资源供给。对于一个虚拟化的服务器集群，物理服务器仅被看作是执行计算功能的容器，提供给虚拟机的就是 CPU 和内存资源。当然，在这样的构架下，服务器集群还必须配置好前端的接入网络和后端的存储网络。

如果把物理主机看作只是提供计算资源的容器，虚拟机就是资源的使用者。虚拟机实体被封装为一组数据文件，持久化存储虚拟机实体的就是资源池的存储容器。存储容器通常是磁盘存储阵列上的集群文件系统。集群中的服务器经后端的存储网络连接存储阵列，并通过集群文件系统共享相同的存储空间。在虚拟化环境中，共享存储方式以 FC SAN(光纤通道)和 IP SAN(基于 IP 的存储区域网络 iSCSI)为主，网络文件系统 NFS 可以作为一种辅助手段。NAS(网络附加存储设备)可以被看作是一种提供 NFS 存储的专用设备。

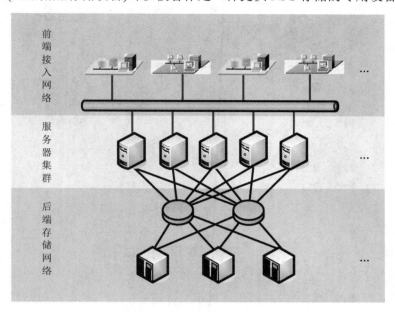

图 7-5　服务器集群

服务器集群前端接入网络可以被认为是资源池的网络容器。物理服务器接入数据中心接入层网络设备，这些接入层网络接口就是虚拟机业务数据流的网络通道。服务器集群作为一个整体必须共享同样的网络，分布在多个网络设备上的网络接口需要整合为一个共享的网络容器，网络容器内包含了集群上每个虚拟机连接的业务网络。

综上可以看出，一个虚拟化架构下的资源池必须是建立在共享存储和共享网络基础上的服务器集群。因此，一个基础设施资源池需要包括计算资源、存储资源和网络资源。虚拟化数据中心存储资源的架构和网络资源的架构都比计算资源的架构更为复杂。

一个虚拟化数据中心一般不只有一个资源池，一方面是因为虚拟化软件平台本身的限制，服务器集群的节点数目是有限的，当节点数超过上限时，就必须以多资源池的方式架构；另一方面一个资源池就是一个管理域，将单个资源池控制在一定的规模下，可以简化资源池的管理，建立不同规格和不同管理策略的资源池。图 7-6 是一个虚拟化数据中心资源池架构的例子，它包含多个资源池。

- 生产资源池。满足生产环境对资源池的性能和容量需求，处于安全等方面的管理要求。生产环境也可能有多个资源池，资源池作为服务器集群的物理边界可以起到隔离作用。
- 虚拟机模板资源池。用于管理和维护虚拟服务器模板，生产资源池中的虚拟服务器均由虚拟机模板创建发布，虚拟机模板资源池也具有备份和归档虚拟服务器的作用。
- 在服务器生产资源池异地建立远程灾备服务器资源池。可以采用磁盘阵列系统提供的数据镜像功能将备份和归档阵列上的虚拟机模板同步复制到异地灾备阵列。
- 开发测试资源池。与生产资源池隔离，提供应用系统的开发和测试环境。

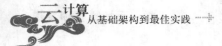
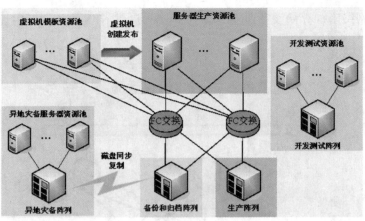

图 7-6 虚拟化资源池

# 7.3 云计算服务交付

实现云服务要涉及大量的管理工作，本小节介绍云计算服务生命周期的管理，包括服务目录制订、性能与容量管理、可用性管理、持续性管理、服务水平管理、安全管理等内容。

## 7.3.1 服务目录制订

如前所述，虚拟化数据中心将 IaaS 视为最重要、最基本的服务。对于基础设施资源服务，需要根据已有基础设施的特性和业务需求定义服务内容，以服务目录形式将这些服务向外发布。服务目录为所有的关键服务定义服务标准。服务标准需要考虑的内容包括可用性、可靠性、性能和容量的增长、支持水平、可持续性计划、安全和需求约束等。

服务目录以服务对象能够理解的语言提供服务清单和每项服务的基本信息，便于服务对象准确理解服务的内容、特性、级别等信息，也便于服务对象选择适合的服务项目，提高相互沟通的效率。

服务的基本信息包含但不限于以下内容。

- 服务名称：名称应该使用客户语言直接传达服务的业务价值和作用。
- 服务类别：服务类别便于定位服务和服务信息。
- 服务概述：简单概要地描述该服务，以便与其他服务进行比较，从高层次理解提供的服务是什么。
- 服务描述：描述与服务相关的有意义的属性，可以从特征、功能、服务范围等方面进行描述。
- 交付位置：说明该服务在什么地方有效。
- 服务水平描述：概述关键服务水平度量标准及其目标。
- 服务组件描述：详细描述服务包含什么不包含什么，解释服务提供的范围。

表 7-4 给出了一个可供参考的虚拟主机的服务目录。

表 7-4　虚拟主机服务目录

| | 服务组件 | 服务描述 |
|---|---|---|
| 基本服务级别(A1) | 主机资源置备 | CPU 4GHz，内存 4GB |
| | 磁盘置备 | 系统磁盘 20GB。可增加附加磁盘，容量不超过 200GB |
| | 网络置备 | 主机可置备 1 个或多个网卡，使用独立网段，可分配内部私用 IP 地址和互联网 IP 地址，提供最小授权包过滤访问控制 |
| | 操作系统 | 可以提供 Windows 和 Linux 操作系统的安装 |
| | 管理服务 | 按照基础设施服务台和事件管理、问题管理的流程规范提供 5×8 小时的支持服务，7×24 小时的应急服务 |
| 标准服务级别(A2) | 主机资源置备 | CPU 8GHz，内存 8GB |
| | 磁盘置备 | 系统磁盘 20GB。可增加附加磁盘，容量不超过 500GB |
| | 数据备份 | 提供虚拟主机备份。每周作全备份，每日做周备份的增量备份，备份保存最近 4 周备份(全备份)和最近 7 日备份(增量备份) |
| | 网络置备 | 主机可置备 1 个或多个网卡，可以部署在多个独立使用的网段，可分配内部私用 IP 地址和互联网 IP 地址，为每个网段提供最小授权包过滤访问控制 |
| | 网络防护 | 对部署的各个网段提供多层次、多样化的包过滤访问控制，提供对异常流量的监测和响应措施 |
| | 操作系统 | 可以提供 Windows 和 Linux 操作系统的安装和运行维护服务 |
| | 管理服务 | 按照基础设施服务台和事件管理、问题管理的流程规范提供 5×8 小时的支持服务，7×24 小时的应急服务 |
| | 运行报告 | 提供系统运行情况统计分析的周报和月报 |
| 增强服务级别(A3) | 主机资源置备 | CPU 16GHz，内存 16GB |
| | 磁盘置备 | 系统磁盘 20GB。可增加附加磁盘，容量不超过 500GB |
| | 数据备份 | 可以提供虚拟主机备份。每周作全备份，每日做周备份的增量备份，备份保存最近 4 周备份(全备份)和最近 7 日备份(增量备份) |
| | 网络置备 | 主机可置备 1 个或多个网卡，可以部署在多个独立使用的网段，可分配内部私用 IP 地址和互联网 IP 地址，为每个网段提供最小授权包过滤访问控制 |
| | 网络防护 | 对部署的各个网段提供多层次、多样化的包过滤访问控制，提供对异常流量的监测和响应措施。可以启用基础设施安全设备的各种防攻击措施 |
| | 操作系统 | 可以提供 Windows 和 Linux 操作系统的安装和运行维护服务 |
| | 网络负载均衡 | 可以同时配置多个互联网服务商的 IP 地址，实现广域网的负载均衡。可以启用专用网络负载均衡设备，实现服务器对外前端网络服务的负载均衡 |
| | 集群文件系统 | 可以置备 SCSI 共享磁盘，通过集群文件系统实现高性能的 LANFree 服务器后端文件共享。此项服务只对 Linux 操作系统有效 |
| | 后台管理 VPN | 可以为客户提供服务器后台远程管理 VPN 通道 |

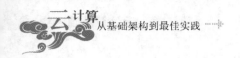
| | 服务组件 | 服务描述 |
|---|---|---|
| 增强服务级别(A3) | 管理服务 | 按照基础设施服务台和事件管理、问题管理的流程规范提供5×8小时的支持服务，7×24小时的应急服务 |
| | 运行报告 | 提供系统运行情况统计分析的日报和周报告 |
| | 应急预案 | 可以根据客户的授权，组织演练与服务器有关的应急处理，在发生紧急事件时，基础设施运维服务值班员按规定的程序执行应急处理 |
| 数据库服务级别(A1) | 主机资源置备 | CPU 64GHz，内存64GB |
| | 磁盘置备 | 主机可置备 1 个或多个磁盘，可以裸磁盘映射的磁盘置备方式提供超过200GB的大容量磁盘 |
| | 数据备份 | 可以提供虚拟主机备份。每周作全备份，每日做周备份的增量备份，备份保存最近 4 周备份(全备份)和最近 7 日备份(增量备份) |
| | 网络置备 | 主机可置备 1 个或多个网卡，可以部署在多个独立使用的网段，可分配内部私用 IP 地址和互联网 IP 地址，为每个网段提供最小授权包过滤访问控制 |
| | 网络防护 | 对部署的各个网段提供多层次、多样化的包过滤访问控制，提供对异常流量的监测和响应措施。可以启用基础设施安全设备的各种防攻击措施 |
| | 操作系统 | 可以提供 Windows 和 Linux 操作系统的安装和运行维护服务 |
| | 网络负载均衡 | 可以同时配置多个互联网服务商的 IP 地址，实现广域网的负载均衡。可以启用专用网络负载均衡设备，实现服务器对外前端网络服务的负载均衡 |
| | 集群文件系统 | 可以置备 SCSI 共享磁盘，通过集群文件系统实现高性能的 LANFree 服务器后端文件共享。此项服务只对 Linux 操作系统有效 |
| | 后台管理 VPN | 可以为客户提供服务器后台远程管理 VPN 通道 |
| | 管理服务 | 按照基础设施服务台和事件管理、问题管理的流程规范提供5×8小时的支持服务，7×24小时的应急服务 |
| | 运行报告 | 提供系统运行情况统计分析的日报和周报 |
| | 应急预案 | 可以根据客户的授权，组织演练与服务器有关的应急处理，在发生紧急事件时，基础设施运维服务值班员按规定的程序执行应急处理 |

一般情况下，服务目录最好能与应用系统需求相对应。在上述服务目录示例中，请注意虚拟主机的规格定义，再回顾一下需求分析示例中的主机制备标准 A1、A2、A3、A4。在资源供给的计量单位上，基础设施服务目录恰好与应用系统需求相对应。

## 7.3.2　性能与容量管理

为满足用户日益变化的需求，需要有针对数据中心性能和容量的管理机制，需要制定一个定期检查当前资源的性能和容量的流程。该流程基于工作负载、预留需求和例外需求进行性能和容量预测。

性能和容量管理的主要控制目标如下。

● 性能和容量规划：建立一个审查基础设施资源性能和容量的流程，确保以合理的成本满足工作负载应达到的服务水平。性能和容量规划应考虑基础设施资源当前和未来的性能、容量、吞吐量需求和基础设施资源的生命周期等因素。

- 当前性能和容量：评估当前基础设施资源的性能和容量是否能够满足已承诺的服务水平交付要求。
- 未来性能和容量：定期进行基础设施资源的性能和容量预测，把由于容量不足和性能退化引起服务中断的风险降低到最低程度，同时为可能的重新部署识别出额外的容量需求。
- 监控和报告：持续监控基础设施资源的性能和容量，收集并统计监测数据。监测数据应该反映基础设施资源的使用状况，为维持和调整当前基础设施的性能，需要对应急等例外需求的基础设施资源调配等提供支持。

数据中心需要制订与性能和容量管理的流程、岗位职责相关的工作制度。性能和容量管理的工作制度应包括以下内容。

- 性能和容量监测与信息统计。
- 性能和容量的优化配置。
- 性能和容量有关的应急计划。
- 性能和容量状况分析与规划。

实现数据中心性能和容量的监测应从技术上制订数据采集的指标体系和数据采集工具。监控的指标包括但不限于峰值负荷、响应时间、利用率、失效次数、停机时间等。性能和容量监测计划应具有足够的持续性、广泛性，以确保能够反映基础设施性能和容量的真实状况。

### 示例：数据中心性能与容量管理

数据中心根据当前系统运行的性能状况和业务需求定期进行容量规划，建议每 3 个月进行一次性能与容量规划，相关工作包括：

(1) 业务部门在业务上线、升级后，定期(如每 3 个月)向数据中心提出业务系统预计容量要求，例如并发用户数的规模、数据存储增长的趋势等。

(2) 数据中心每周提供业务系统运行的性能数据图表，以及支撑业务的主机系统、虚拟机系统、存储等的性能数据图表。

(3) 根据业务预测与历史运行趋势，数据中心每 3 个月进行一次运营优化，并根据优化后的资源缺口制订下一阶段的系统容量规划。

## 7.3.3　可用性管理

服务的可用性是保障数据中心运转的重要指标，可用性的实现依赖于监控平台与相应的事件、问题处理流程。

数据中心在日常运维中，基础监控平台应能实时监测数据中心从机房、网络到主机、虚拟机以及应用平台、数据库，包括业务应用的各类对象。监测结果可以帮助运维人员从不同的视角发现潜在的风险，从而保障整个数据中心基础环境的可用性。另一方面监测结果也应能够通过定制向有需求的业务系统开放，在故障发生时，业务系统可以根据监控情况在第一时间获取故障情况，从而及时启动相应的事件处理流程，有利于保障服务的可用性。

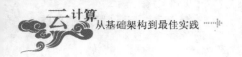

示例：服务可用性管理

可用性管理接口是由数据中心基础设施向业务系统开放的可用性监控界面，并且将故障处理流程中的一些环节也向业务系统开放。

业务部门提出对其业务系统的监控要求，涉及业务相关的指标到服务器的状态等运行信息。数据中心将一部分监控界面根据业务需求进行定制包装，并向业务部门特定人员开放。当业务系统出现故障时，相关人员根据事件告警级别启动相应的处置流程。

## 7.3.4　持续性管理

持续性管理是指根据现有数据中心存在的脆弱性，识别威胁数据中心持续服务的事件，并分析其发生的可能性和影响程度。

持续服务管理将创建并定期更新维护一个数据中心持续服务风险评估报告，详列存在的各种风险，分析风险后果的严重性、影响的范围、发生的几率，综合上述因素确定风险的性质和威胁程度。基于风险评估的结果，需要确定哪些风险是可接受的，哪些风险是可转移的，哪些风险须控制在什么程度，哪些风险必须消除，依次制订风险的控制措施和相应的应急处理方案。

持续性管理涉及制订服务持续性管理流程、岗位职责和相关的工作制度。服务持续性管理的制度应包括以下内容：

● 持续服务保障的策略。
● 持续服务的资源保障。
● 应急处理流程管理。

持续性计划的制订、维护、测试和培训都需要和业务部门进行及时沟通和合作。持续服务管理接口就是向业务部门开放的与持续服务相关的流程接口。建议周期设定为每 6 个月进行一次持续性计划。

业务部门提出业务应用的组织结构，包括内外部服务提供者以及他们的管理者和客户的角色、任务和职责，关键资源的识别、关键影响因素的说明、关键资源可用性的监控和报告以及备份和恢复原则。

数据中心根据业务部门持续服务的要求，提出技术解决方案并且落实到数据中心维护层面上的人员和系统建设。

## 7.3.5　服务水平管理

服务水平管理是向业务部门定义数据中心的量化服务质量，这是数据中心的服务承诺，应当由数据中心和其服务的客户方每年制定并且正式签署服务水平协议(SLA)。

业务部门应在业务上线、升级时或者周期性提出其托管在数据中心的业务系统的服务要求，包括业务系统的正常运行时间、需求响应时间、需求解决时间、故障响应时间、故障解决时间等要求。

对于服务水平协议，其考核指标包括：

● 业务系统正常运行时间。
● 客户登录系统正常运行时间。

- 数据中心对业务需求和流程变更的配合。
- 影响到业务的故障事件发生率。
- 所有业务系统中断的平均修复时间。
- 问题响应时间。
- 问题解决时间。
- 用户每月平均问题事件发生次数。

## 7.3.6　安全管理

为了保护数据中心的基础设施资产，需要建立针对基础设施的安全管理流程。这个流程包括建立和维护基础设施安全的角色、职责、政策、标准和程序。安全管理也包括执行安全监控、定期测试和安全事件处理。有效的安全管理通过保护基础设施资产以最小化安全漏洞和事件对业务的影响。

在操作层面，安全管理应根据现有基础设施存在的脆弱性，识别威胁基础设施安全的事件，并分析其发生的可能性和影响程度。安全管理将创建并定期更新维护一个基础设施安全风险评估报告，详列存在的各种风险，分析风险后果的严重性、影响的范围、发生的几率，综合上述因素确定风险的性质和威胁程度。基于风险评估的结果，需要确定哪些风险是可接受的，哪些风险是可转移的，哪些风险须控制在什么程度，哪些风险必须消除，依次制订风险的控制措施和相应的应急处理方案。

安全管理的主要控制目标如下。

- 安全规划：将风险与合规性需求转化为基础设施的总体安全计划，确保这个计划连同在服务、人员、软件和硬件等方面的投入一并应用到安全政策和程序中。
- 身份管理：确保基础设施管理员用户和他们在运维管理中的行为能够唯一确认。通过验证机制授予用户身份，通过最小访问权限控制确保用户访问系统和数据的权限与其管理维护业务需求相一致。确保用户访问权限是由用户管理员申请，由系统所有者批准，由安全责任人执行。将用户身份和访问权限集中存储和管理。
- 账户管理：制订管理员账户管理规程来处理请求、建立、发布、暂停、更改和关闭账户及其相关权限。定期检查所有的账户及其相关的权限。
- 安全测试与监控：主动测试和监控基础设施安全状况，通过日志和监控功能及早测试并报告需要定位的可疑的异常活动。
- 安全技术保护：使用基础设施控制管理平面的各种安全技术防护措施(如防火墙、网络隔离、违规行为抑制等)，控制各种基础设施设备的管理及操作权限。
- 敏感数据保护：采取信息安全措施保护基础设施配置信息等敏感数据的存储、传输、交换的安全。这些控制措施应该能提供数据机密性、完整性和不可抵赖性，以防止数据被泄密、篡改。

制订安全管理的流程、岗位职责和相关的工作制度。安全管理的工作制度应包括以下内容。

- 安全评估的制度化。
- 安全策略的制订和维护。
- 身份和权限管理。

- 安全审计的制度化。
- 安全事件监控和处理。

**示例：安全管理**

将业务部门的安全需求由正式的渠道提交给数据中心，而数据中心能将安全管理的状态和信息及时传达给业务部门。

业务部门提出业务应用的安全等级要求，包括各模块的安全等级信息，身份认证、数据传输、数据存储等各方面的综合要求。业务部门提出业务应用权限的要求，包括业务管理员账号和业务人员账户。业务部门提出敏感数据的范围和保护要求。

数据中心提供安全保障计划给业务部门，每个月提交安全事件报告，每 3 个月进行一次安全风险评估。

## 7.3.7　服务度量

服务度量管理是对用户使用的基础设施服务进行精细化的统计与分析，量化用户对服务的使用。服务度量是数据中心的一项基础管理内容，它综合了监测、性能与容量、计费等功能，能够实现对基础设施资源池提供精确的性能与容量监测，实现对资源使用量的统计，并按标准生成计费信息，为不同类别的用户、不同规模的业务定制各类统计报表。

服务度量是一套信息系统，它应具备如下功能。

- 对基础设施资源池进行性能与容量指标的自动化采集与分析，监测数据应能长期保存，提供细粒度的趋势分析图表。
- 基于标准日志格式，对基础设施软硬件平台和资源池进行统一的日志采集、存储和分析，并面向各级用户定制各类统计报表。
- 面向最终用户，按计费标准进行计费。
- 对用户交费历史进行管理，并能够对欠费情况及时汇总。
- 与 CMDB(配置管理信息库)进行交互，实现信息的同步存储。
- 与服务门户平台进行交互，按约定接口响应其请求，提供数据查询。

## 7.3.8　自服务管理

自服务管理是云计算服务交付的入口，用户通过自服务平台获得服务目录、申请服务项目、管理自己所属的服务。

自服务管理是一套技术平台，它将整合服务交付其他所有流程，为数据中心业务管理人员和服务对象提供统一的操作和管理入口。

自服务管理的主要功能如下。

(1) 提供统一的运维人员权限管理、用户权限管理、多租户权限管理。

(2) 面向基础设施运维管理人员，提供对 CMDB、运维服务流程、服务交付、自动化资源调度、服务度量等功能模块的操作和管理界面。

(3) 面向服务台一线运维人员，提供事件响应、服务请求受理、流程审批、资源池监测、报表制作等管理功能的操作界面。

(4) 面向多租户管理人员，提供租户资源的配置、业务发布、审批、计费、监测、控制、报表等管理功能的操作界面。

(5) 面向作为服务对象的最终用户，基于服务目录提供服务资源的申请、变更、控制、监测、付费、回收等功能的操作界面。

(6) 提供统一在线技术与客服支持平台。

# 7.4　云计算运维流程建设

为保障数据中心服务交付正常运作，需要一套成熟可行的运维管理流程做保障。这些运维管理流程包括事件管理、配置管理、变更管理、问题管理、知识库管理、团队管理等。

## 7.4.1　实施指导

为使运维服务管理的各项控制活动持续有效并不断得到改进，遵循一套基于流程管理的实施框架尤为重要。COBIT 和 ITIL 是目前 IT 运维服务管理方面公认的标准规范和最佳实践。COBIT 提出了 IT 治理的框架模型，明确了 IT 管控的目标，通俗地说，COBIT 告诉我们应该"做什么"；而 ITIL 描述了一套相关联的 IT 管理流程，它给出的流程管理方法被实践证明是有效的，因而 ITIL 指导我们应该"怎么做"。

尽管存在差异，但 COBIT 和 ITIL 却有着一致的指导原则。在实际应用中，应综合两个最佳实践制订运维服务管理的框架。可以参照 COBIT 制订全面的 IT 运维服务管理的控制目标和绩效指标，然后针对各个管理控制目标制订控制措施，对 ITIL 能够满足需求的控制流程，可以直接实施或参照 ITIL 最佳实践进行管理流程建设。

完整的 COBIT 管理流程分为以下 4 个领域。

- 计划与组织(PO)：该领域涵盖了战略和战术，致力于识别 IT 为实现业务目标做出最佳贡献的途径。实现战略愿景需要从不同的角度和层次去计划、沟通及管理，因此需要设立一个适当的组织结构及技术基础设施。
- 获取与实施(AI)：为实现 IT 战略，应确认、开发/采购、实施 IT 解决方案并将其整合到业务流程中。此外，该领域还涵盖了现有系统的变更与维护以确保持续满足业务目标。
- 交付与支持(DS)：这一领域主要关注所需服务的实际交付情况，包括服务交付、安全和持续性管理、用户服务支持、数据和基础设施管理等。
- 监控与评价(ME)：应定期评估所有 IT 流程的质量以及与控制要求的符合程度。该领域涉及绩效管理、内部控制的监督、合规和治理等内容。

涵盖上述 4 个领域，COBIT 提供了 34 个流程管理框架，如表 7-5 所示。

IT 运维服务管理的基本需求是全面了解自身的 IT 系统状况，决定应采取的管理和控制水平。为了确定正确的水平，需要衡量组织当前处于什么位置，哪里需要改进，用什么管理工具来监督改进等。参照 COBIT 框架，可以采用成熟度模型实施基准管理，以识别所具备的能力和所需的能力改进。

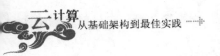

表 7-5　流程框架

| 领　域 | 管理流程 |
|---|---|
| 计划与组织(PO) | PO1 定义 IT 战略规划<br>PO2 定义信息架构<br>PO3 确定技术方向<br>PO4 定义 IT 流程、组织和关系<br>PO5 IT 投资管理<br>PO6 沟通管理目标和方向<br>PO7 IT 人力资源管理<br>PO8 质量管理<br>PO9 IT 风险评估及管理<br>PO10 项目管理 |
| 获取与实施(AI) | AI1 识别自动化解决方案<br>AI2 应用系统开发及维护<br>AI3 技术基础设施的获取和维护<br>AI4 运维知识保障<br>AI5 IT 资源获取<br>AI6 变更管理<br>AI7 系统测试与发布 |
| 交付与支持(DS) | DS1 服务水平的定义和管理<br>DS2 第三方服务管理<br>DS3 性能和容量管理<br>DS4 确保持续服务<br>DS5 确保系统安全<br>DS6 成本确认和分摊<br>DS7 教育和培训用户<br>DS8 服务台和事件管理<br>DS9 配置管理<br>DS10 问题管理<br>DS11 数据管理<br>DS12 物理环境管理<br>DS13 运营管理 |
| 监控与评价(ME) | ME1 监控与评价 IT 绩效<br>ME2 监控与评价内部控制<br>ME3 确保遵循外部要求<br>ME4 提供 IT 治理 |

　　COBIT 流程管理成熟度模型借鉴了软件工程协会(SEI)对软件开发能力成熟度的定义

方式，将成熟度水平划分为从无级别(0)到优化级(5)共 6 个等级。虽然采纳了 SEI 方法的基本概念，但实施中有相当大的差别。COBIT 不但给出了成熟度范围的一般性定义，并从一般定义出发为 34 个 COBIT 流程分别制订了具体模型。通过为每一个 IT 流程设计的成熟度模型，可以找出组织对每个 IT 流程的管理和控制能力的实际水平、期望改进的目标和所需的成长路径。

成熟度范围的一般性定义如下。

0——无级别：完全没有可识别的流程，组织还未意识到需要解决的问题。

1——初始级：组织已意识到问题存在并需要加以解决，但没有标准的工作流程，仍然基于个人与一事一办原则采用临时解决办法；管理缺乏统筹规划。

2——可重复级：已建立工作流程使不同人员在执行相同任务时能够采用类似的操作程序，但未对这些流程组织正式的培训和贯彻，其职责仍停留在个人阶段；实际工作对个人知识与能力存在很强的依赖性，错误时有发生。

3——已定义级：已建立标准化的书面程序，并通过正式的培训加以贯彻；虽已明确要求工作中必须遵循这些流程，但偏离流程的现象仍有发生；程序本身还不尽完善，只是现有工作惯例的正式化。

4——可管理级：管理层监督和衡量对程序的遵循性，并在流程失效时采取必要的纠正措施；工作流程已处于持续改进中并能作为最佳实践；自动化和工具在有限范围内分散使用。

5——优化级：基于持续改进的结果及外部组织的成熟度模型，工作流程已被优化为最佳实践。IT 作为一个整体以使工作流程自动化、提供改进工作质量和效率的工具，使组织快速适应。

## 7.4.2　实施路径

根据数据中心的实际情况，参照成熟度级别，制订实施的目标，确定实施的具体路径。

### 1. 需要实施的主要流程与目标

下面给出各项流程的内容与实施目标。

(1) 配置管理：需要建立和维护一个准确和全面的配置库，确保硬件和软件配置信息的完整性。这个流程包括收集初始配置信息、建立基线、验证和审计配置信息，并在需要的时候更新配置库。有效的配置管理能促进更高的系统可用性、生产问题最小化和更快地解决问题。

(2) 变更管理：所有变更(包括紧急维护和补丁，以及与生产环境相关的基础设施和应用系统的变更)均以正式的、可控制的方式进行管理。变更实施前(包括对程序、流程、系统和服务参数变更)均已被记录、评估和授权；变更实施后，按既定的计划审核变更的结果，以确保变更对生产环境的稳定性及完整性造成负面影响的风险降至最低。

(3) 服务台和事件管理：为及时有效地响应用户的查询和问题，需要一个精心设计和有效执行的服务台和紧急事件管理流程。这个流程包括设定服务台的功能，用来登记、处理事件升级、进行趋势和根本原因分析，以及提供解决方案。通过快速响应用户的查询可以提高生产率，通过有效的报告可以准确诊断问题的根本原因。

(4) 问题管理：有效的问题管理需要识别和分类问题，分析问题的根本原因并解决问题。问题管理流程也包括改进建议的制订、问题记录的维护。一个有效的问题管理流程能最大化系统的可用性，改进服务水平。

(5) 服务水平定义和管理：通过基础设施服务及服务水平的书面定义，基础设施管理者和业务客户之间能够就需要的服务进行有效沟通。该流程还包括监控服务水平的完成情况并及时向利益相关方报告，使基础设施服务和相关的业务需求保持一致。

(6) 性能和容量管理：管理基础设施资源的性能和容量必须有一个定期检查当前 IT 资源的性能和容量的流程。该流程基于工作负载、预留需求和例外需求来预测未来需求。该流程为支持业务需求的信息资源持续可用提供保证。

(7) 确保持续服务：为了提供持续性的基础设施服务，需要开发、维护和测试基础设施持续性计划，利用异地备份存储，提供定期的持续性计划的培训和演练。一个有效的持续性服务流程可以最大限度地减少基础设施服务中断的可能性和对关键业务功能的影响。

(8) 安全管理：为了维护信息的完整性和保护基础设施资产，需要一个安全管理流程。这个流程包括建立和维护基础设施安全的角色、职责、政策、标准和程序。安全管理也包括执行安全监控、定期测试和对识别的安全弱点和事件进行纠正。有效的安全管理通过保护所有的基础设施资产来最小化安全漏洞和事件对业务的影响。

(9) 运维知识保障：使有关新系统的知识具备可用性。流程应能够为基础设施运维人员编制相关文件和手册，并提供培训，以确保相关基础设施的正确使用和操作。

(10) 第三方服务管理：为了保证由第三方提供的服务满足业务需求，需要一个有效的第三方管理流程。这个流程既通过在第三方协议中清晰地定义角色、责任和期望来完成，又通过审阅和监控协议的有效性和遵循性来完成。有效的第三方服务管理能使不履约供应商相关的业务风险降到最低。

(11) 人力资源管理：获得、保持并激发员工的能力，为运维服务的交付和服务质量提供保证。为实现上述目标，应拟订并遵循一系列的管理程序，包括招聘、培训、绩效评估、晋升和终止等程序。这一流程很重要，因为人力资源是重要的资产。

### 2. 实施路径

运维服务体系建设是一个漫长的过程，要结合现实能力，并根据任务的轻重缓急，确定实施路径。

通常需要分阶段实施，这里给出一个实施路径参考，效果如图 7-7 所示。

第一阶段主要实施日常运维支持所需的管理流程。配置管理、变更管理、服务台和事件管理、问题管理。通过配置管理和变更管理流程建设，可以形成科学合理的岗位设置和流程设计，建立完整可控的配置信息库，这些都是基础设施运维最重要的内部基础和保障。

第二阶段主要实施服务交付相关的管理流程。服务水平管理、性能和容量管理、安全管理、持续服务管理以及监控平台的搭建。通过服务水平管理建设，可以建立与服务对象有效的沟通机制，及时发布基础设施服务交付内容和级别，准确把握服务对象对基础设施资源的实际需求。通过性能容量管理建设，可以持续采集、统计、分析基础设施的运行状况，及时准确地掌握基础设施资源的实际使用。这一阶段侧重于基础设施的外部交付机制。

第三阶段主要实施运维知识保障、第三方服务管理和人力资源管理。在前面两个阶段建设的基础上，为信息化基础设施运维服务提供保障机制，包括人员能力保障、内部队伍保障、外部支持保障等。

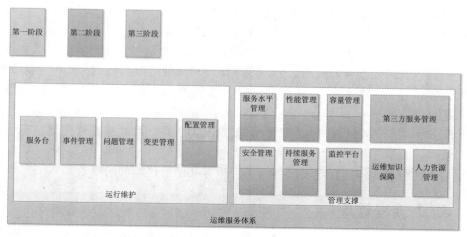

**图 7-7 分阶段实施路径**

## 7.4.3 配置流程管理

配置管理通过建立和维护一个准确和全面的配置信息库，确保信息基础设施组件配置信息的完整性。配置管理流程包括收集初始配置信息、建立配置基线、验证和审计配置信息，并在需要的时候更新配置信息库。

配置管理的主要控制目标如下。

- 配置信息库和基线：建立一个支持工具和中心配置信息库，以便包含配置项中的所有相关信息。监控和记录所有的资产和资产的变更。为每一个系统和服务保留一个配置项基线作为变动后返回的检查点。
- 配置项的标识和维护：建立配置程序以支持对配置库的所有变更进行管理和记录。将这些程序与变更管理、事件管理和问题管理程序集成。
- 配置的完整性检查：定期检查配置数据以便检验和确认当前和历史配置的完整性。报告并纠正配置信息库中的错误和偏差。

制订配置管理的流程、岗位职责和相关的工作制度。配置管理的工作主要包括以下内容。

- 配置信息的识别和定义。
- 原始配置信息的收集和更新。
- 配置信息库的完整性维护。
- 配置信息的有效性审查。

建立完整的配置信息库，识别各种配置信息项目，定义配置信息项的属性及配置信息项之间的关系，同时定义配置信息库的结构。配置信息库中的配置项由工程师根据基础设施的实际情况和运维服务水平的实际要求进行识别和分类，并定义各配置项的具体属性集。

不同配置项之间的关系也需要进行识别，主要包含以下几种情况。

- 组成：A 是 B 的组成部分，如集群与成员。

- 相关：A 与 B 相关，如服务与防火墙策略相关。
- 相连：A 与 B 连接，如服务器与网络交换机连接。
- 使用：A 使用 B，如服务器使用存储阵列。

设计维护配置信息库的工具，主要涉及以下几个方面。

- 信息存储工具：根据现有的实际情况，可选择分散独立文件存储、数据库集中存储等方式，或多种方式的组合，或分阶段将文件过渡到数据库集中存储管理。
- 配置信息的完整性维护：通过角色、访问控制、审计等手段保证配置信息的完整性。
- 配置信息基线管理：保存配置项配置信息的多个版本，进行配置信息回退路径管理。
- 与事件管理、问题管理、服务级别管理等其他管理流程的整合。

## 7.4.4 变更流程管理

变更管理力求以正式的、可控制的方式进行基础设施配置的变更。变更实施前需进行记录、评估和授权，变更实施后需对变更结果进行审核，以确保将变更对生产环境的稳定性及完整性造成的负面影响降至最低。

变更管理的主要控制目标如下。

- 变更标准和流程：建立正式的变更管理流程，以标准化的方式处理所有的变更请求。
- 影响评估、优先级和授权：以结构化的方式评估所有的变更请求，确定变更对基础设施及其功能的影响。确保对变更进行分类、优先级划分和实施授权。
- 紧急变更：建立一个非常规的变更流程，用于处理紧急变更的提出、测试、记录、评估和授权。
- 变更状态跟踪和报告：建立一个跟踪和报告系统以记录未获批准的变更和已获批准的变更，并保持已获批准和正在执行中的变更的最新信息。确保获准的变更按计划执行。
- 变更的结束和文档：一旦变更实施，确保相关配置信息得到更新。

制订变更管理的流程、岗位职责和相关的工作制度。配置管理的工作主要包括以下内容。

- 变更请求的提交。
- 变更的影响度和优先级评估。
- 变更的审批和授权。
- 变更结果的检查。
- 配置信息更新与发布。
- 紧急变更处理。

## 7.4.5 服务台与事件流程管理

服务台用来登记、处理影响服务质量的事件，通过对事件原因的分析，及时提供解决方案，以保证基础设施服务质量保持在可接受的水平。服务台和事件管理的主要控制目标如下。

- 服务台：建立服务台功能，用来登记、沟通、调度和分析所有报告的事件和服务请求。
- 事件状态管理：具有事件监控和事件升级程序，对事件报告和服务请求进行分类并排定优先级，通过服务台可以随时查看和通告事件的处理状态，并从最终用户反馈满意度信息。
- 事件升级：建立服务台程序，使不能立即解决的事件按照一定的程序逐步升级，并提供临时解决方法。
- 事件关闭：对于已解决的事件，确保服务台记录了问题解决的步骤，记录和报告未解决的事件(已知错误和临时解决方法)，为问题管理提供信息。
- 报告和趋势分析：生成服务台的运行报告，评价服务绩效、服务响应时间，识别事件趋势或重复发生的问题，使服务得到持续的改进。

服务台的目的主要是及时受理对服务质量产生影响的事件，跟踪事件的处理过程。服务台接收事件报告主要有两个途径：来自用户的事件报告、网络管理监测平台的事件报警。因此，服务台应具备呼叫中心和监控中心的功能。

服务台的呼叫中心功能应确保用户服务的可达性，用户的事件报告、服务支持请求等应可随时通过电话、即时通信等方式送达服务台，并得到及时响应。以电话呼叫为例，应设置集中式的电话呼叫号码，对于某些特殊的支持项目，也可考虑设置职能分离的呼叫号码。

服务台的监控中心功能需要根据基础设施结构和提供服务的实际情况系统化地定义各种事件，如网络系统可定义目标网络不可达、网络设备端口状态变化、网络带宽利用率超高，广播数据包告警等事件；数据库系统可定义数据库服务不可达、网络连接数告警、表空间剩余空间告警、数据库备份失败、数据库查询响应时间告警等事件。对于事件，应根据其影响范围、紧急程度确定事件处理的优先级。

服务台监控中心功能的实现一般需要自动化的网络管理监控平台，侧重于对基础设施平台运行状态信息的采集、异常情况的告警。

事件管理的工作主要包括以下内容。

- 事件的登记与受理。
- 事件的分类与定级。
- 事件的升级程序。
- 事件的状态跟踪。
- 处理结果记录。
- 变更提交情况。

## 7.4.6 问题流程管理

问题管理对基础设施存在的已知错误或问题进行识别和分类，通过分析问题根本原因提出问题解决方案。问题管理的主要控制目标如下。

- 问题的识别和分类：问题分类的步骤和事件分类的步骤类似，即确定问题的种类、

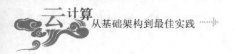

影响、紧急程度和优先级。

- 问题的解决与跟踪：查找根本原因，识别和启动可以接受的解决方案，通过已建立的变更管理流程提出变更请求，提交新产品或服务的采购需求。对尚未解决的问题和事件，应该监控问题对服务质量的持续影响。
- 问题的关闭：在证实成功排除已知错误后，采用适当的程序来关闭问题记录。
- 配置、事件和问题管理的集成：集成配置、事件和问题管理相关的流程以确保问题的有效管理。

问题管理的工作制度主要包括以下内容。

- 问题的分类和定级。
- 已知问题的解决。
- 问题清单维护。
- 变更提交情况。

## 7.4.7 团队管理

保障数据中心正常运转，运维团队是关键。一支高水平的运营维护队伍，应在专业结构和人员层次上满足实际运维管理的要求。

在专业结构方面，需要强化对核心运维人员的专业培训，并通过实际工作的锻炼逐步增强专业能力。根据基础设施的实际配置和未来发展预期，以及保持运维服务水平对运维队伍专业结构和知识更新的要求，制订和实施核心运维队伍的培养计划。

在做好核心运维队伍建设的同时，也需要逐步建立和完善一线服务支持和三线服务支持，形成完善的三线运维服务人员保障。

一线运维服务人员主要以服务台为主，负责受理服务对象业务申请、事件报告，实时监控基础设施的运行状态，及时处理报警信息。一线运维服务人员只具有有限的基础设施管理、配置权限，更多更复杂的管理和配置任务将通过事件升级转至核心运维人员(二线运维服务人员)处理。

三线运维服务人员主要以研发人员和第三方服务为主。第三方服务供应商向核心运维服务人员提供具体产品或专门技术的深度支持，其服务质量应满足合同条款的规定。第三方服务除了产品采购中供应商提供的技术支持和维保服务外，还应包括专业 IT 服务的采购。

# 7.5  小    结

本章介绍了传统 IT 模式下的云计算基础架构，涉及数据中心基础设施的资源规划与置备、云计算服务交付、云计算运维流程建设等主要内容。

通过本章的学习，读者应能够从全局把握并理解数据中心基础架构，在实施本单位云数据中心时能从资源、服务、流程、标准化等方面制订可行的技术路线与行动步骤。

# 第 8 章

## 云计算存储架构

【内容提要】

本章介绍云计算中的存储架构，内容涉及存储架构、共享存储、存储网络模型、磁盘阵列原理、共享文件系统等，为方便读者理解，本章安排了几个相关案例。

通过本章的学习，读者应能够深入了解云存储对云计算的重要意义，并能够具备架构一定规模云计算存储的能力。

### 本章要点

- 共享存储模型
- 磁盘阵列原理
- 存储网络
- 共享存储架构
- 共享文件系统

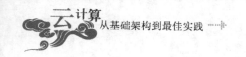

# 8.1　共享存储模型

主机本地存储被称为直连式存储(Direct Attached Storage，DAS)，顾名思义，这时存储设备通过电缆(通常是 SCSI 接口电缆)直接连到服务器。在这种连接方式下，主机单独占有各自的存储设备，不与其他主机共享。直连存储如图 8-1 所示。

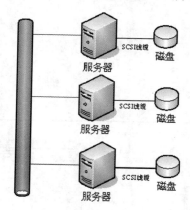

图 8-1　直连式存储 DAS

如何使存储能够在服务器间共享？一般来说，共享存储体系结构主要可以分为 SAN(Storage Area Network，存储区域网络)和 NAS (Network Attached Storage，网络附加存储)两大类。SAN 和 NAS 的共同特征都是将主机与存储解耦，使存储可以在多个主机间共享，这本身也是一种虚拟化技术。SAN 的结构如图 8-2 所示，主机和存储设备在一个对等的存储网络中互联，完全打破了主机和存储的绑定关系，对主机而言，SAN 网络中的存储目标盘看起来仍然是一个基于块的磁盘设备，与 DAS 没有本质区别。存储网络多采用 FC (光纤通道)网络，也可以采用基于 IP 的网络 iSCSI 技术。

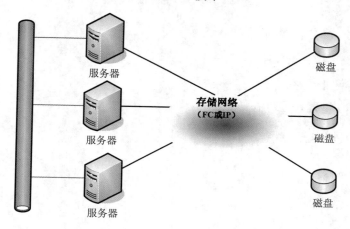

图 8-2　存储区域网 SAN

NAS 的结构如图 8-3 所示，存储网络采用 IP 网络，数据存储的共享基于文件。NAS 本质上是一台 NFS 或 CIFS 文件共享服务器。对于主机而言，NAS 提供的不是一个磁盘块设备，而是一个远端网络文件系统。

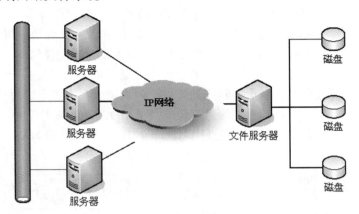

图 8-3　网络附加存储 NAS

网络存储工业协会(Storage Networking Industry Association，SNIA)作为全球存储行业的权威机构，其拟定的共享存储模型在业界广受认同，被称为 SNIA 共享存储模型。此模型有助于更深入、更系统地理解共享存储概念。SNIA 的共享存储模型如图 8-4 所示。

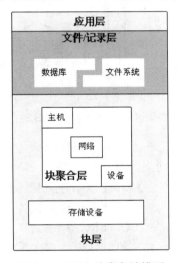

图 8-4　SNIA 共享存储模型

处于顶端的应用层代表的是使用共享存储的应用系统，不属于存储系统的构件，在模型中没有具体的定义。

文件/记录层是存储系统对应用层的服务接口，包括文件系统和数据库。在此处我们略去数据库，只讨论文件系统。文件系统的逻辑单元是文件，文件系统将文件映射到下层的数据块。在文件系统看来，磁盘存储设备就是由数据块组成的，数据块是存储设备的存储单位。

块层的基础是物理存储设备，数据以最小存储元素块为单位保存在存储介质上。

在块层还存在一个块聚合层子集，其含义是将物理块聚合为逻辑块，再将逻辑块组成

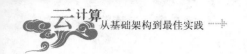

连续的逻辑存储空间,这个逻辑空间就是文件系统看到的存储块设备。对于 SCSI 存储总线,以逻辑单元号 LUN 标记。块聚合层还有其他一些功能,如 RAID 条块化,把多个磁盘的块聚合,通过并行读写和磁盘冗余提高存储系统的 I/O 吞吐率和可用性。

在主机通过存储网络连接磁盘存储阵列设备的场景下,块聚合功能可以分别由主机、存储网络和(或)磁盘存储阵列设备实现。如 LUN 可以主要由磁盘存储阵列提供给主机。在另一种方案中也可以由存储网络提供,使用一台称为虚拟化存储网关的专用存储网络设备。再如 RAID 功能,一般也是由磁盘存储阵列提供,但也可以在主机上通过软件实现 RAID,或在磁盘存储阵列 RAID 的基础上实施第二级软件 RAID,提供双层保险。

如图 8-5 所示,我们在共享存储模型中对比一下 DAS、SAN 和 NAS。

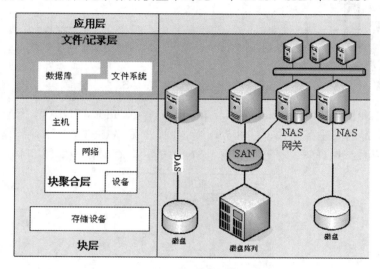

图 8-5　DAS、SAN 和 NAS 的比较

在 DAS 方式下,主要由主机通过软件、RAID 卡等硬件设施协同承担块聚合的功能,文件系统由主机实现,在各个层面上没有共享机制。

在 SAN 方式下,主机、存储网络和磁盘阵列控制器协同承担块聚合功能,主机承担文件系统功能,共享机制主要体现为存储网络上的逻辑设备,以数据块作为逻辑单元。

在普通 NAS 方式下,其内部与 DAS 类似,存储共享方式为网络文件系统,通过 IP 网络实现以文件为单位的数据访问,共享机制体现在文件系统层。另有一种 NAS 网关的共享存储架构,NAS 网关只提供文件共享机制,不需要本地存储介质参与,而通过 SAN 存储网络共享磁盘阵列的存储空间,因此也称作 NAS 头,其前端提供文件共享,后端使用块设备共享。

# 8.2　磁盘存储阵列

## 8.2.1　磁盘存储介质

无论是 DAS、SAN 还是 NAS 存储构架,其存储系统的底层都是存储介质,我们以一个磁盘存储阵列为标本，观察其内部存储介质的构成。

图 8-6 是一个磁盘阵列设备的物理视图。其中控制框安装有磁盘阵列的控制器，用以执行存储块聚合层的各种功能及设备的其他控制功能；磁盘框只用来容接扩展的磁盘介质。磁盘阵列设备在存储介质方面有如下特点。

● 磁盘阵列一般都可以使用磁盘扩展框按需置备或扩展磁盘数量，对于中高端的磁盘阵列可以容纳的磁盘数量超过 1000 块，存储容量可以达到几百 TB，甚至达到 PB 级别。

● 磁盘阵列可以同时容纳多种磁盘介质，从设备的物理视图上我们可以看到磁盘阵列至少已经包含两种类型的磁盘：FC 磁盘和 SATA 磁盘。

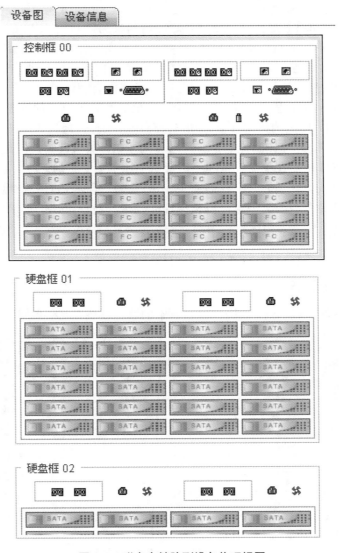

图 8-6　磁盘存储阵列设备物理视图

FC 磁盘即光纤通道磁盘，以光纤通道仲裁环(FC-AL)技术作为硬盘连接接口，能够显

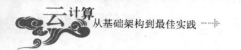

著提高 I/O 吞吐量，是一种高性能磁盘，在高端存储设备上普遍使用。FC-AL 接口的峰值速率可以达到 1Gbps、2Gbps、4Gbps。由于 FC-loop 可以连接 127 个设备，基于 FC 硬盘的存储设备可以很容易地连接 1000 块以上的磁盘，提供大容量的存储空间。

SATA 磁盘即串行总线接口(Serial ATA)磁盘。它采用串行传送的数据序列，虽然每个时钟频率仅传输 1b，但串行总线极高的传输速度仍可以使传输速率保持在 1.5Gbps，SATA-2可以达到 3Gbps。在性能上，SATA 磁盘略逊于 FC 磁盘，但 SATA 磁盘能够具有更大的存储容量，其单盘容量可以是 FC 磁盘容量的两倍以上，属于高性价比磁盘。

除了上面看到的磁盘类型，磁盘存储介质又有了新的发展趋势。一是 SAS 磁盘正逐步代替 FC 磁盘，成为高性能磁盘的主流；二是新型高性能 SSD 硬盘的出现带来存储性能的飞跃。

SAS(Serial Attached SCSI，串行连接 SCSI)磁盘被为新一代 SCSI 磁盘。目前，SAS 磁盘在单盘性能和容量上与 FC 磁盘基本相同，而 SAS 架构上的优势，使其在配制大量磁盘时具有整体性能优势。由于采用了串行传输接口技术，能够更好地兼容 SATA 接口。特别是磁盘接口端 SAS 技术结合主机接口端 iSCSI 技术，大有超过 FC 光纤存储的趋势。

SSD(Solid State Disk)固态硬盘用固态电子存储芯片阵列制成的硬盘，内部没有普通磁盘的机械装置。SSD 硬盘的接口规范、功能及使用方法与普通硬盘相同，其性能远高于普通磁盘。一般情况下，连续读写性能是普通磁盘的 4 倍，随机读写性能更是普通磁盘的 140倍以上。目前，SSD 硬盘在单盘容量和使用寿命上还落后于普通磁盘，价格还比较昂贵。

磁盘阵列可以认为就是为共享存储而生，可以大规模地聚合磁盘存储介质，集中提供大容量的存储。存储介质的类型也可以根据性能要求和对性价比的追求分级架构并动态扩充。如果以存储介质性能为指标，从高到低依次为 SSD、SAS 或 FC、SATA，而性价比指标正好与此相反。

## 8.2.2　RAID 磁盘组

我们仍以磁盘阵列做示例，前面已经看到它的物理视图，现在我们用图 8-7 展示它的逻辑视图。

| RAID组名称 ▲ | RAID ID | RAID组级别 | 磁盘类型 | 总容量/GB | 剩余容量/GB | 健康状态 | 运行状态 | 磁盘个数 |
|---|---|---|---|---|---|---|---|---|
| FC_GRP_1 | 10 | RAID 5 | FC | 2 030.93 | 30.93 | ✔正常 | 在线 | 6 |
| FC_GRP_2 | 11 | RAID 5 | FC | 3 353.48 | 5.48 | ✔正常 | 在线 | 9 |
| FC_GRP_3 | 12 | RAID 5 | FC | 2 934.30 | 6.30 | ✔正常 | 在线 | 8 |
| RAID001 | 0 | RAID 5 | SATA | 7 452.10 | 5.10 | ✔正常 | 在线 | 9 |
| RAID002 | 1 | RAID 5 | SATA | 7 452.10 | 8.10 | ✔正常 | 在线 | 9 |
| RAID003 | 2 | RAID 5 | SATA | 7 452.10 | 8.10 | ✔正常 | 在线 | 9 |
| RAID004 | 3 | RAID 5 | SATA | 7 452.10 | 8.10 | ✔正常 | 在线 | 9 |
| RAID005 | 4 | RAID 5 | SATA | 7 452.10 | 8.10 | ✔正常 | 在线 | 9 |
| RAID006 | 6 | RAID 5 | SATA | 7 452.10 | 8.10 | ✔正常 | 在线 | 9 |
| RAID007 | 5 | RAID 5 | SATA | 7 452.10 | 8.10 | ✔正常 | 在线 | 9 |
| RAID008 | 7 | RAID 5 | SATA | 7 452.10 | 8.10 | ✔正常 | 在线 | 9 |
| RAID009 | 8 | RAID 5 | SATA | 7 452.10 | 8.10 | ✔正常 | 在线 | 9 |
| RAID010 | 9 | RAID 5 | SATA | 7 452.10 | 8.10 | ✔正常 | 在线 | 9 |

图 8-7　磁盘阵列设备的逻辑视图

从这里可以知道，一个磁盘阵列逻辑上是由 RAID 组构成的，多个物理磁盘的存储资源组成一个大的逻辑存储资源。

RAID(Redundant Arrays of Inexpensive Disks，RAID)的字面含义是"价格便宜磁盘的冗余阵列"。其原理是将磁盘组成阵列数组，将数据以某种方式排列后分散存储在这一组磁盘阵列中。通过数据的分散排列可以使数据读写在多个磁盘上并行，提供总体性能；在有磁盘故障时，通过磁盘间同位检查(Parity Check)的方法重构数据，维持数据的可用性。RAID存在一组标准规范。

RAID 0：将数据分割成小的单元，在磁盘组中并行读写，提供更高的数据传输率，但不提供数据冗余，一个磁盘失效将导致整个磁盘组失效，磁盘组越大，可用性、可靠性越低。

RAID 1：磁盘成对进行数据镜像，具有数据冗余互备的功能，提供了高数据安全性和可用性。数据读取可以从成对的两个磁盘并行，提高了数据读性能。RAID 1 冗余算法简单，而数据冗余成本最高。

RAID 10：在实际环境中，直接使用 RAID 1 的已经越来越少，RAID 0 也只是在极为特殊的场景中使用。而将 RAID 0 和 RAID 1 标准结合的 RAID 10 常用于"双高"的应用场景，高可用性和高性能并举。在两个对等的 RAID 0 子磁盘组之间进行 RAID 1 镜像，也是最耗资源的一种方式，其原理如图 8-8 所示。

RAID 2：将数据条块化地分布于不同的硬盘上，并使用称为"海明码"的编码技术恢复数据。RAID 2 在技术上实现起来比较复杂，很少在商用产品中使用。

RAID 3：与 RAID 2 类似，只是数据恢复采用奇偶校验，算法简单，奇偶校验信息存储在单一的磁盘上。显然，奇偶校验信息盘将成为写操作的瓶颈。由于过于简单，因此很少在商用产品中使用。

RAID 4：同 RAID 3 原理一样，只是数据块的单位不同。同样原因，RAID 4 很少在商用产品中使用。

RAID 5：采用奇偶效验的数据恢复算法，但奇偶校验信息分布在磁盘组上，而不是单独的奇偶校验信息盘。RAID 允许磁盘组中一个磁盘失效，出现此种情况，磁盘组的可用性被降级，不允许再有第二个磁盘失效，直到失效的磁盘被更换并完成重构。RAID 5 最适合随机读写的小数据块，最大的问题是"写损失"，每一次写操作要产生两次读旧的数据及奇偶信息、两次写新的数据及奇偶信息。RAID 是最常用、最通用的一种 RAID 算法，它的使用最为广泛，如图 8-9 所示。

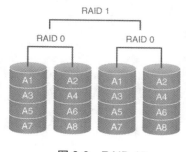

图 8-8　RAID 10

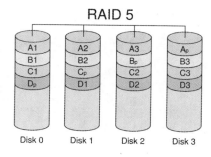

图 8-9　RAID 5

RAID 6：在 RAID 5 的基础上，RAID 6 增加了第二个独立的奇偶校验信息块。两个独

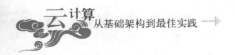

立的奇偶系统使用不同的算法，数据的可靠性非常高，允许两块磁盘同时失效。可以想到，RAID 6 的"写损失"比 RAID 5 更大，写操作的性能比较差，只用在比较特殊的场合。

可以根据磁盘阵列的磁盘规格实际配置和应用需求，创建 RAID 磁盘组，显然，同一个 RAID 磁盘组中磁盘的规格应该是一样的，一个磁盘只能属于一个 RAID 磁盘组。RAID 组一经建立，就不能修改，增减成员、改变 RAID 级别都只能将 RAID 组撤销重建。图 8-10 和图 8-11 给出了其中两个 RAID 组的配置样例。其中一个是具有较高性能的 FC 磁盘 RAID 5，另一个是性能相对较低的 SATA 盘 RAID 5。

设备图　设备信息

状态

健康状态: ✔正常　　　运行状态: 🖳在线

属性

| 名称. | FC_GRP_1 | RAID组级别. | RAID 5 |
| 总容量/GB. | 2,030.93 | 剩余容量/GB. | 30.93 |
| 磁盘个数. | 6 | 磁盘类型. | FC |

磁盘

| 位置 ▲ | 物理类型 | 型号 | 容量/GB | 健康状态 | 运行状态 | 转速(转/分钟) | 序列号 | Firmware |
|---|---|---|---|---|---|---|---|---|
| (00,00) | FC | HUS... | 406 | ✔正常 | 🖳在线 | 15000 | JMWJ... | F570 |
| (00,01) | FC | HUS... | 406 | ✔正常 | 🖳在线 | 15000 | JMWG... | F570 |
| (00,02) | FC | HUS... | 406 | ✔正常 | 🖳在线 | 15000 | JMWH... | F570 |
| (00,03) | FC | HUS... | 406 | ✔正常 | 🖳在线 | 15000 | JMWH... | F570 |
| (00,04) | FC | HUS... | 419 | ✔正常 | 🖳在线 | 15000 | JMWG... | F570 |
| (00,05) | FC | HUS... | 419 | ✔正常 | 🖳在线 | 15000 | JMWE... | F570 |

图 8-10　RAID 组中的磁盘(FC)

设备图　设备信息

状态

健康状态: ✔正常　　　运行状态: 🖳在线

属性

| 名称. | RAID001 | RAID组级别. | RAID 5 |
| 总容量/GB: | 7452.10 | 剩余容量/GB. | 5.10 |
| 磁盘个数. | 9 | 磁盘类型. | SATA |

磁盘

| 位置 ▲ | 物理类型 | 型号 | 容量/GB | 健康状态 | 运行状态 | 转速(转/分钟) | 序列号 | Firmware |
|---|---|---|---|---|---|---|---|---|
| (01,... | SATA | WD1... | 931 | ✔正常 | 🖳在线 | -- | WD-W... | 03.00C06 |
| (01,... | SATA | WD1... | 931 | ✔正常 | 🖳在线 | -- | WD-W... | 03.00C06 |
| (01,... | SATA | WD1... | 931 | ✔正常 | 🖳在线 | -- | WD-W... | 03.00C06 |
| (01,... | SATA | WD1... | 931 | ✔正常 | 🖳在线 | -- | WD-W... | 03.00C06 |
| (01,... | SATA | WD1... | 931 | ✔正常 | 🖳在线 | -- | WD-W... | 03.00C06 |
| (01,... | SATA | WD1... | 931 | ✔正常 | 🖳在线 | -- | WD-W... | 03.00C06 |
| (01,... | SATA | WD1... | 931 | ✔正常 | 🖳在线 | -- | WD-W... | 03.00C06 |
| (01,... | SATA | WD1... | 931 | ✔正常 | 🖳在线 | -- | WD-W... | 03.00C06 |
| (01,... | SATA | WD1... | 931 | ✔正常 | 🖳在线 | -- | WD-W... | 03.00C06 |

图 8-11　RAID 磁盘组(SATA)

磁盘阵列上的存储资源会根据磁盘介质的规格，创建不同 RAID 级别的 RAID 组，将存储资源分级。运用磁盘介质规格和 RAID 级别的组合可以按存储性能分级。对于不同应用的存储性能需求，可以有针对性地建立与之相对应的存储级别，图 8-12 所示给出了一个存储分级的实例。

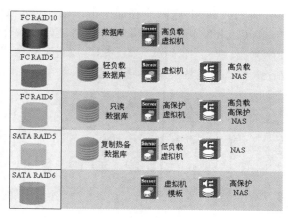

图 8-12　存储分级

　　最后，还要了解一个与性能有关的重要组件——缓存。缓存在磁盘阵列设备内部的位置如图 8-13 所示，处于前端连接主机的接口与后端连接磁盘的接口中间，经前端接口的数据访问都发生在缓存中，缓存按照一定的策略算法与后端磁盘交换数据或按需从磁盘读入缓存，或按策略将数据持久化地写入磁盘。相对于磁盘，缓存有非常高的读写性能，主机读写操作的数据在缓存中的命中率越高，性能提升的效果就越好。显然，缓存容量越大越有利于提高缓存命中率。存储设备中的缓存还需要具备断电保护功能，这一点与计算机中的缓存不同，在设备突然断电时，必须保证缓存中的数据被写入可持久存储的介质上，防止缓存数据丢失。

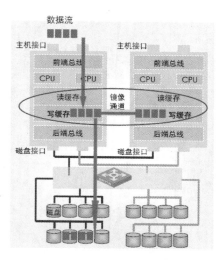

图 8-13　存储阵列缓存

### 8.2.3　存储逻辑单元

从主机的角度，经共享存储可以使用的　"磁盘"不是存储设备上的磁盘 RAID 组，更不是存储设备上的物理磁盘，而是逻辑磁盘设备，在 SCSI 存储访问协议环境(存储源设备和目标设备之间的数据访问协议 SCSI 在共享存储中占统治地位)，这个逻辑设备用一个具有唯一性的数码 LUN(Logical Unit Number，逻辑单元号)标记，LUN 的原始意义只是一个整数，但习惯上一个 LUN 用来指代与之唯一对应的逻辑存储设备。如图 8-14 所示，在磁盘阵列设备上，LUN 是建立在 RAID 组上的逻辑存储单元。

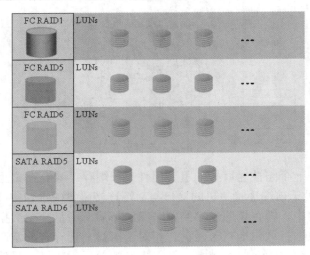

图 8-14　LUN 置备

存储设备以 LUN 为单位向主机等网络存储发起方提供存储目标"磁盘"。LUN 的存储性能和冗余保护级别由其所在的 RAID 组决定。

图 8-15 显示了一个 RAID 组上建立的 LUN。

**状态**

| 健康状态: | ❤ 正常 | 运行状态: | 🟢 在线 |

**属性**

| RAID组级别. | RAID 5 | 磁盘个数. | 9 |
| 总容量/GB. | 3353.48 | 剩余容量/GB. | 5.48 |

**LUN**

| LUN名称 | 归属控制器 | 容量/GB | 分条深度/KB |
| --- | --- | --- | --- |
| DB2 | B | 500.00 | 64 |
| iSCSI_storage | A | 200.00 | 64 |
| iscsiRDM | A | 20.00 | 64 |
| iscsi_backup | A | 80.00 | 64 |
| oiddb | A | 500.00 | 64 |
| ses | B | 2048.00 | 64 |

图 8-15　一个 RAID 组上的 LUN

磁盘阵列一般还具有许多增强的 LUN 功能，主要包括虚拟化置备、LUN 迁移、LUN 镜像和 LUN 快照。

常规的 LUN 在 RAID 组上一旦创建，就实际占用了存储空间。一些型号的存储阵列设备支持 LUN 的虚拟置备功能。如图 8-16 所示，可以将 LUN 置备建立在一个共享存储池中，建立的 LUN 称为 thinLUN(默认 LUN 模式为 thick)，为其分配的存储空间是名义空间，是从 LUN 使用者视图看到的磁盘容量上限，而 LUN 有多少数据就实际占用多少存储空间，这些存储空间从共享存储池中动态分配，以此减少物理存储资源的闲置，提高磁盘容量利用率。

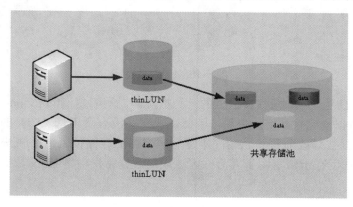

图 8-16　LUN 的虚拟化置备

LUN 迁移是指 LUN 初始化建立后，可以在 RAID 组间迁移的功能。将 LUN 迁移到不同存储级别的 RAID，主要是出于存储性能的优化、数据生命周期管理、设备维护等目的。LUN 迁移对应用系统是完全透明的，迁移过程不会中断应用系统的运行，如图 8-17 所示。

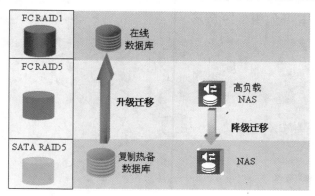

图 8-17　LUN 迁移

磁盘阵列 LUN 镜像功能在逻辑设备层提供高可用性。同一磁盘阵列上不同 RAID 组上的两个 LUN 结成镜像对，或两个不同磁盘阵列上的 LUN 结成镜像对(一般情况只能在同一厂商兼容型号的设备之间)，两个 LUN 对所有 I/O 写操作进行实时的数据块复制，复制可以是同步的，也可以是异步的。如图 8-18 所示，当其中一个 LUN 因故障失效时，还有另外一个相同的 LUN 副本可用。

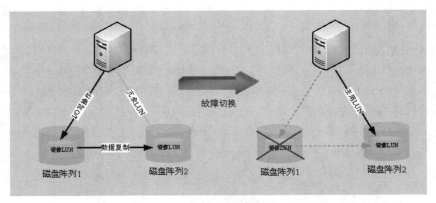

图 8-18　LUN 镜像

LUN 快照是防范 LUN 中数据丢失的一种措施，以写时复制(copy-on-write)的方式记录 LUN 新增加的数据或已有数据的更新，因此，快照并没有真正将 LUN 的所有数据复制成副本，只是在数据被修改前将其原始副本复制到专用的存储位置，并将快照指针指向对应的位置。快照的作用在于恢复由于人为原因造成的数据错误，将 LUN 数据恢复到快照生成时间点的状态。

# 8.3　存　储　网　络

磁盘阵列可以认为是用来提供共享存储的专用设备，在规模较大的共享存储模型实现方案中，磁盘阵列设备被广泛使用，共享存储规模越大，它的核心地位就越突出。存储阵列与主机互联的物理拓扑如图 8-19 所示。

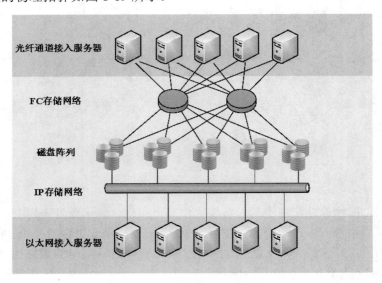

图 8-19　存储网络物理拓扑

在这个拓扑中，磁盘阵列处于核心位置。现时的磁盘阵列设备一般都兼具 FC 光纤通道接口和以太网接口，以同时支持两种存储网络架构。对于主机来说，须配置专门的主机总线适配器 HBA 才能接入 FC 存储网络。通过主机的 NIC 就可以接入 IP 存储网络，由于数据存储对网络通信质量和带宽的苛刻要求，应使用千兆或万兆以太网卡，并启用 TOE (TCP 卸载引擎)功能。

FC 光纤通道网络架构本身的特点非常适合存储网络，一经问世就成为存储网络的主角，目前也是产品最为成熟、使用最为广泛的存储网络技术。以太网作为最开放和廉价的网络技术近年来发展迅猛，IP 网络在性能、可靠性等方面具备了挑战专有领域封闭式网络的能力。在存储网络方面就是一例，万兆以太网络的推出使 iSCSI 等 IP 网络存储技术在高端广为接受，已成为存储网络架构最主要的竞争者。

对于共享存储，主机和存储设备之间的数据传输由物理线缆直连变为存储网络承载，但不论是 DAS 线缆还是 SAN 网络都属于数据传输层的设施。主机和存储设备作为数据存储通信两端的实体，其间的数据存取操作与控制需要遵循数据存储层的协议。在 SAN 共享存储中普遍采用 SCSI 数据存储协议。

SCSI 是 Small Computer System Interface 的简写，字面含义为"小型计算机系统接口"，它是一组通用的通信接口标准和通信协议标准，主要应用于计算机与外部设备之间的通信。当应用于数据存储时，SCSI 协议将通信定义为客户/服务器结构。客户方为主机，是通信的发起方(Initiator)；服务器方为存储设备，是通信的目标方(Target)。在 SNIA 共享存储模型中，可以简单地理解为 SCSI 负责从发起方接收 I/O 命令请求并转发给目标方，目标方执行 I/O 命令操作并向发起方确认命令的执行。

## 8.3.1　FC 存储网络

光纤通道是一个标准化的网络通信协议，在网络通信的七层协议模型中属于第二层，是一种数据链路层的协议，与以太网同类。光纤通道的传输层是协议无关的，原则上它可以传输各种第三层协议。但光纤通道并没有像以太网那样用于支持 IP 协议，或支持其他的上层协议，而是主要用来支持 SCSI 数据存储协议。这是因为光纤通道具有通道的特征，适用于在发起方和目标方两个节点之间的通道上传输数据帧；另一方面，光纤通道将更多的功能硬件化并采用光纤传输，具有可靠的性能保证。

主机和存储阵列设备经 FC 存储网络连接的一个典型拓扑如图 8-20 所示。

在 FC 存储网络中，主机和存储设备总是采用冗余的链路连接，以消除任何单点故障隐患。图示中有两台 FC 交换机；每台主机有两个 HBA 接口，分别连接到两个 FC 交换机；每个磁盘阵列有两个控制器，每个控制分别连接到两个 FC 交换机。磁盘阵列的两个控制器具有对等的地位，任何一个控制器都可以支撑整个设备的运行，两个控制器工作在双活的运行模式，既负载均衡又故障冗余。一般情况下，磁盘存储阵列都配有两个控制器，一些高端设备还可以配置多个控制器。在图 8-20 所示的交换式网络中，每个主机到每个磁盘阵列设备的物理路径有 4 条。

图 8-21 显示了一个磁盘存储阵列控制上的 FC 接口。示例中的磁盘阵列有两个控制器，分别标识为 A 和 B，每个控制器上有 4 个 4GBps 速率的 FC 接口。

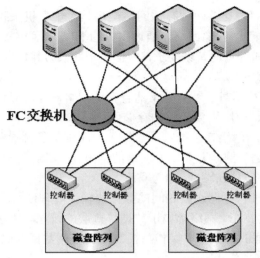

图 8-20  主机/存储阵列连接

**FC 主机端口管理**

设置 FC 主机端口速率。

FC 主机端口

| 控制器ID | 端口ID | 健康状态 | 运行状态 | 速率(Gbps) |
|---|---|---|---|---|
| A | 00 | 正常 | 在线 | 4 |
| A | 01 | 未知 | 离线 | 4 |
| A | 02 | 正常 | 在线 | 4 |
| A | 03 | 未知 | 离线 | 4 |
| B | 00 | 正常 | 在线 | 4 |
| B | 01 | 未知 | 离线 | 4 |
| B | 02 | 正常 | 在线 | 4 |
| B | 03 | 未知 | 离线 | 4 |

图 8-21  存储阵列控制器上的 FC 接口

在 FC 存储网络中，不论是发起方主机还是目标方存储设备都被称为节点，节点设备上的每个 FC 物理接口称为 N 端口(Node Port)。节点设备通过 FC 交换机互联称为交换式 SAN，连接设备 N 端口的交换机物理接口称为 F 端口(Fabric Port)。

节点设备在网络中寻址使用设备的世界范围命令名(World Wide Name，WWN)，WWN 是设备制造商向 IEEE 注册得到的，可以保证每个设备的 WWN 是全球唯一的。WWN 细分为一个 64 位的世界范围节点名(World Wide Node Name，WWNN)和一个 64 位的世界范围端口名(World Wide Port Name，WWPN)。这种命名机制可以保证网络中的每个节点设备及其端口都是唯一的。

在规模比较大的 SAN 网络中，需要连接多个 FC 交换机，交换机间互联的接口称为 E 端口(Expansion Port)。为了便于管理，可以把交换机划分成多个自治区域(Autonomous Region)。在多自治区域的结构中，有一个自治区域是骨干网区域，其他自治区域均连接到骨干网区域。非骨干网自治区域之间只能通过骨干网区域交换数据。交换机也分为骨干网区域内交换机、非骨干网区域内交换机和用于区域间互联的边界交换机。网络路由信息在区域内的交换机之间传递，也经边界交换机在区域间传递，路由决策采用最短路径算法。

分区(Zoning)是 SAN 在网络层的一种访问控制机制，只有同属一个分区的节点才能互相通信。分区建立在交换机上，交换机端口号的静态分区称为硬分区，设备 WWN 地址的动态分区称为软分区，分区可以跨交换机。分区看起来很像以太网的 VLAN，但与 VLAN 的一个显著区别是分区可以重叠，一个设备可以同时属于很多个分区。

下面是一个交换机上的分区配置的示例。

图 8-22 显示了一个交换机的视图，接口 0、1 分别连接到第一个磁盘阵列的两个控制器，接口 2、3 分别连接到第二个磁盘阵列的两个控制器。接口 4～15 分别连接到 12 台服务器。

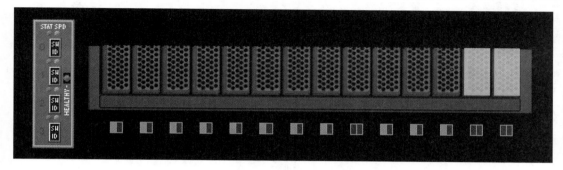

图 8-22　交换机接口视图

图 8-23 在每个接口标号下显示了接入节点设备的 WWN。

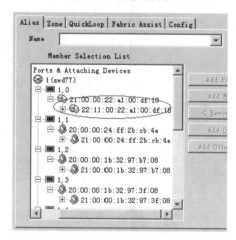

图 8-23　接口连接信息

由于分区可以重叠，可以采用一种精细化的建立分区的策略，为每一对允许的"发起方-目标方"通道建立一个单独的分区。按照一定的规则命名分区，本例中分区 s4p0 允许接口 4 上的服务器与磁盘阵列 1 的控制器 1 通信，s4p1 允许接口 4 上的服务器与磁盘阵列 1 的控制器 2 通信，分区 s5p2 允许接口 5 上的服务器与磁盘阵列 2 的控制器 1 通信，s5p3 允许接口 5 上的服务器与磁盘阵列 2 的控制器 2 通信，以此类推。

图 8-24 显示了分区"s4p0"的成员为交换机接口"1,4"和"1,0"，下拉列表中列出了部分当前定义的分区，所有定义的分区都同时生效。

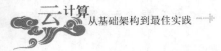

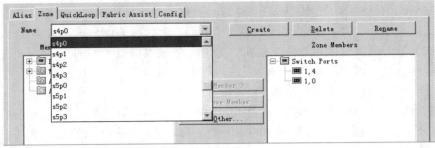

图 8-24　分区配置

分区的定义为主机和存储设备之间建立了可以通信的通道。下一步就需要进行 LUN 映射(LUN Mapping)，将存储设备上的 LUN 映射到指定的主机。LUN 映射是存储设备上的功能。如图 8-25 所示，在存储阵列上建立了 5 个主机组(不含默认主机组)，每个主机组中有不等数量的主机。

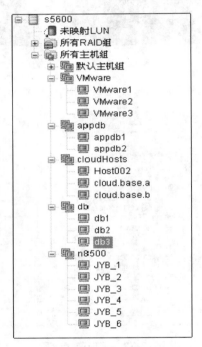

图 8-25　存储阵列上的主机组

磁盘阵列一般都采用主机组的结构方式，一个主机必须且只能属于一个主机组，一个 LUN 只能映射给一个主机组。当然，一个主机组通常包含多个主机成员，一个主机组映射到多个 LUN。同一主机组的每个成员主机都可以挂载映射到该主机组的所有 LUN，每个 LUN 就如同主机本地的一块"磁盘"。主机和 LUN 以主机组为组带形成多对多的映射关系。共享存储就体现在主机组的成员主机之间。

磁盘阵列设备可以通过自动注册或手工注册的方法建立主机组中的主机。如图 8-26 所示，主机组 VMware 中的主机 VMware1 的接口类型为 FC，主机的标识就是主机 HBA 卡 FC 接口的 WWN，该主机有两个 WWN，表明其连接了两个 FC 接口。存储阵列设备在网络上以 WWN 寻址主机。

图 8-26　主机的标识

图 8-27 显示了该主机组映射了一个 2TB 存储容量的 LUN，主机组中的 3 个主机 VMware1、WMware2、WMware3 共享这个 LUN。

图 8-27　LUN 的映射

在该实例中我们还看到一个主机组 N8500，有 6 个成员主机，这是一个 NAS 集群网关，同一个机箱内安装了 6 个 NAS 头，机箱内没有磁盘框，每个 NAS 头有各自的 FC 接口，通过存储网络使用磁盘阵列上的存储空间。从磁盘阵列端看，每个 NAS 头就是一个主机，该设备本质上就是一个定制了专用操作系统的刀片服务器。如图 8-28 所示，该 NAS 网关映射了大量的 LUN，总存储容量接近 100TB。

| LUN名称 | LUN ID | 主机LUN ID | 容量/GB | RAID组级别 | 所属RAID组 | 健康状态 | 运行状态 | 归属控制器 |
|---|---|---|---|---|---|---|---|---|
| Fencing_disk_1 | 44 | 41 | 1.00 | RAID 5 | RAID001 | 正常 | 在线 | A |
| Fencing_disk_2 | 45 | 42 | 1.00 | RAID 5 | RAID001 | 正常 | 在线 | A |
| Fencing_disk_3 | 46 | 43 | 1.00 | RAID 5 | RAID001 | 正常 | 在线 | A |
| Lun001_1 | 0 | 1 | 2,048.00 | RAID 5 | RAID001 | 正常 | 在线 | A |
| Lun001_2 | 1 | 2 | 2,048.00 | RAID 5 | RAID001 | 正常 | 在线 | A |
| Lun001_3 | 2 | 3 | 2,048.00 | RAID 5 | RAID001 | 正常 | 在线 | A |
| Lun001_4 | 30 | 4 | 1,300.00 | RAID 5 | RAID001 | 正常 | 在线 | A |
| Lun002_1 | 3 | 5 | 2,048.00 | RAID 5 | RAID002 | 正常 | 在线 | B |
| Lun002_2 | 4 | 6 | 2,048.00 | RAID 5 | RAID002 | 正常 | 在线 | B |
| Lun002_3 | 5 | 7 | 2,048.00 | RAID 5 | RAID002 | 正常 | 在线 | B |
| Lun002_4 | 31 | 8 | 1,300.00 | RAID 5 | RAID002 | 正常 | 在线 | B |
| Lun003_1 | 6 | 9 | 2,048.00 | RAID 5 | RAID003 | 正常 | 在线 | A |
| Lun003_2 | 7 | 10 | 2,048.00 | RAID 5 | RAID003 | 正常 | 在线 | A |
| Lun003_3 | 8 | 11 | 2,048.00 | RAID 5 | RAID003 | 正常 | 在线 | A |
| Lun003_4 | 32 | 12 | 1,300.00 | RAID 5 | RAID003 | 正常 | 在线 | A |
| Lun004_1 | 9 | 13 | 2,048.00 | RAID 5 | RAID004 | 正常 | 在线 | B |
| Lun004_2 | 10 | 14 | 2,048.00 | RAID 5 | RAID004 | 正常 | 在线 | B |
| Lun004_3 | 11 | 15 | 2,048.00 | RAID 5 | RAID004 | 正常 | 在线 | B |
| Lun004_4 | 33 | 16 | 1,300.00 | RAID 5 | RAID004 | 正常 | 在线 | B |
| Lun005_1 | 12 | 17 | 2,048.00 | RAID 5 | RAID005 | 正常 | 在线 | A |
| Lun005_2 | 13 | 18 | 2,048.00 | RAID 5 | RAID005 | 正常 | 在线 | A |
| Lun005_3 | 14 | 19 | 2,048.00 | RAID 5 | RAID005 | 正常 | 在线 | A |
| Lun005_4 | 34 | 20 | 1,300.00 | RAID 5 | RAID005 | 正常 | 在线 | A |
| Lun006_1 | 15 | 21 | 2,048.00 | RAID 5 | RAID006 | 正常 | 在线 | B |
| Lun006_2 | 16 | 22 | 2,048.00 | RAID 5 | RAID006 | 正常 | 在线 | B |
| Lun006_3 | 17 | 23 | 2,048.00 | RAID 5 | RAID006 | 正常 | 在线 | B |
| Lun006_4 | 35 | 24 | 1,300.00 | RAID 5 | RAID006 | 正常 | 在线 | B |
| Lun007_1 | 18 | 25 | 2,048.00 | RAID 5 | RAID007 | 正常 | 在线 | A |

图 8-28　一个 NAS 集群网关映射的 LUN

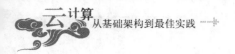

现在我们从主机一侧看一下存储设备提供的共享资源。图 8-29 显示一个 VMware ESX 主机有 4 个 HBA 接口卡及 WWN 地址。详细信息中显示了名称为 vmhba4 的接口识别到 8 个目标存储设备的 WWN 地址，在这 8 个目标存储设备上共有 96 条 FC 路径，每个路径的另一端都是某个目标存储设备上的一个 LUN。由于存储网络的冗余结构，其中有许多冗余路径，即多路径(Multipathing)。

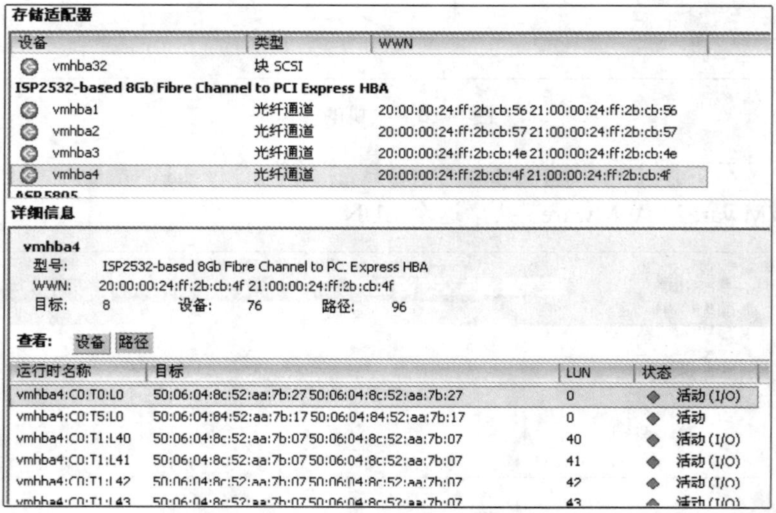

**图 8-29　ESX 主机的存储网络路径**

图 8-30 显示了经多路径处理后，主机识别到 76 个可用的 LUN，对主机来说，它们如同 76 个本地磁盘。图中显示了每个 LUN 的存储容量，其拥有者"NMP"是存储多路径软件。在存储网络多路径环境中，主机须安装多路径驱动程序，多路径之间的负载均衡、故障切换等控制功能主要落在主机一侧。

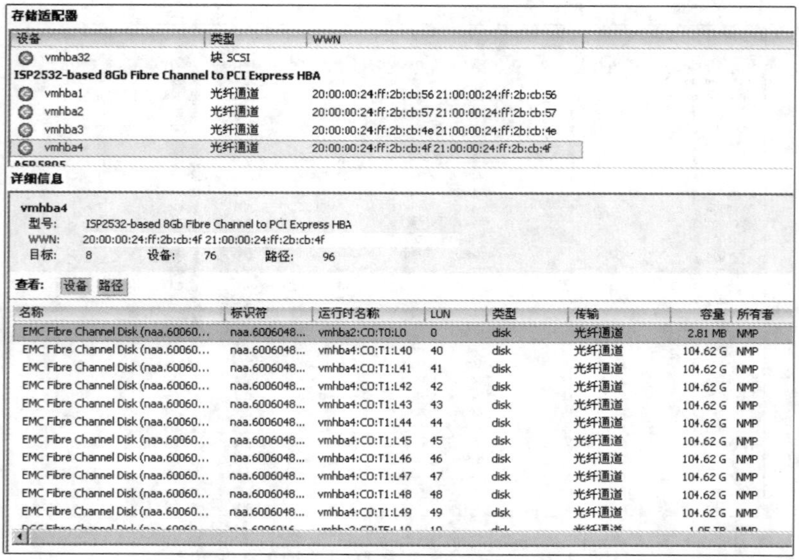

**图 8-30　ESX 主机连接的 LUN**

## 8.3.2　IP 存储网络

按照网络协议模型概念，SCSI 协议原则上可以选择多种底层传输协议，前面介绍的 FC 光纤通道就主要用做存储传输网络。SCSI 协议当然也可以将 TCP/IP 协议作为其底层传输协议，这就是 iSCSI(Internet SCSI，互联网 SCSI)。

iSCSI 采用 TCP/IP 连接代替 SCSI 电缆，SCSI 命令、响应和数据都封装在 TCP/IP 分组中传输，iSCSI 协议由发起方和目标方的 iSCSI 驱动程序实现。主机上普通的以太网卡就可以用做存储网络接口，主机上运行 iSCSI 驱动程序完成 SCSI 协议的命令响应、数据封装等任务。iSCSI 驱动程序的运行显然需要占用主机的 CPU 资源，并会降低主机性能，由此市场上出现了 iSCSI HBA 卡。不同于普通的网络接口卡，iSCSI HBA 卡使用专用芯片实现 iSCSI 协议数据的封装和解封装，并在主机和存储设备之间传送块状数据。iSCSI HBA 卡实际上集合了以太网卡和 iSCSI 驱动程序的功能。

随着万兆以太网逐步成为数据中心网络的主流技术，基于 iSCSI 技术的 IP 存储网络发展前景可观。以下是业界对 iSCSI 技术的普遍看法。

- 基于 iSCSI 技术的整体系统走向成熟。产品选择、支持、功能性、稳定性和互操作性已得到市场认可。
- 大量用户采购 iSCSI 技术用于实际生产环境，量化使用 iSCSI 的益处，和已经证实的用户使用经验使这项技术得以迅速推广。
- iSCSI 自始至终贯彻了自己的承诺，为用户提供易用性并显著降低了成本。
- iSCSI 可利用现有网络基础设施，大幅度降低网络成本，使用方便。

与 FC 存储网络相比，IP 网络的配置更为方便，网络基础设施建设更经济。IP 网络主要用于存储时，为提高性能，在拓扑结构上应尽量避免和减少网络通信的路由环节，在网络功能上应具有并启用巨帧(Jumbo Frame)功能。Jumbo Frame 允许以太网的数据分组达到 9000 个以上，而普通的以太网数据分组标准为 1500 个，大的数据分组有利于传输块状数据。

图 8-31 显示了一个磁盘阵列控制器上的 iSCSI 接口，控制器 A 和控制器 B 各有两个 iSCSI 接口，为每个接口分配一个 IP，是发起方主机寻址该目标存储设备的地址。同一个控制器上两个 iSCSI 接口的 IP 地址分别配置在不同的网段。

图 8-31　磁盘阵列控制上的 iSCSI 接口

在磁盘阵列上建立和使用 iSCSI 主机的方式与 FC 主机是一样的，只是主机接口类型选择"iSCSI"，标识采用 iqn 命名方式，该名称必须是在主机上建立 iSCSI 启动器时指定的

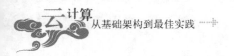

名称，该名称在数据中心主机中应具有唯一性。另外，iSCSI 发起方和目标方在建立连接时可以启用 CHAP 认证。图 8-32 显示了磁盘阵列设备上的一个 iSCSI 主机。

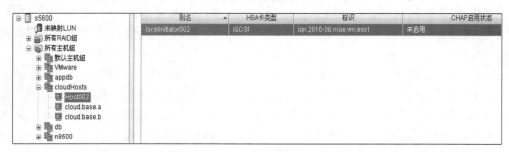

图 8-32　存储设备上建立的 iSCSI 主机

在 iSCSI 主机一侧需要配置 iSCSI 启动器。图 8-33 显示了一台 VMware ESX 主机的 iSCSI 启动器 iSCSI Software Adapter 的配置情况。该启动器以 iqn 命名，相当于 FC 接口的 WWN。

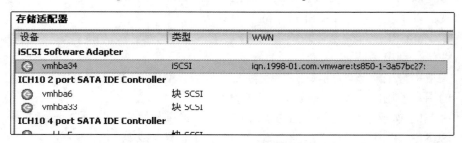

图 8-33　ESX 主机上的 iSCSI 启动器

如图 8-34 所示，在 iSCSI 接口的常规属性中指定该接口的 iqn 名称，目标存储设备以该名称识别该主机。

如图 8-35 所示，在添加静态目标服务器属性配置中指定目标存储设备的 IP 地址，即对应目标存储设备 iSCSI 接口的 IP 地址，这里的目标服务器就是目标存储设备。iSCSI 目标存储设备也有唯一的 iqn 名称，目标存储设备一般都预置了默认的 iqn 名称，在此处执行添加目标存储设备操作时，如果网络是连通的，iSCSI 目标名称可以自动获取，也可在此手动指定。

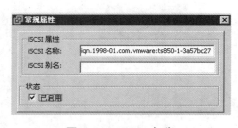

图 8-34　iSCSI 名称

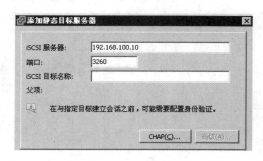

图 8-35　iSCSI 目标指定

主机 iSCSI 启动器通过主机网卡的 IP 地址与目标存储设备通信。在 VMware ESX 主机，iSCSI 数据存储通信使用虚拟接口 VMKernel。VMKernel 是专用于 iSCSI 存储和主机动态迁移 VMotion 的专用接口，作为一种特殊端口组建立在虚拟交换机上，并经虚拟交换机绑定的物理网卡与外部通信。正确配置了 iSCSI 发起方和目标方并连通 IP 网络后，其使用与 FC 存储网络完全一样。

前面以磁盘阵列设备作为 iSCSI 目标存储的实例，现在介绍一个基于 Linux 的软件 Openfiler，该软件的一个重要功能是用 Linux 服务器做 iSCSI 存储目标。由此，可以把一台廉价的服务器当做数据块级的网络存储设备。从能力上来讲，Openfiler 可支持超过 60TB 的存储管理能力，支持卷管理与快照。除了 iSCSI 外，还同时支持 NFS、SMB/CIFS、FTP 等多种网络文件服务。Openiler 还支持 HA 等高可用配置。Openfiler 的官方下载地址为 http://www.openfiler.com/community/download/。

Openfiler 本身对硬件环境的要求并不高，服务器在 2GB 内存和 40GB 硬盘的配置下就可以运行。Openfiler 的管理接口使用 Web 界面，登录界面如图 8-36 所示。

图 8-36　Openfiler 登录界面

图 8-37 显示了登录后的管理界面。

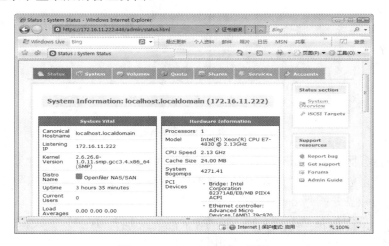

图 8-37　Openfiler 管理界面

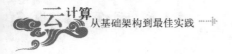

从 Services 选项卡进入，可列出 Opernfiler 提供的服务清单，如图 8-38 所示。

Manage Services

| Service Name | Status | Modification |
|---|---|---|
| SMB / CIFS server | Disabled | Enable |
| NFSv3 server | Enabled | Disable |
| HTTP / WebDAV server | Disabled | Enable |
| FTP server | Disabled | Enable |
| iSCSI target server | Enabled | Disable |
| Rsync server | Disabled | Enable |
| UPS server | Disabled | Enable |
| LDAP server | Disabled | Enable |
| ACPI daemon | Enabled | Disable |
| iSCSI initiator | Enabled | Disable |

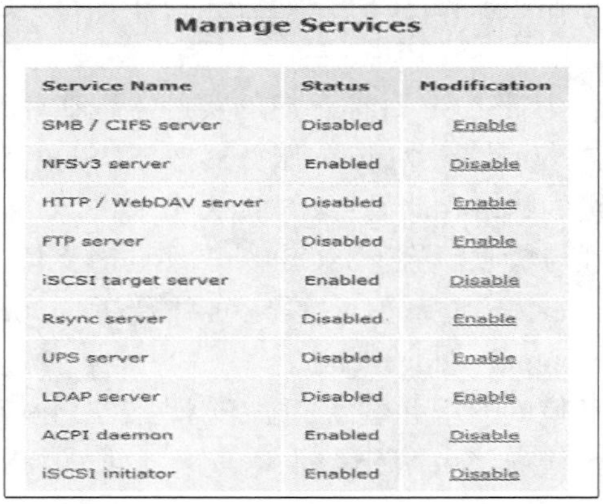

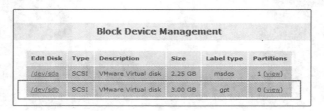

图 8-38　Openfiler 服务清单

从清单中可以看出 Openfiler 具有多样化的服务功能，我们在这里关注的是“iSCSI target server”，即 iSCSI 目标存储。

从 Volume 选项卡中的 Block Devices 进入，可对 Openfiler 主机的本地磁盘进行编辑，图 8-39 显示了本地磁盘信息，图 8-40 显示了进入/dev/sdb 编辑界面创建分区/dev/sdb1。

Block Device Management

| Edit Disk | Type | Description | Size | Label type | Partitions |
|---|---|---|---|---|---|
| /dev/sda | SCSI | VMware Virtual disk | 2.25 GB | msdos | 1 (view) |
| /dev/sdb | SCSI | VMware Virtual disk | 3.00 GB | gpt | 0 (view) |

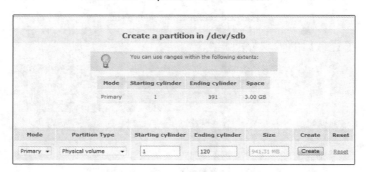

图 8-39　Openfiler 本地磁盘设备

Create a partition in /dev/sdb

You can use ranges within the following extents:

| Mode | Starting cylinder | Ending cylinder | Space |
|---|---|---|---|
| Primary | 1 | 391 | 3.00 GB |

| Mode | Partition Type | Starting cylinder | Ending cylinder | Size | Create | Reset |
|---|---|---|---|---|---|---|
| Primary | Physical volume | 1 | 120 | 941.31 MB | Create | Reset |

图 8-40　Openfiler 创建磁盘分区

创建了磁盘分区后，Openfiler 就可以创建卷组 Volume Group 了，卷组是一个逻辑实体，包含一个或多个已创建的磁盘分区。如图 8-41 所示，创建了一个名为“SANData”的卷组，成员为刚创建的磁盘分区“/dev/sdb1”。

Openfiler 在卷组的基础上建立卷 Volume，如图 8-42 所示，在卷组 SANdata 上建立卷“SANVolume”，指定该卷在卷组上占用的存储空间。一个卷组上可以建立多个卷。这里的卷实际上就是 LUN，卷组相当于一个 RAID 组。实例中制定该卷的使用类型为 iSCSI。

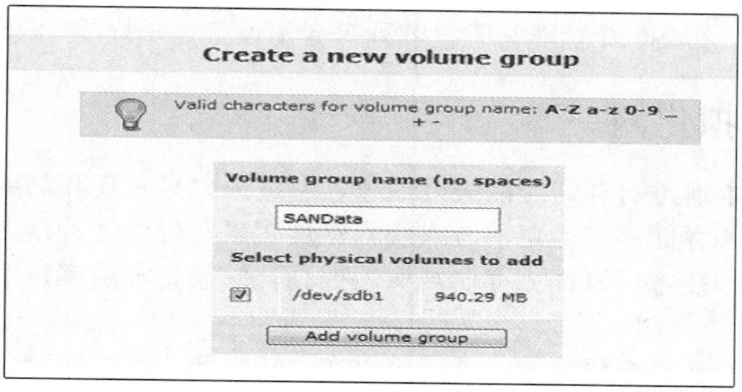

图 8-41　Openfiler 创建卷组

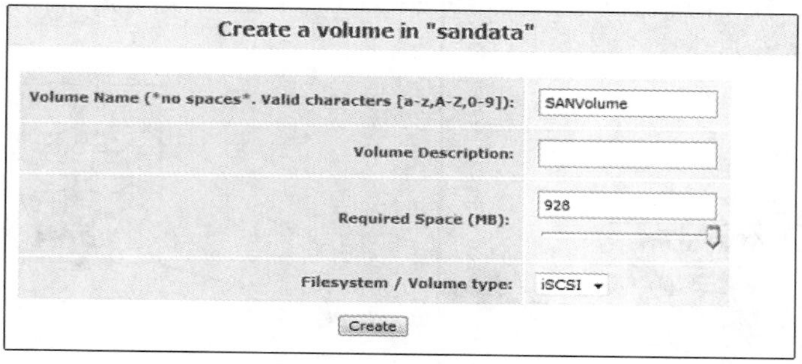

图 8-42　Openfiler 创建卷

下一步就需要在 Openfiler 上制定可以使用上述 iSCSI 目标的主机，图 8-43 显示以 IQN 名称表示发起方主机(注意这里用的是"Target"，"Initiator"应该更恰当)，图 8-44 显示了对该主机的 LUN 映射配置。

图 8-43　主机 iSCSI IQN 命名

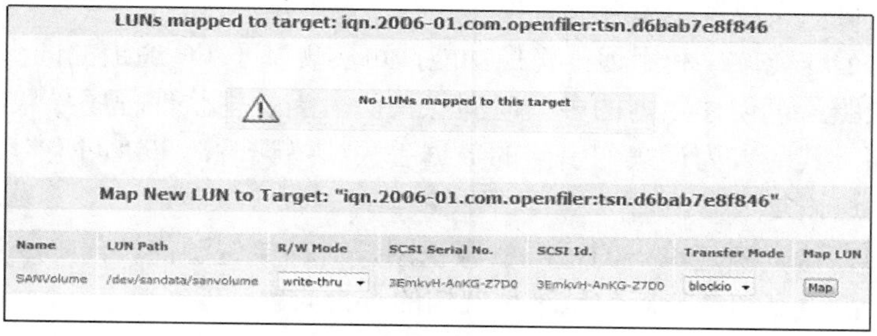

图 8-44　Openfiler 主机 LUN 映射

最后在 Openfiler 中为 iSCSI 主机映射配置 CHAP 认证，还可以配置基于主机 IP 地址的访问控制。

现在，一个安装并配置好 Openfiler 的 Linux 服务器就成为 IP 存储网络上的存储目标节

点。对于主机来说，其 iSCSI 功能与磁盘阵列等专用设备是一样的，使用方法也基本一样。

### 8.3.3 存储虚拟化网关

存储虚拟化技术通过对存储功能进行抽象、隐藏或隔离，使存储或数据的管理与应用分离，可以把分散的存储通过一定的方式统一管理起来，提供大容量、高数据传输性能的存储系统。使用这种技术可以优化存储结构，提高存储设备利用率，增加可管理性、灵活性和可扩展性。

存储虚拟化可以在多个层次上实现，可以在主机一侧，可以在存储设备一侧，也可以基于存储网络。基于存储网络的存储虚拟化通过在存储区域网(SAN)中添加虚拟化网关设备实现，可以整合异构存储系统并进行统一的存储空间管理。如图 8-45 所示，虚拟化网关跨存储设备整合存储资源。

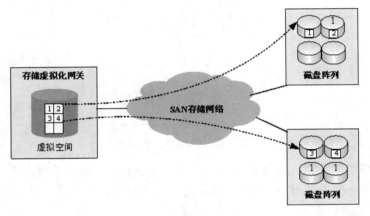

图 8-45　存储虚拟化网关

SAN 存储网络加入虚拟化网关设备，可以实现对异构主机以及异构存储系统的整合和统一管理。存储虚拟化网关可以提供丰富的数据管理功能和自身的高可用性，这些功能适用于被存储虚拟化网关纳管的所有存储系统。主要功能如下。

- 高级的数据复制：利用同步复制、异步复制和周期复制功能跨多种存储系统复制数据，可以实现远距离容灾备份。
- 高级的远程镜像：利用远程镜像功能，可实现基于 FC 通道的同步远程容灾备份。
- 数据快照：可创建数据的多个时间点快照。当发生软件程序导致的数据损失、意外删除及其他人为误操作引起的数据丢失或错误时，可"回滚"到合适时间点快照来快速恢复数据。

主机看到的存储资源是单一的逻辑资源视图，对存储资源的访问均经过存储虚拟化网关。此时，单一故障点和性能瓶颈是这种架构的一大问题。

## 8.4　共享文件系统

在 SNIA 共享存储模型中，与应用的接口层是文件/记录层，这里我们只讨论文件系统，不涉及以数据库系统为代表的记录型数据。文件系统负责存储空间分配、文件存储、文件保护和文件检索，它负责为用户建立文件，存入、读出、修改、转储文件，控制文件的存取，当用户不再使用时撤销文件。在存储网络里，主机在目标存储设备的 LUN 上建立文件系统，就如同在主机本地的磁盘或分区上建立文件系统。在服务器虚拟化集群环境中，一个 LUN 的存储空间供多个主机并行访问，这就需要采用集群文件系统或网络文件系统。集群文件系统适用于 SAN 场景，网络文件系统适用于 NAS 场景。

## 8.4.1 集群文件系统

在 SAN 环境下(包括 FC SAN 和 IP SAN)，多个主机可以映射到同一个目标存储设备上的同一个 LUN，如果这个 LUN 上建立的是一个普通文件系统，如 Linux UFS 文件、Windows NTFS 文件系统等，文件系统的存储空间就不能同时供多个主机并行访问，而主机操作系统不可能在没有文件系统的情况下直接访问 LUN。这种场景下，主机之间只能分时共享，如图 8-46 所示。这种共享方式更多地用于故障切换高可用(FailOver HA)场景。

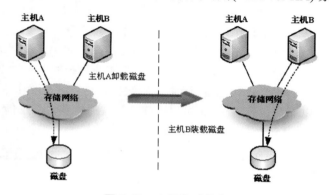

图 8-46  主机分时共享

一个普通文件系统只能作为本地文件系统，因为在主机操作系统看来这个文件系统是被它独占的。当同时有多台主机并行访问同一个普通文件系统时，必然会发生主机间写操作冲突，协调机制的空缺将导致文件系统混乱。所以普通文件系统不能用来支持多主机并行访问，支持主机并行访问需要使用集群文件系统。主机并行访问磁盘如图 8-47 所示。并行访问除了可以支持故障切换高可用外，还为在访问相同文件系统的主机之间均衡负载提供了条件。

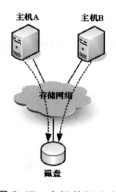

图 8-47  主机并行共享

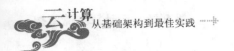
顾名思义，集群文件系统就是向主机集群提供并行访问的文件系统。集群文件系统的实现主要有两种控制模式，一是对等节点模式，二是数据节点-元数据节点模式。不论哪种模式，集群文件系统都采用并行控制机制，主机集群中的所有节点或数据节点都可以获取文件系统的状态，从而保证安全的并行访问。采用元数据节点的模式存在集中式元数据服务器，会产生单点故障和性能瓶颈问题，相比较，对等模式更具优势。下面是几种较为广泛使用的集群文件系统。

- GFS(Global File System，全局文件系统)。GFS 是目前应用最广泛的通用集群文件系统，是由红帽公司为 Linux 操作系统开发的集群文件系统，允许集群节点主机并行访问。
- OCFS(Oracle Cluster File System，甲骨文集群文件系统)。起初 OCFS1 只能供 OracleRAC 数据库集群使用，从 OCFS2 开始成为一个通用的集群文件系统，与 GFS 非常相似。目前，OCFS2 主要支持 Linux 操作系统。
- VMFS(Virtual Machine File System，虚拟机文件系统)。VMFS 是用于 VMware ESX 主机访问同一个共享存储设备的集群文件系统。VMFS 是 VMware vSphere 虚拟化架构的一个核心组件，是实现虚拟机在不同主机之间无缝迁移的基础。

下面演示了一个在 ESX 主机上建立 VMFS 集群文件系统的例子。在 ESX 主机上为虚拟机文件提供存储空间的 VMFS 文件系统称为 "数据存储"。需要注意的是，数据存储是一个逻辑实体，它可以同时包含多个 LUN，具有存储虚拟化整合的功能。

图 8-48 显示了选择存储器类型，除了 "磁盘/LUN"，还可以选择 NFS 网络文件系统。

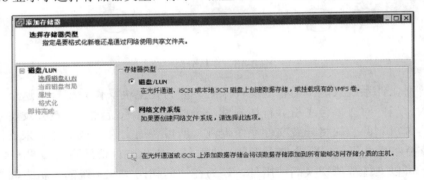

图 8-48　添加数据存储

图 8-49 显示识别到一个可供使用的 LUN。

图 8-49　选择磁盘/LUM

图 8-50 显示识别到该 LUN 为空白盘。

图 8-50　检查磁盘布局

图 8-51 显示为建立的数据存储命名。

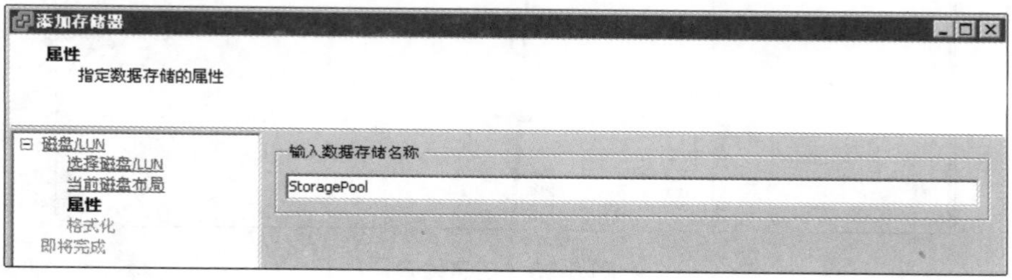

图 8-51　数据存储命名

图 8-52 显示格式化的参数设置。

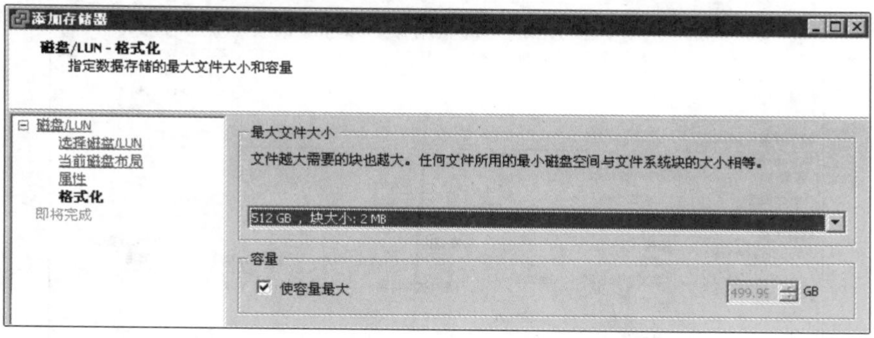

图 8-52　格式化

图 8-53 显示文件系统格式化的情况，文件格式为 VMFS-3，容量为 500GB。

在一台 ESX 主机上完成文件系统格式化后，就可以共享给集群中的所有主机并行使用。图 8-54 显示集群中的 ESX 主机获取该新添数据存储的信息。该文件系统支持的上层应用就是虚拟机，集群中的虚拟机就可以建立或迁移至该数据存储，VMFS 文件系统为集群中的 ESX 主机提供共享文件服务。需要注意的是 VMFS 不是为虚拟机提供文件系统，VMware 虚拟机中的文件系统建立在虚拟磁盘上，而虚拟磁盘是 VMFS 文件系统上的文件。

还有一种完全不共享的并行访问模式在云计算架构中大行其道，称为分布式文件系统，如图 8-55 所示。在实现并行访问这一点上，分布式文件系统完全不需要共享存储，依靠主机间的文件复制生成文件的多个副本，并在主机节点上分布存储。与集群文件系统相比，分布式文件系统以廉价主机本地存储构建并行访问意义上的共享存储，较相对昂贵的磁盘

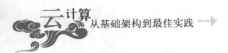

阵列设备更具成本优势，在功能上进一步实现了文件系统层的负载均衡和多副本冗余。但
分布式文件系统在保证多副本数据高一致性上有一定困难，主机间的数据复制也会消耗额
外的资源。

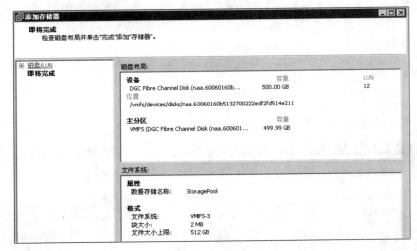

图 8-53　信息检查

图 8-54　添加成功后效果

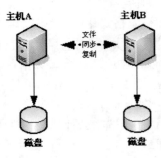

图 8-55　主机并行不共享

## 8.4.2　网络文件系统

NFS(Network File System，网络文件系统)是由 SUN 公司研制的 UNIX 应用层协议，能使主机通过 IP 网络访问其他主机上的文件，就像在使用自己本机的文件一样，但 NFS 只是在本地文件系统之上的一个网络抽象。NFS 从作为 UNIX 系统之间的一种文件共享方式演变成为广泛使用的强大的网络文件系统，主流的操作系统均可以提供 NFS 服务。NFS 还在持续演变中，通过 pNFS 扩展为分布式的文件提供可扩展的访问。

另一个被广泛使用的网络文件系统就是 Windows 系统中的文件夹共享，称为 ServerMessage Block [SMB]，或 CIFS 文件共享。

NAS 是用来提供网络文件共享的专用设备，下面以一个 NAS 网关为例介绍网络文件共享服务。

图 8-56 是 NAS 网关从磁盘存储阵列上识别到可以使用的 LUN，它们称为 NAS 的数据磁盘，是 NAS 分配存储资源的基本单位。

| 名称 | 容量 | 空闲容量 | 利用率 | 所属存储池 | 健康状态 | 运行状态 |
|---|---|---|---|---|---|---|
| huawei-s5600-0_0 | 1.99TB | 20.00MB | 99.0% | pool1 | 正常 | 在线 |
| huawei-s5600-0_1 | 1.99TB | 20.00MB | 99.0% | pool1 | 正常 | 在线 |
| huawei-s5600-0_10 | 1.99TB | 0KB | 100.0% | pool4 | 正常 | 在线 |
| huawei-s5600-0_11 | 1.99TB | 0KB | 100.0% | pool4 | 正常 | 在线 |
| huawei-s5600-0_12 | 1.99TB | 0KB | 100.0% | pool5 | 正常 | 在线 |
| huawei-s5600-0_13 | 1.99TB | 0KB | 100.0% | pool5 | 正常 | 在线 |
| huawei-s5600-0_14 | 1.99TB | 0KB | 100.0% | pool6 | 正常 | 在线 |
| huawei-s5600-0_15 | 1.99TB | 0KB | 100.0% | pool6 | 正常 | 在线 |
| huawei-s5600-0_16 | 1.99TB | 0KB | 100.0% | pool6 | 正常 | 在线 |
| huawei-s5600-0_17 | 1.99TB | 0KB | 100.0% | pool6 | 正常 | 在线 |
| huawei-s5600-0_18 | 1.99TB | 0KB | 100.0% | pool7 | 正常 | 在线 |
| huawei-s5600-0_19 | 1.99TB | 0KB | 100.0% | pool7 | 正常 | 在线 |
| huawei-s5600-0_2 | 1.99TB | 0KB | 100.0% | pool1 | 正常 | 在线 |
| huawei-s5600-0_20 | 1.99TB | 0KB | 100.0% | pool7 | 正常 | 在线 |
| huawei-s5600-0_21 | 1.99TB | 0KB | 100.0% | pool8 | 正常 | 在线 |
| huawei-s5600-0_22 | 1.99TB | 0KB | 100.0% | pool8 | 正常 | 在线 |

图 8-56　NAS 的数据磁盘

图 8-57 显示在 NAS 网关上建立的一个存储池。存储池是一个逻辑实体，它由一组数据磁盘组成。

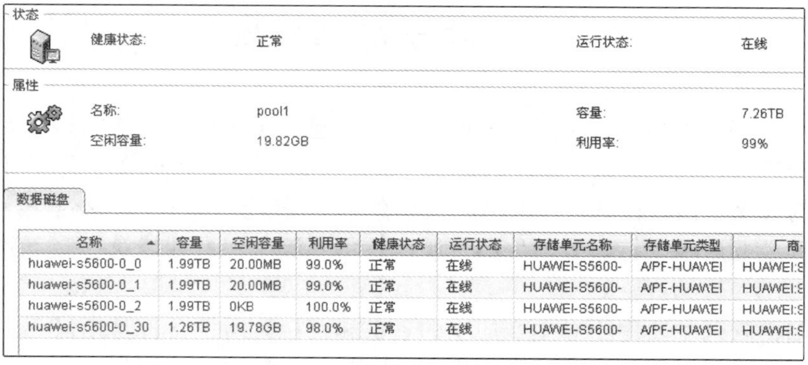

| 状态 | | | | |
|---|---|---|---|---|
| 健康状态： | 正常 | | 运行状态： | 在线 |
| **属性** | | | | |
| 名称： | pool1 | | 容量： | 7.26TB |
| 空闲容量： | 19.82GB | | 利用率： | 99% |

| 数据磁盘 | | | | | | | | |
|---|---|---|---|---|---|---|---|---|
| 名称 | 容量 | 空闲容量 | 利用率 | 健康状态 | 运行状态 | 存储单元名称 | 存储单元类型 | 厂商 |
| huawei-s5600-0_0 | 1.99TB | 20.00MB | 99.0% | 正常 | 在线 | HUAWEI-S5600- | A/PF-HUAWEI | HUAWEI:S |
| huawei-s5600-0_1 | 1.99TB | 20.00MB | 99.0% | 正常 | 在线 | HUAWEI-S5600- | A/PF-HUAWEI | HUAWEI:S |
| huawei-s5600-0_2 | 1.99TB | 0KB | 100.0% | 正常 | 在线 | HUAWEI-S5600- | A/PF-HUAWEI | HUAWEI:S |
| huawei-s5600-0_30 | 1.26TB | 19.78GB | 98.0% | 正常 | 在线 | HUAWEI-S5600- | A/PF-HUAWEI | HUAWEI:S |

图 8-57　NAS 的存储池

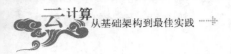

图 8-58 显示在 NAS 网关上建立的一个文件系统，该文件系统建立在 4 个资源池上。

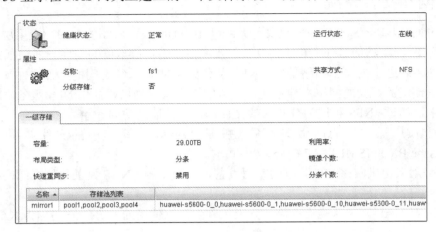

图 8-58　NAS 的文件系统

图 8-59 显示 NAS 上启动了 NFS 网络文件系统共享的文件系统。NFS 以文件夹为共享名称。NFS 客户端主机通过 NAS 的 IP 地址和共享名称共享文件系统的存储空间，如选择网络文件系统作为建立 VMware 数据存储时的存储器类型，这时集群中的 ESX 主机就是共享文件系统的 NFS 客户端。关于 NAS 对外服务的 IP 地址配置就不在此处赘述了。

| NFS共享　　CIFS共享 | | |
| --- | --- | --- |
| 共享名称 | 名称 | 类型 |
| /xx/dataStat | dataStat | 文件系统 |
| /xx/database | database | 文件系统 |
| /xx/fs1 | fs1 | 文件系统 |
| /xx/fs2 | fs2 | 文件系统 |
| /xx/ses | ses | 文件系统 |
| /xx/stats | stats | 文件系统 |
| /xx/testdb | testdb | 文件系统 |
| /xx/testucm | testucm | 文件系统 |
| /xx/ucm | ucm | 文件系统 |

图 8-59　NAS 的共享服务

NAS 通常还具有一些文件系统层面的管理功能，如文件系统镜像、文件系统快照等。

# 8.5　共享存储架构

以上对共享存储模型进行了层次化的介绍，也包含了各层次功能的最佳实践。在虚拟化数据中心架构中，共享存储是实现云计算所不可或缺的。图 8-60 给出了一个典型的虚拟化数据中心的共享存储。在这个实例中，共享存储主要基于 FC 存储网络和磁盘阵列设备。

生产阵列主要用于支持服务器生产资源池，主要满足生产环境对存储资源的容量和性能需求。

备份和归档阵列主要用于对生产环境的备份和归档。所谓备份是指保存生产环境重要虚拟机的最新副本，以便生产环境虚拟机因故障失效时能够快速恢复。所谓归档是指对虚拟机的标准模板和模板的历史版本进行归档保存。最后，该阵列整体上作为生产阵列的备份，当生产阵列发生故障失效时，其升级为生产阵列。为了整体结构的简洁，虚拟化环境的备份主要通过虚拟化平台的高可用备份机制实现，以磁盘阵列作为备份载体，而未采用第三方备份软件、磁带库备份介质等其他手段。

异地灾备阵列主要采用磁盘阵列设备级别的同步复制功能，这需要设备具有相互兼容型，并保障异地设备之间的通信带宽。

开发测试阵列主要用于应用系统的开发和测试环境，该环境与生产环境一致，并在压力测试时达到应用系统在生产环境中的性能要求。

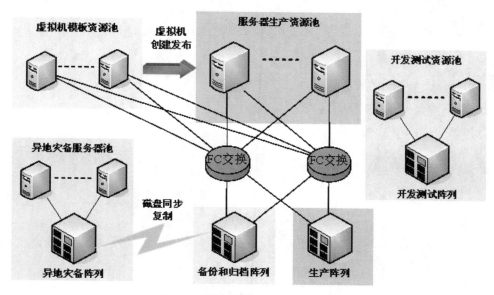

图 8-60　虚拟化数据中心共享存储

# 8.6　小　　结

本章重点介绍了云计算共享存储架构，内容涉及共享存储模型、磁盘阵列原理、介质、RAID 机制、IP SAN、FC SAN、NAS、集群文件系统、网络文件系统等。通过这些内容学习，读者应能够深入理解共享存储对于虚拟化云数据中心的意义，掌握当前主流的共享存储架构与设计方法，为后续的学习奠定基础。

# 第9章

## 云计算网络架构

【内容提要】

本章主要介绍数据中心网络总体架构、主机网络虚拟化、接入层网络架构、网络流量管理、虚拟化网络等内容，通过这些知识的学习，读者应能架构一定规模的云数据中心网络。

本章重点介绍与服务器虚拟化有关的网络支撑技术。

本章要点

- ■ 数据中心网络总体架构
- ■ 主机网络虚拟化
- ■ 接入层网络架构
- ■ 网络流量管理

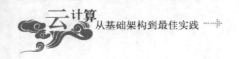

# 9.1 网络总体架构

可以按照传统的层次化设计方法,将数据中心网络划分为核心层、汇聚层、接入层和边界层。其总体架构可以包括一个处于核心层的内部核心区、处于汇聚层的多个功能区、一个处于边界层的互联网边界区。接入层区域在逻辑上是汇聚层区域内的子网,数据中心服务器均通过接入层子网接入,这里所指的服务器当然包括处理业务数据流的虚拟服务器。

如图 9-1 所示的数据中心为例,数据中心包括一个核心区、一个互联网边界区、6 个汇聚层区域。6 个汇聚层区域分别是应用服务区、共享服务区、数据库服务区、IP 存储区、网络管理区和测试开发区。所有服务器(包括物理服务器和虚拟服务器)均通过各汇聚区接入层接入数据中心网络。

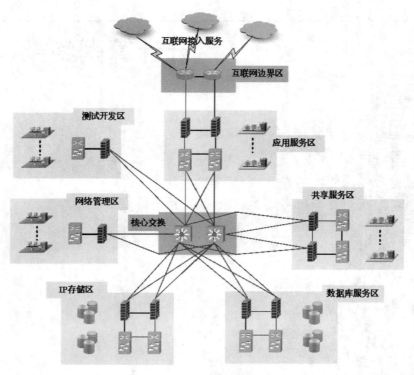

图 9-1 数据中心网络拓扑

数据中心网络核心区是整个数据中心数据流平面的中心枢纽,是控制平面内部动态路由交换的根区。相对于其他区域,核心区应满足以下特殊要求。

- 具有最高的网络交换带宽和性能。
- 为保持核心区的性能,核心交换应设置最简洁或不设置网络策略规则。
- 为保持数据中心网络的可扩展性,各区域之间均通过核心区进行数据交换。
- 核心区为数据中心内部路由根区。

数据中心内部的路由信息交换如图 9-2 所示。

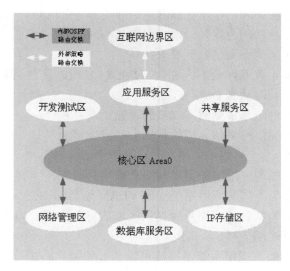

图 9-2　内部路由信息交换

数据中心通过互联网边界区与互联网 ISP 连接，该区域集中实施数据中心的互联网路由策略。互联网边界区不直接与数据中心核心区连接，不执行内部路由协议。

数据中心互联网边界区主要满足以下要求：

● 支持多服务商接入链路，并在多接入服务商间实施外部边界路由和策略路由。

● 执行互联网全局地址与数据中心内部私用地址的 NAT 转换。

● 在互联网接入链路上实施带宽管理。

● 在互联网边界区分别旁路部署 Anti-DDOS 检测系统和清洗系统，应能实现检测系统和清洗系统的交互，通过路由将流量引至清洗设备。

● 数据中心与互联网外部 VPN 连接的终节点。

● 其他可选的网络管理和服务设施。

互联网边界区的逻辑拓扑如图 9-3 所示。

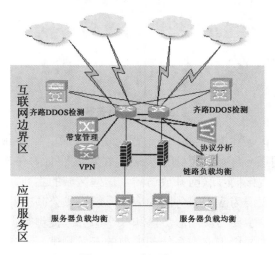

图 9-3　互联网边界区

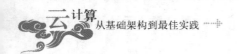

网络汇聚层的应用服务区是面向互联网提供应用服务的区域，可以把该区域当做 DMZ 区域。应用服务区外接互联网边界区，内接网络核心区。

数据中心应用服务区主要满足以下要求：

- 应用服务区位于互联网边界区和内部核心区之间，是数据中心唯一向互联网提供应用服务的区域，具有 DMZ 的功能。
- 应用服务区提供防范常见网络攻击的设施。
- 应用服务区在提供网络防火墙的基础上，可以增加 Web 防火墙、邮件网关等应用层防护措施。
- 应用服务区可以为应用服务提供网络负载均衡服务。
- 应用服务区应为不同的应用系统提供 VLAN 隔离。
- 应用服务区应为其内部应用系统提供区域边界防火墙，VLAN，ACL 等多层次、多样化的访问控制策略。
- 应用服务区内部各应用系统子网应可以通过智能化路由技术实现与区内和区外网络互通互达的多路径及负载均衡。

应用服务区的逻辑拓扑如图 9-4 所示。

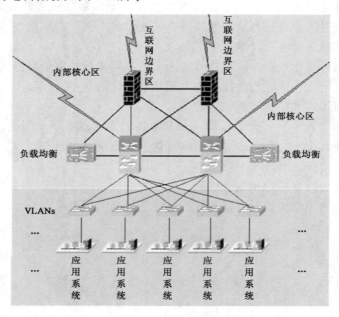

图 9-4  应用服务区

汇聚层的其他几个区域也是数据中心重要的功能区域，在内部结构上与应用服务区类似或相同。它们与应用服务区域的差别主要表现在数据平面的安全控制方面，它们都是数据中心的内部区域，不直接向互联网开放访问。这些区域的主要功能如下。

- 共享服务区：主要为应用服务区的应用系统提供公共的共享网络服务。
- 数据库服务区：主要为应用服务区和共享服务区提供数据库服务。
- 开发测试区：主要用于应用系统部署前的开发测试。
- IP 存储区：主要提供基于 IP 的网络存储服务区，如 NAS 文件共享、iSCSI 目标、

FCIP 通道、备份服务器、VMKernel 等与存储有关的服务。

- 网络管理区：是数据中心功能最为特殊、策略最为复杂的网络区域，是整个数据中心的综合管理区。

以上介绍的网络核心层和汇聚层构成了虚拟化数据中心的核心网络。虽然云计算的特性要求资源管理具有动态性、灵活性，但云计算数据中心的核心网络还是要相对稳定。在数据中心运行中，网络核心拓扑的静态特征越强也就说明网络设计越成功。

在网络拓扑设计上，由核心层和汇聚层组成的网络核心承担虚拟化数据中心内部所有需要在协议模型第三层实现的功能。所谓协议模型即指 OSI 七层协议模型，它将网络通信由低向高分成物理层、数据链路层、网络层、传输层、会话层、表示层、应用层共七层。对于 TCP/IP 网络(相信绝大多数云计算数据中心的业务网络都会是 TCP/IP 协议网络)，IP 是网络层协议，处于第三层，TCP 是传输层协议，处于第四层。以太网是一种数据链路层协议，处于第二层，虽然不是 TCP/IP 协议族的成员，但它是最主要的 IP 下层协议。

由此，虚拟化数据中心内部的网络路由、QoS 策略、访问控制等网络层功能都是在核心网络上实现的，它是整个数据中心网络的骨架，保持其结构的稳定是非常重要的。另一方面，核心网络在结构上还要兼具可扩展性，扩展网络时能够最小化对整体架构的影响。

在以上介绍的网络总体架构的实例中，为满足上述要求，架构设计的要点是模块化。将具有相同或相近的路由、QoS、访问控制等策略的网络通信汇聚成一个模块，这就是汇聚层区域。合理的汇聚层设计可以最大化每个汇聚层区域的稳定性。所有的汇聚层模块都通过一个交换式的核心模块相互通信，这就是核心层区域。这种架构适用于网络的水平扩展，可以比较容易地增加新的汇聚层模块。

数据中心与外部的所有数据通信以及与外部通信有关的安全控制功能集中在互联网边界区实现，同时设置一个 DMZ (非军事化区)功能区，在上面的实例中应用服务区承担 DMZ 的角色，作为内部区域与外部互联网的隔离和缓冲区。这也是常见的一种架构设计。

# 9.2　接入层网络

在网络总体架构中，核心网络设备不直接接入主机设备，核心设备包括核心交换机和汇聚层路由交换设备，核心设备上的网络接口都是网络交换设备间的互联接口，数据中心的服务器作为网络通信的终节点设备，总是连接到接入层网络交换机。

## 9.2.1　物理架构

对于在尚未大规模采用虚拟化技术的数据中心网络，接入层网络只要在汇聚模块内向下延伸就可以了，一个汇聚模块有着完整的物理边界。由于服务器主要以物理机运行，一台物理服务器只能属于一个汇聚模块，分属不同汇聚模块的服务器之间经汇聚层路由、核心层交换才能建立通信连接，此时不同汇聚模块的接入层物理上相互连接，则有悖于从汇聚层分区隔离的初衷。

在架构以服务器虚拟化技术为主的数据中心时，情况就有所不同了。物理资源将以全局规划的方式进行置备，一台物理服务器不再被某一个应用独占，物理资源按需分配，快

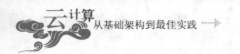

速部署、弹性使用。在这样的需求下，一台物理服务器应该可以快速、方便地从一个汇聚模块迁移到另外一个汇聚模块，甚至一台物理服务器应可以同属多个汇聚模块。服务器虚拟化技术正是因为顺应了这种趋势而得以迅猛发展。而此时继续沿用传统的数据中心接入层网络架构，就相悖于引入虚拟化技术的目的。

在虚拟化数据中心环境下，一台服务器应可以根据需求的变化，随时在不同的汇聚层区域间迁移，或可以同时为不同的汇聚层区域提供资源。要实现这一目标，就要将服务器与汇聚层区域解耦，其前提是服务器必须在物理上与各个汇聚层区域存在物理连接。

现在我们从接入层服务器的角度看一下数据中心网络总体架构拓扑，如图 9-5 所示，虚拟化数据中心保证每台物理服务器与各个汇聚层的路由交换设备之间的以太网协议是互通的。由于以太网属于第二层协议，即数据链路层协议，这种接入方式被称为"大二层"架构。

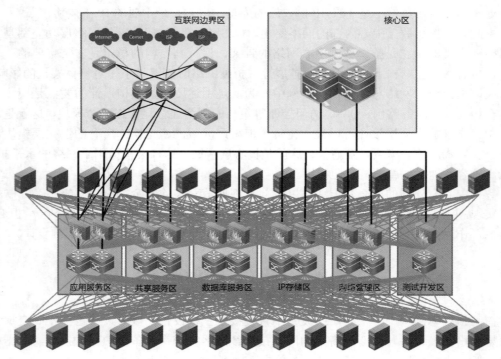

图 9-5　服务器接入

以此架构为例，我们对网络设备的物理配置进行分析。假设数据中心接入 160 台服务器，每个服务器配置 4 个 1Gbps 的网络接口，共计 640 个 1Gbps 的接口。

对于 640 个服务器接入端口，应如何确定交换机的规格和数量呢？按照传统的方法，先要统计应用服务区、共享服务区、数据库服务区、IP 存储区、网络管理区和开发测试区各包含的服务器数量，再核算出每个区域所需的网络接入端口数量。而"大二层"架构是一个全局化的接入层，在这里接入层不需要分区。

以接入层交换机常见的规格为例，共有 4 个 10Gbps 接口和 48 个 1Gbps 接口。这样一台交换机主要用 4 个 10Gbps 接口上连汇聚层交换机，按照无阻塞通信原则，使用 40 个下连 1Gbps 接口接入服务器的，另有 8 个 1Gbps 接口备用。对于 640 个 1Gbps 服务器接口，需要使用 16 台接入层交换机。

每个接入层交换机都同时连接到 6 个汇聚层区域。在这个案例中，应用服务区、共享服务区、数据库服务区和 IP 存储区数据流量较大，接入交换机使用 10Gbps 接口分别上连到这 4 个区域，网络管理区和开发测试区流量较小，可以各使用 1 个 1Gbps 的接口上连。

在汇聚层交换机一侧，需要配置相应规格和数量的接口。此案例中，应用服务区、共享服务区、数据库服务区和 IP 存储区的汇聚层路由交换设备仅为接入层交换机，就需要各自配置 16 个 10Gbps 接口；网络管理区和开发测试区的汇聚层路由交换设备仅为接入层交换机，就需要各自配置 16 个 1Gbps 接口。

上述案例作为一个典型实例，接入层网络设备与汇聚层网络设备之间采用多对多全交叉互联。在复杂的实际环境中，也可以根据不同的需求选择一些折中型的架构方案，但虚拟化数据中心接入层的架构总体上越来越趋向扁平化、全局化。

## 9.2.2　逻辑隔离

虚拟化数据中心接入层网络采用全局化的大二层架构，但在逻辑架构上并不意味着整个接入层是一个没有广播域隔离的大二层。虚拟化数据中心的所有业务数据流通信都来自或去往接入层网络，不论处于何种目的，不同业务的数据通信相互隔离都是必需的。所有的业务通信、所有的接入层主机(物理机或虚拟机)都在一个互通的广播域中是不可想象的。

一般情况下，业务应用网络隔离的最小粒度为以太网广播域。一个以太网广播域内的主机可以在二层直接通信，被称为 LAN(Local Area Network，局域网)。因此，可以认为以太网广播域与 IP 子网总是联系在一起的。在接入层逻辑设计上，LAN 与 IP 子网最好是一一对应的。

VLAN(Virtual Local Area Network，虚拟局域网)作为传统网络设备上的一种虚拟化技术已相当成熟，并广泛应用。VLAN 的功能是在物理交换机上建立多个虚拟交换机，虚拟交换机多以端口划分，一个物理交换机上的端口都有一个 VLAN-ID 属性值，属性值相同的端口组成一个虚拟交换机。这样一个物理交换机就可以被分割成多个虚拟交换机，而一个虚拟交换机的特性就如同一个物理交换机。

交换机之间的互连链路可以被设置能够识别、交换含有 VLAN-ID 属性的以太网数据分组。此种链路被称为主干链路(Trunk)，以太网 Trunk 的标准是 802.1q。当多台交换机以 Trunk 链路互连在一起时，一个 VLAN 还可以跨越多个物理交换机。不同的交换机上具有相同 VLAN-ID 属性值的端口属于同一个以太网广播域，组成一个跨越物理交换机的虚拟交换机。

有了 VLAN 技术我们就可以灵活地在一个大二层的网络资源池中切割划分子网。如图 9-6 所示为用 VLAN 实施网络隔离的典型实例。

在这个实例中，有两个汇聚层区域 Area200 和 Area300，汇聚层路由交换设备通过万兆或万兆以上速率接口上连核心交换设备，区域之间的通信经核心交换区，运行 OSPF 内部路由协议。汇聚区域内的子网路由在区内进行。两个汇聚区共享一个全局的大二层接入网络，汇聚层路由交换设备通过万兆速率接口下连接入层交换机，互连链路配置为 802.1q Trunk。接入层的通过 VLAN 进行子网隔离。

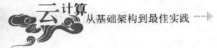

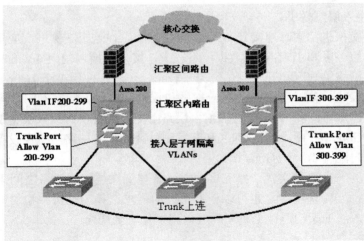

图 9-6　接入层网络隔离

假设两个汇聚层区域 Area200 和 Area300 需要各支持 100 个子网。

汇聚区 Area200 的配置：

```
systemName router200
...
// 该区域内的子网 Vlan
Vlan batch 200 to 299
```

// 该汇聚区每个子网的 IP 网关接口，Vlanif 是一个三层协议的逻辑接口，对应于每个 Vlan 子网，使用上可以认为是连接到一个 Vlan 子网的物理接口，是这个子网的网关接口。

```
interface Vlanif201
 description Area200Subnet01
 ip address 10.2.1.1  255.255.255.0

interface Vlanif202
 description Area200Subnet02
 ip address 10.2.2.1  255.255.255.0

interface Vlanif203
 description Area200Subnet03
 ip address 10.2.3.1  255.255.255.0

...
interface Vlanif299
 description Area200Subnet99
 ip address 10.2.99.1  255.255.255.0

...
```

// 下连接入层交换机的物理接口，配置为 Trunk，Trunk 接口只允许属于该区的 Vlan 通过。

```
interface XGigabitEthernet1/0/0
  description trunkToAccessSwitch00
  port link-type trunk
  port trunk allow-pass vlan 200 to 299

interface XGigabitEthernet1/0/1
  description trunkToAccessSwitch01
  port link-type trunk
  port trunk allow-pass vlan 200 to 299
...
```

汇聚区 Area300 的配置：

```
systemName router300
…
// 该区域内的子网 Vlan
Vlan batch 300 to399
…
// 该汇聚区每个子网的 IP 网关接口，Vlanif 是一个三层协议的逻辑接口，对应于每个 Vlan 子
网，使用上可以认为是连接到一个 Vlan 子网的物理接口，是这个子网的网关接口。
interface Vlanif301
 description Area300Subnet01
 ip address 10.3.1.1  255.255.255.0

interface Vlanif302
 description Area300Subnet02
 ip address 10.3.2.1  255.255.255.0

interface Vlanif303
 description Area300Subnet03
 ip address 10.2.3.1  255.255.255.0

…
interface Vlanif399
 description Area300Subnet99
 ip address 10.3.99.1  255.255.255.0

…
// 下连接入层交换机的物理接口，配置为 Trunk，Trunk 接口只允许属于该区的 Vlan 通过。
interface XGigabitEthernet1/0/0
  description trunkToAccessSwitch00
  port link-type trunk
  port trunk allow-pass vlan 300 to 399

interface XGigabitEthernet1/0/1
  description trunkToAccessSwitch01
  port link-type trunk
  port trunk allow-pass vlan 300 to 399
…
```

接入层交换机的配置：

```
systemName Swithi00
…
// 跨越多个区域的子网 Vlan
Vlan batch 200 to399
// 上连汇聚层设备的接口，配置为 Trunk，Trunk 接口只允许多个区的 Vlan 通过。
interface XGigabitEthernet0/1/1
  description trunkToAera200
  port link-type trunk
  port trunk allow-pass vlan 200 to 299

interface XGigabitEthernet0/1/2
  description trunkToAera300
  port link-type trunk
  port trunk allow-pass vlan 300 to 399
…
```

　　按照上面的配置，我们就建立了能容纳 200 个 VLAN 子网的网络资源池。对于一个应用系统的部署，可以根据其策略需求，安排在适合的 VLAN 子网。汇聚区内的子网之间，

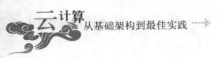
通过它们的 Vlanif 相互通信，在 Vlanif 这个控制点，实施 VLAN 子网级别的控制策略。汇聚区之间的通信经过核心交换，防火墙是区域边界的控制点，在这个控制点实施汇聚区级的控制策略。

如果有两个同属一个 VLAN 子网的虚拟机，运行在不同的物理机，且从不同的交换机接入，则在此环境中两个虚拟机仍可以在所属的同一个 VLAN 子网中通信，不需要汇聚层设备进行路由(仅需汇聚层设备进行交换)。

如果有两个运行在同一个物理机上的虚拟机，属于不同的 VLAN 子网，且分属于不同的汇聚层区域，则在此环境中两个虚拟机之间的通信不仅需要汇聚层设备的路由，还要经过核心交换设备。

最后，我们看一下接入层交换机上面的服务器接入：

```
systemName Swithi00
…
// 跨越多个区域的子网 VLAN
Vlan batch 200 to399
…
// 接虚拟化主机，配置为 Trunk，其上的虚拟机可以运行在 Area200 和 Area300 区内的 VLAN
子网中。
interface GigabitEthernet0/1/1
  description vitualServerHost
port link-type trunk
  port trunk allow-pass vlan 200 to 399

// 接虚拟化主机，配置为 Trunk，其上的虚拟机只能运行在 Area200 区内的 VLAN 子网中。
interface GigabitEthernet0/1/2
  description vitualServerHost
  port link-type trunk
  port trunk allow-pass vlan 200 to 299

// 接虚拟化主机，配置为 Trunk，其上的虚拟机只能运行在 Area300 区内的 VLAN 子网中。
interface GigabitEthernet0/1/3
  description vitualServerHost
  port link-type trunk
  port trunk allow-pass vlan 300 to 399

// 接物理主机，以物理服务器运行，数据分组不带 VLAN 标签的，连接类型为接入型(access)，
该接口只能属于一个指定的 VLAN 子网。
interface GigabitEthernet0/1/4
  description physicServer
  port link-type access
  port trunk allow-pass vlan 300
…
```

接入层交换机的网络接口可以根据实际需求灵活地配置，与 VLAN 相关的配置都是软件上的配置，具有动态性，而且不需要改变网络的物理拓扑结构。

## 9.2.3　关于 VLAN

虚拟化数据中心接入层网络物理上是一个全局化的二层网络，采用传统的网络虚拟化技术 VLAN 进行逻辑上的隔离，但 VLAN 够安全吗？这里有必要了解更多有关 VLAN 的知识。

VLAN 很容易理解，它是一个广播域，限定了一个广播数据包可以传播多远。当交换

机的一个物理端口被设置为属于一个指定的 VLAN 时，进入该端口的通信流量被限定在同属该 VLAN 成员端口的范围内。不同 VLAN 之间的通信流量必须经过第三层路由才能实现，对于 OSI 参考模型第二层的网络隔离，VLAN 提供了一个简单且实用的方法。

VLAN 最主要的标准是 IEEE802.1Q，它定义了 VLAN 标记的格式。如图 9-7 所示，802.1Q 在 802.3 以太网帧中插入 2 字节的标记(Tag)。

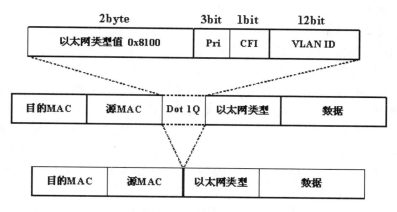

图 9-7　802.1Q 标记

以太网帧中的以太网类型(Ethertype)标识该帧承载的上层协议，如值 0x0800 对应 IP 协议。802.1Q 标记中的第一部分也是以太网类型标识，取值固定为 0x0810，一旦出现该值即表示字段后的 2 字节为 802.IQ 标记。3 比特的优先级(Priority)被用于指定不同的服务等级；1 比特的规范标记指示器(Canonical Flag Indicator) 用于在以太网和令牌环网(Token Ring)环境之间保持兼容性，取值为 0 代表以太网；12 比特用于实际的 VLAN ID，可以支持的最大编号为 4096。

交换机上一个配置为 access 的端口表明其只属于一个指定 VLAN，而一个配置为 Trunk 的端口可以在单个物理链路上传输多达 4096 个 VLAN，可以认为一个 Trunk 端口同时属于多个 VLAN。

如图9-8所示，交换机1和交换机2通过802.1Q Trunk互联，主机A和主机C在VLAN10，主机 B 和主机 D 在 VLAN20。

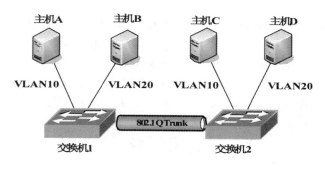

图 9-8　802.1Q Trunk

主机 A 与主机 C 的通信流如下：

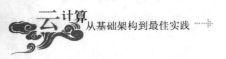

(1) 主机 A 发出不带标记的以太网帧。

(2) 交换机 1 从属于 VLAN10 的 access 端口接收该以太网帧,在交换机内部标记为 VLAN10。

(3) 带 VLAN10 标记的以太网帧通过 Trunk 端口传送到交换机 2。

(4) 交换机 2 从 Trunk 端口接收带 VLAN10 标记的以太网帧。

(5) 交换机 2 去除以太网帧的 VLAN10 标记,并将不带标记的以太网帧从属于 VLAN10 的 access 端口发送给主机 C。

(6) 主机 C 接收不带标记的以太网帧。

一般情况下,交换机之间的互连总是使用 Trunk 端口,交换机与主机的连接总是使用 access 端口。交换机的每个 access 端口属于一个指定 VLAN。交换机的 Trunk 端口可以传输多个 VLAN 的流量。但在交换机内部,Trunk 端口也有一个属于自己的指定 VLAN,在 Cisco 交换机中被称为"native VLAN ID",在华为交换机中被称为 PVID。当一个 VLAN 标记为 native VLAN 的以太网帧从其 Trunk 端口发出时,交换机将去除 VLAN 标记,并以不带标记的以太网帧发送。当从 Trunk 端口接收到一个不带标记的以太网帧时,交换机会将其归类为 native VLAN 的以太网帧。

如果我们不慎将交换机 1 的 native VLAN 设置为 VLAN10,同时将交换机 2 的 native VLAN 设置为 VLAN20,主机 A 发出的数据流可以到达主机 D,主机 D 发出的数据流也可以到达主机 A。这就是 VLAN 跳跃问题(VLAN hopping)。

可以将交换机 2 的 native VLAN 改设为 VLAN10,以消除 VLAN hopping,同时也恢复主机 A 和主机 C 的通信。但此时仍存在穿越 VLAN 的可能。从主机 A 发出一个如图 9-9 所示具有多个 VLAN 标记的以太网帧,这一点 802.1Q 协议是允许的,而且还有专门利用这一特性的用法,如 CiscoQinQ 技术。许多交换机的 access 端口也可以接收带标记的以太网帧,只要与该端口所属的 VLAN 相匹配。

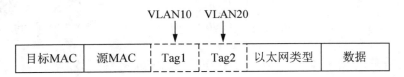

图 9-9　多 802.1Q 标记以太网帧

交换机从 VLAN10 的 access 端口接收带有两个标记的以太网帧,从 Trunk 端口传送到交换机 2 的过程中去除了 VLAN10 的标记,保留了 Vlan20 的标记,并可以从 VLAN20 的 access 端口发送给主机 D。这就是"802.1Q 标记栈(Tag Stack)攻击"。

VLAN 跳跃和标记栈攻击是穿透 VLAN 隔离的主要风险,因此,在交换机配置上,切忌将某个 access 端口设置为 native VLAN 的成员,并避免启用堆叠的 VLAN 标记。

# 9.3　主机网络虚拟化

在一个不使用服务器虚拟化技术的网络架构中,物理主机只作为网络通信中的端点,不需要具备网络通信中转站的功能,此时网络的架构只在网络设备一侧展开。在虚拟化数据中心架构中，物理主机主要被当做运行虚拟机的虚拟化平台，物理主机转变成为一种资源平台、一种承担负载的容器。一台物理主机上会运行多个虚拟机，它在逻辑上已经成为虚拟机网络通信的中转站。这时，仅在网络设备一侧架构网络就不能满足要求了。对虚拟机，它的接入层网络在物理机上。换句话说，虚拟化数据中心的网络架构需要延伸到物理主机。

VLAN 是在传统网络设备上进行虚拟化的代表性技术，它必须与主机网络虚拟化技术相配合才能实现虚拟化环境下的网络架构。服务器虚拟化平台不仅要虚拟化出计算组件，还要虚拟化出网络组件。主机网络虚拟化技术主要包括虚拟网卡技术和虚拟交换机技术。它们是虚拟化数据中心网络的重要组成部分。主机上的虚拟化网络如图 9-10 所示。

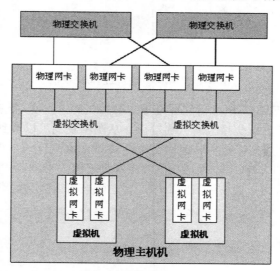

图 9-10　主机网络虚拟化

在虚拟化平台创建虚拟机时，需要为虚拟机设置网卡的个数和型号，虚拟网卡是通过软件实现的。对虚拟机来说其虚拟网卡如同物理机上的物理网卡，完全是一个物理机环境的模拟。

虚拟化平台也在物理主机上通过软件实现虚拟交换机，在功能上它与物理交换机是一样的。物理主机上的虚拟机网卡均需要接入一个虚拟交换机端口。虚拟交换机通过与指定的主机物理网卡绑定，经物理网卡与外部通信。可以认为，主机网络虚拟化就是物理网络在主机上的软件实现。

## 9.3.1　虚拟交换机

为便于理解，我们以 VMware vSphere 虚拟化平台为例介绍虚拟交换机。对于虚拟化主机 ESX Server，其标准虚拟交换机如图 9-11 所示。

标准虚拟交换机建立在 ESX 主机上，一个标准虚拟交换机只属于其所在的 ESX 主机。下面看一个在 ESX 主机上创建虚拟交换机的例子。

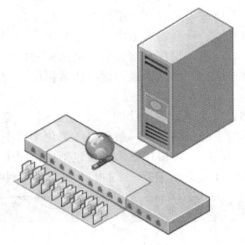

**图 9-11　VMware 标准虚拟交换机**

图 9-12 显示了在 ESX 主机上创建标准虚拟交换机的第一步，选择与虚拟交换机绑定的主机物理网卡，它们是虚拟交换机的上连端口。从图中我们可以看到，该主机有 6 个物理网卡，已经建立了两个虚拟交换机。虚拟交换机 vSwitch0 上连端口绑定到物理网卡 vmnic0 和 vmnic1；虚拟交换机 vSwitch1 上连端口绑定到物理网卡 vmnic4 和 vmnic5。新建虚拟交换机的上连端口只能从尚未被使用的网卡中选择，我们可以选择网卡 vmnic2 和 vmnic3。

**图 9-12　虚拟交换机物理网卡绑定**

从这一步我们可以了解到，在一个主机上可以创建多个虚拟交换机，虚拟交换机必须与主机物理网卡绑定才能与外部通信，一个虚拟交换机通常会绑定多个主机物理网卡，以起到故障冗余和负载均衡的作用。一个主机物理网卡只能被绑定到一个虚拟交换机。

图 9-13 显示了在 ESX 主机上创建标准虚拟交换机的第二步，在虚拟交换机上创建端口组。从属性值我们可以想到端口组表示一个虚拟交换机上的 VLAN 子网，在此例中，其 VLAN ID 为 201。

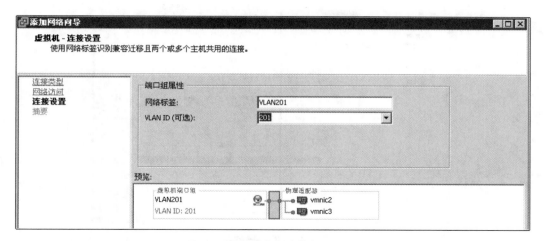

图 9-13 创建虚拟交换机端口组

根据实际需要可以随时在虚拟交换机上创建新的端口组，如图 9-14 所示，我们在 vSwitch2 上批量创建了端口组。

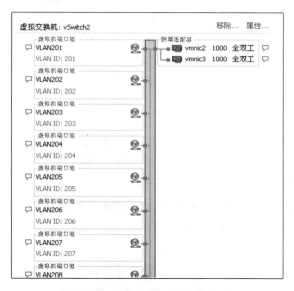

图 9-14 虚拟交换机上的端口组

ESX 主机上的虚拟机通过虚拟交换机的端口组接入网络，图 9-15 显示为虚拟机添加网卡时的选项，指定适配器类型，从列表中选择的网络标签即端口组，也即连接的 VLAN 子网。

在 ESX 主机上我们可以创建"虚拟机 01"，有 2 个虚拟网卡，分别连接到端口组"VLAN201"和"VLAN202"。再创建"虚拟机 02"，有 1 个虚拟网卡，连接到端口组"VLAN202"。在图 9-16 所示虚拟交换机视图显示端口组 VLAN201 连接有 1 台虚拟机，端口组 VLAN202 连接有 2 台虚拟机。虚拟机网卡通过虚拟交换机与物理主机网卡连接，与外部网络进行通信。相同端口组上的虚拟机之间的通信直接在虚拟交换机内部进行，不同端口组上虚拟机之间的通信需要经过外部网络设备路由。

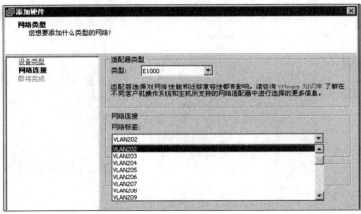

图 9-15　选择网络类型

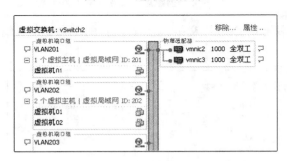

图 9-16　端口组上的虚拟机

　　虚拟交换机绑定多个网卡时具有故障冗余和负载均衡的功能，可以提高物理链路的高可用性和性能。如图 9-17 所示，可以设置多条链路负载平衡的策略。ESX 主机物理网卡默认支持 Trunk 协议，因此，与之连接的交换机接口也应配置为 Trunk 模式。

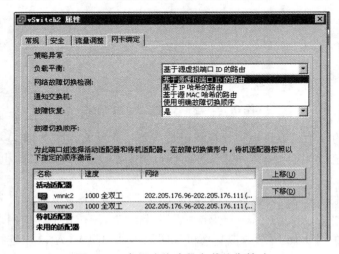

图 9-17　多网卡绑定的负载均衡策略

　　在网络设备一侧可以通过在交换机上对每个端口限定带宽上限等方法实现流量控制。如图 9-18 所示，在虚拟交换机上也可以实施流量控制。

图 9-18  流量控制策略

## 9.3.2  分布式虚拟交换机

前面介绍了在 ESX 主机上建立标准虚拟交换机，现在考虑 ESX 主机集群的情况。ESX 主机集群是一个服务器资源池，虚拟机运行在资源池中就是为了使其可以运行在主机集群中的任何一台主机上，而不仅仅局限在其中一台或几台 ESX 主机。因此，集群中每台 ESX 主机的虚拟化网络就需要共享相同的网络，虚拟交换机需要具有相同的配置。每台 ESX 主机上的虚拟交换机绑定的物理网卡应聚和到相同的数据中心接入层网络，每台 ESX 主机的虚拟交换机需要创建相同的虚拟机端口组。当主机数量或端口组数量比较大时，虚拟交换机的配置就会变得复杂。

要简化虚拟交换机在主机集群环境下的配置，虚拟交换机就不能只创建在单个主机上，而应该在集群上创建全局的虚拟交换机，主机接入这个虚拟交换机就会自动获得整个集群内的网络配置。在 VMware vSphere 虚拟化平台上，分布式虚拟交换机就属于这一类，如图 9-19 所示，分布式虚拟交换机同时连入多个 ESX 主机，它们共享相同的网络配置。

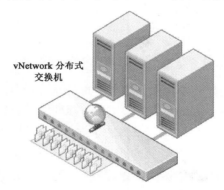

vNetwork 分布式
交换机

图 9-19  VMware 分布式虚拟交换机

分布式虚拟交换机不能直接建立在 ESX 主机上，必须在 vCenter Server 上创建和管理。将 ESX 主机连接到分布式虚拟交换机后，共享的网络配置自动下发到主机。

如图 9-20 所示，创建一个分布式虚拟交换机"dvSwitch1"，每个主机最多可有 4 个接口与该交换机连接。

图 9-21 显示将主机连接到该交换机，从集群中的主机清单中选择连接的主机及主机的物理网卡。分布式虚拟交换机建立在主机集群之上，但同标准虚拟交换机一样，需要将主

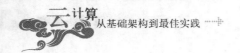

机的物理网卡绑定到分布式虚拟交换机。

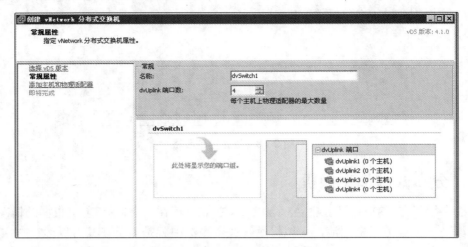

**图 9-20　创建分布式虚拟交换机**

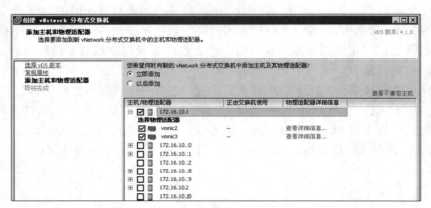

**图 9-21　为分布式虚拟交换机添加主机**

　　相应地需要在分布式虚拟交换机上创建和管理分布式端口组，图 9-22 显示了在分布式虚拟交换机上创建分布式端口组时指定的参数，与标准虚拟交换机上创建端口组基本相同。这时，端口组只需要在分布式虚拟交换机上一次性创建，配置信息就会发布到所有被连接的主机上。

**图 9-22　创建分布式虚拟交换机端口组**

图 9-23 显示了连接到分布式虚拟交换机的主机网络配置信息，此时在主机上不能直接配置端口组。分布式虚拟交换机的其他使用方法与标准虚拟交换机是一样的。

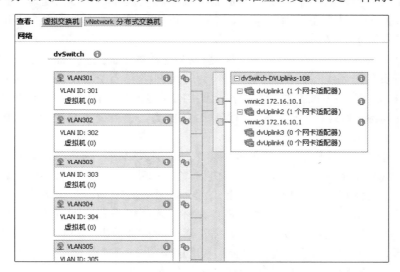

图 9-23　主机上的分布式交换机

通过对虚拟交换机的介绍，在虚拟化数据中心环境下，物理主机也成为网络架构的一部分，虚拟交换机(包括标准虚拟交换机和分布式虚拟交换机)是接入层的虚拟网络设备，其功能与物理交换机一样。这对网络管理提出了如何管理虚拟交换机的问题。虚拟交换机不仅承担着网络数据平面的通信流量，而且也是虚拟化数据中心网络控制流量平面、管理流量平面、服务流量平面的组成部分。

# 9.4　网络流量平面

前面主要从虚拟化数据中心拓扑结构着手分析网络架构，现在我们从网络流量的角度进一步补充网络架构需要考虑的问题。虚拟化数据中心依然可以按照传统的方法，将 IP 网络流量分割成数据平面、控制平面、管理平面。IP 流量平面属于逻辑层面的实体，是一种端到端的框架。

## 9.4.1　IP 数据平面

数据平面包含的流量是由主机、客户端、服务器及使用网络作为传输工具的应用生成的，数据平面流量的源和目标端点 IP 地址都不可能是基础设施的网络元素，如路由器和交换机。对网络基础设施来说，数据平面都是过路流量，网络架构的目标就是通过优化网络元素尽可能快地转发数据平面的流量。

数据中心内部及外部路由控制着数据平面流量的路径，我们在这里不具体介绍路由协议及路由的建立和优化等内容。内部路由功能主要集中在网络汇聚层，而互联网外部的路由功能主要集中互联网边界区。

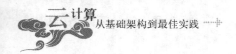
### 1. 流量过滤

数据平面需要实现的一个重要功能是流量过滤。流量过滤的目的是过滤掉任何不需要的流量，让数据平面只存在有用的流量，这既是优化数据平面也是安全控制的重要措施。控制的策略采用最小授权原则。

网络汇聚层的防火墙和路由器(或三层交换机)是数据平面流量过滤的主要执行设备，也是主要的网络安全控制设备。网络防火墙作为专用网络安全控制设备，一般具有包过滤、NAT、VPN、防攻击等多方面的功能，其中最常用的是包过滤功能。使用专用集成电路(ASIC)的现代交换机具备以线速(wire speed)执行 ACL 的能力，也被视为简便而强大的网络安全控制设备。

防火墙包过滤和交换机 ACL 都可被称为"第三层或第四层的 ACL"，它们在外部功能上是相同的，其基本形式是：针对特定的协议类型和端口组合，允许(permit)或拒绝(deny)来自或去往主机的流量。但在内部结构上二者存在显著的差别。防火墙将入站流量与所制定的包过滤策略(policy)相比对，如果流量被允许，就创建一条端到端的连接状态记录，属于该连接的后续数据包会被自动放行，无需再逐个对后续数据包进行比对，即防火墙基于连接状态以逐流(per-flow)为基础。与状态化的防火墙不同，交换机 ACL 没有连接(connection)、单向数据流(flow)或数据流(stream)的概念。交换机 ACL 在逐包(packet-per-packet)的基础上对流入和流出的流量进行处理，而不去维护状态连接表，对于当今的网络交换机，其 ACL 一般都下发到硬件 ASIC 执行，能够具备每秒五六千万次的 ACL 查询(lookup)能力。但需要注意的是，交换机 ACL 在处理 ICMP 数据包和带 IP 选项的数据包时需要交换机的主 CPU 处理。

根据上面的分析，防火墙 per-flow 的连接状态特征，使其能够提供更完整的日志记录机制，但由于其需要维护庞大的连接状态表，因此显现出面对拒绝服务(DOS)攻击的脆弱性。而交换机 ACL 恰与其有相反的特性。因此，防火墙包过滤和交换机 ACL 并不存在优劣之分，各自有各自的特点，都是强有力的流量控制设备，它们之间可以是互补的关系。

### 2. 流量限速

数据中心是提供网络服务的中心，从网络流量的角度看，数据中心就是流量中心。特别是云计算数据中心，流量带宽总是最紧缺的资源之一。所以流量限速是云计算数据中心必备的一种能力。当网络带宽资源紧张，出现资源竞争并影响网络服务质量时，就需要对一些次要的服务进行流量限速，以保证主要应用的服务质量。或当某一应用出现异常情况，过度占用网络带宽资源时，需要做流量限速控制。

流量限速是网络汇聚层的一种重要功能，网络汇聚层路由器或三层交换机都应具备 QoS 的功能，可以在 IP 子网层控制某一子网的流速。服务器虚拟化平台上也具备一定的流量控制功能。如在 VMware 虚拟交换机上，可以逐个对端口组进行流速控制。

还有一种专用的流量控制设备，一般放在互联网出口处，对 IP 流量进行控制，不但可以控制流速，还可以根据流入流出数据量进行控制。

### 3. 流量监测

对数据平面流量的监测也是数据中心不可缺少的一种能力。只有实时掌握流量状况，才能对流量进行有效的管理和控制。对网络设备端口级的流量监测，只能监测设备端口以太网通信带宽使用情况，而不能对 IP 流量进行监测。要对 IP 数据平面的流量进行监测就需要使用 IP 协议分析和 IP 流量分析等工具。

IP 协议分析型的流量监控通过网络设备的端口镜像，直接采集、记录某一设备端口链路上原始的流量数据包。因此，IP 协议分析是对网络中某一链路的流量监测。专业的网络协议分析工具能够达到实时采集记录百兆以上数据流的性能要求；长时间存储历史流量记录的存储空间要求；流量数据挖掘分析对精细化和高效率的要求。由于 IP 协议分析型工具采集记录的是完整、连续的原始 IP 数据包，可以对历史数据进行任意时间段的深度挖掘，通过回溯重放进行精细化的分析，因此也是对网络行为取证的有力工具。

流量分析工具主要通过 NetFlow 协议或 SFlow 协议从路由器或三层交换机等网络设备采集流量数据。NetFlow 或 SFlow 是一种网络感知(telemetry)系统，不但可以用于流量监控，还能用于检测网络中的异常和可疑行为，如 Dos/DDos 攻击或传播中的蠕虫。

在 NetFlow/SFlow 系统中，支持 NetFlow/SFlow 的路由器、三层交换机等网络设备被称为流量数据导出器，用于实时采集和缓存设备上的流量数据，并导出给流量数据采集器。数据采集器是流量数据的聚合和合并点，同时也是数据的永久存放点。专业的流量分析工具实际上就是流量数据采集器和数据处理分析应用程序的集成。

NetFlow/SFlow 网络设备以五元组(源/目的 IP、源/目的端口、协议类型)对 IP 流量进行分类汇总，并将数据导出到流量分析工具，其与协议分析工具有很好的互补性。流量分析工具可以全面深入地分析网络拓扑中的流量分布情况，快速发现网络中的异常流量，准确定位异常流量的影响范围、来源、目的及其他细节特征。

## 9.4.2 控制平面

控制平面是网络基础设备元素之间的流量平面，如路由、信令和链路状态等网络协议通信。网络元素通过这些协议建立和维护网络的运行状态，并在 IP 通信端节点之间提供 IP 连接。控制平面流量的源和目标端点 IP 地址都是内部网络元素。

任何情况下，控制平面都是网络的核心，控制平面一旦失效，将无法生成网络的路由和状态信息，数据平面也就完全瘫痪。控制平面流量与数据平面流量共用相同的传输链路。与数据平面相比，控制平面流量是很小的。当数据平面的流量异常时，会影响控制平面的流量，在流量 QoS 方面，控制平面流量总是具有高优先级。控制平面的流量范围需要严格限制，只能在内部网络元素相互邻接链路上传输，即要防止路由等各种状态控制信息外泄，也要防止外部对这些控制信息的干扰。

控制平面的一个重要特点是其流量均由中央处理器直接处理。路由器、三层交换机等中高端网络设备内部都采用分布式处理，路由交换处理器为设备的中央处理器，包含设备的主 CPU 和内存。设备接口板上包含 ASIC(Application Specific Integrated Circuit)处理器，ASIC 在集成电路界被认为是一种为专门目的而设计的集成电路。ASIC 接口处理器分担中央处理器的负载，中央处理器维护管理路由表，数据平面的流量直接由 ASIC 接口处理器转发，不需要中央处理器处理。控制平面的数据流则需要由中央处理器上的进程直接处理，如 OSPF、MPLS、BGP、ICMP 等。

从网络设备的内部结构我们可以看到，中央处理器状态影响着控制平面的数据流量。如果中央处理器处理性能出现瓶颈，控制平面的数据流也就面临威胁。数据平面的流量一

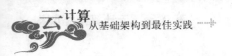

般情况下不需要中央处理器干预，但在有些情况下，数据平面的流量需要升级到中央处理器处理。

IP 协议数据包头具有各种 IP 选项。IP 选项用于启用 IP 数据平面中的控制功能，这些功能用来满足一些特定需求，但对于大多数常规的 IP 通信则不是必须的。通常 IP 头选项包括时间戳、安全性和特殊路由的规则。当 IP 数据包带有 IP 选项时，它的处理就必须通过中央处理器，因此，具有 IP 选项的数据包的处理被称为慢速路径路由。考虑到数据平面流量的规模，这样的数据流很容易消耗掉中央处理器的处理性能，触发一个 DoS 条件。

IP 选项没有被广泛使用在常规的 IP 网络中，因为许多选项所提供的功能可以被其他较高层的协议所取代。但仍然有一些协议在没有某些选项的情况下不能工作，如 IGMPv2、IGMPv3、DVMRP 和 RSVP。考虑到具有 IP 选项的数据包对网络基础架构潜在的破坏性，当不需要选项时，就应该对这些 IP 选项进行过滤。过滤 IP 选项主要依靠防火墙和路由交换设备的 ACL。另外，ICMP 协议和异常 IP 数据包也会升级到中央处理器，通过包过滤予以限制也是必要的。

### 9.4.3 管理平面

管理平面用于访问、管理和监视所有基础设施网络元素的流量，支持网络基础设施所必需的维护、监测等管理功能。管理平面流量其中一端的 IP 地址是内部网络元素。

管理平面流量与控制平面流量有相似的特点，流量较小，流量由设备的中央处理器处理。管理平面多由 Telnet、SSH、SNMP 等远程控制协议组成流量。

管理平面流量可以与数据平面流量共用相同的网络链路，称为带内管理。此时必须在逻辑上隔离两个平面的数据流，从基层子网就需要进行隔离，在汇聚层也同样采用网络防火墙、交换机 ACL 等流量控制措施。管理平面还可以采用带外管理方式，管理平面的链路独立于数据平面，不受数据平面流量的影响。

除了隔离措施外，管理平面流量一般还需要额外的安全保障措施。VPN 是一种常用的管理平面的安全控制措施。即使连接在内部网络上的管理员用户，也有必要使用 VPN 进行控制。VPN 增加了身份认证强度，并对通信进行加密，增强了管理平面的安全性。

管理平面的流量应当作为应用层流量来管理，仅仅依靠网络层的措施是不够的。运维堡垒机是一种应用层的安全设施，顾名思义，是当做安全堡垒的主机，充当管理者和管理目标之间的代理。堡垒主机主要在应用层强化了三个方面的功能。

● 身份认证。对管理员采用强身份认证机制。

● 访问授权。采用细粒度的授权，定义管理员对指定管理目标的访问权限。

● 安全审计。可以对 Telnet、SSH、RDP、PCAnywhere、X-Windows、FTP、SFTP、HTTP、HTTPS 等协议的交互过程进行全程记录。

运维堡垒机也必须与网络隔离、VPN 等网络层安全措施结合，才能发挥作用，构成管理平面封闭的流量空间。

### 9.4.4 主机流量平面

在虚拟化数据中心，虚拟化主机也是网络架构的一部分，也存在数据平面、控制平面和管理平面。以 VMware ESX 主机为例，当我们在虚拟交换机上建立端口组时，有 3 种可选的连接类型，如图 9-24 所示。

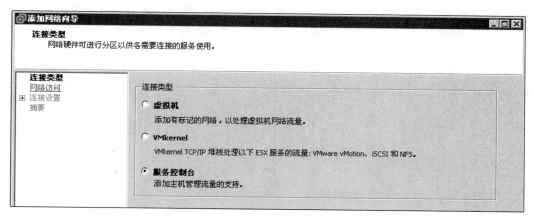

图 9-24　虚拟化主机的流量平面

当选择连接类型为"虚拟机"时，端口组属于数据平面。该端口组流量的一端是该主机上的虚拟机，经与虚拟交换机绑定的主机网卡连接外部，或流量的端节点都是该主机上的虚拟机。总之对虚拟化主机来说都是过境流量。

当选择 VMKernel 连接类型时，端口组属于控制平面。VMKernel 用于虚拟机自动迁移 VMotion、iSCSI 存储连接和 NFS 文件系统共享，是 ESX 主机之间迁移虚拟机，维护主机集群连接状态、主机连接 iSCSI 存储网络、主机共享 NFS 文件系统的端口组。VMKernel 端口组将在主机上建立一个虚拟接口，该接口必须配置正确的 IP 地址，并连接到虚拟交换机。集群中所有主机的 VMKernel 应该在同一个 IP 子网。显然，VMKernel 端口组与虚拟机端口组应采用隔离措施，在性能、高可用方面具有优先级，应该与虚拟机端口组使用不同的虚拟交换机，绑定不同的物理网卡。

当选择"服务控制台"连接类型时，端口组属于数据管理平面。服务控制台实际上就是一个 Linux 主机的 Shell 控制台。服务控制台端口组将在主机上建立一个虚拟接口，该接口必须配置 IP 地址，并连接到虚拟交换机，是远程管理 ESX 主机的 CLI 交互接口。

# 9.5　小　　结

本章着重介绍了云计算数据中心网络基础架构、接入层网络架构、主机虚拟化网络、分布式虚拟化网络、云数据中心流量管理等内容。

通过这些内容的学习，读者应能够掌握云计算数据中心大二层设计原理，并能够尝试在自身数据中心引入这些架构。

# 第 10 章

## IaaS 最佳实践

【内容提要】

本章将以案例的形式介绍私有 IaaS 云的设计与实施，案例涵盖的内容有目标规划、方案设计、环境准备、存储实施、网络实施、虚拟化平台实施、运维与自助服务实施、流程设计与实施等，通过本章的学习，读者应能够实现一定规模的可落地的私有 IaaS 云。

本章要点

- 私有 IaaS 的规划与设计
- 存储的规划与实施
- 网络的规划与实施
- 虚拟化平台的规划与实施
- 运维管理、流程的规划与实施

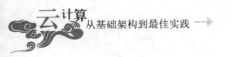

# 10.1　私有云基础架构方案

本节将给出一个私有云的设计，内容涉及服务器规划与选型、网络存储规划、网络规划、灾备环境规划、虚拟化平台的规划、管理与流程规划等。

## 10.1.1　私有云实施动力与目标

实施私有云战略，基础设施运维部门将会转型为一个面向服务的组织，这样可以屏蔽基础设施底层技术的复杂性，以基础设施服务提供者展现在业务部门用户面前。业务部门可以直接通过服务目录请求某种服务，这样既不用担心底层的网络、存储和服务器等基础设施的细节问题；也减少了因无法核算成本，而对资源的过度索取。基于服务的交付过程对业务部门的用户充分透明，有助于提高工作效率，同时增加业务部门的满意度。

在实施私有云战略后，以服务类别进行组织，通过对基础设施资源进行统一的调度与管理，最大化利用现有资源。采用服务目录与 SLA，还能够有效实施内部费用核算，这也有利于业务部门更有效、更仔细地使用 IT 服务，降低资源运营成本。

由于服务可以通过 SLA 进行约束，业务部门购买服务，IT 部门提供服务，这样更容易提升 IT 部门的工作积极性。

私有云的实施是一个管理与技术相融合的过程，它是一种理念，一种面向服务的理念。衡量是否为私有云，可以从以下几个特性进行考察。

### 1. 资源池化

能够实现对基础设施资源进行高效的池化管理。例如：形成存储资源池、网络资源池、计算资源池、灾备资源池等。对于资源池能够提供多租户管理模式，用户只需关心如何使用，无不需要关注所使用资源的位置在哪、如何运转等细节。

### 2. 弹性可伸缩

弹性可伸缩是指资源分配可以根据被访问的具体情况进行动态调整，包括增加或减少资源。这对业务部门的应用部署有着重要意义。业务系统通常在系统设计阶段很难精确计算所需资源的容量，在实际部署和运行时，往往会出现系统访问呈爆发式增长，而传统模式很难支撑这种伸缩计算。私有云的实施应能够提供可伸缩的计算能力。弹性可伸缩有两个难点：一是对资源池的调度与管理；二是对基础资源池不断扩容后的平滑管理。

### 3. 服务可度量

对用户使用的服务能够进行细粒度的监测，并能够根据约定的服务协议进行计费，服务可度量是私有云的一个重要特性。服务提供者通过服务目录发布服务，并对用户使用服务的服务进行度量，这里涉及的难点是服务水平协议的制订、相关数据的自动化监测、自动化报表与计费。

### 4. 自助式服务

用户通过自助服务门户可以对各自所使用的资源进行有效的操作与管理，自助服务类似于网上银行或机场自助登机牌打印机，对于服务提供者来说，自服务不仅能够提高客户满意度，还能有效降低服务成本。自助式服务要求提供尽量简单的用户操作界面，简化操作流程，降低用户使用难度。自助式服务的难点是用户 UI、流程设计与自动化技术。

### 5. 便捷网络访问能力

私有云带来了资源的大集中，这加剧了用户对数据中心的依赖，因而无处不在的网络访问能力也是私有云必备的特性。

### 6. 按需服务

私有云将信息技术封装成服务对外提供。服务应站在用户角度，按用户需求进行提供，即按需服务。用户可以根据实际需求得到服务，并能够根据实际变化决定服务是否终止，按需服务的难点是不断设计出满足用户实际需求的服务。

## 10.1.2　演进路线与逻辑架构

大多数企事业单位都面临由传统 IT 资源管理到私有云的过渡，为顺利完全过渡并成功搭建私有云，应充分考虑如下几个问题。

(1) 保护已有基础设施投资。

(2) 说服管理部门支持私有云的实施。

(3) 尽可能使用运维人员熟悉的平台与技术。

(4) 规划演进路线图。

在实施过程中要充分考虑以下几点。

● 选择突破点。

● 成本可控。

● 成绩可见。

即：私有云实施不是负担，是为了提升运维价值，更好地服务于用户；具体实施路线中，并不要求每一个目标都要完全实现，可以根据实际情况，先实施关键点；注意实施规模，尽量降低一次性投入成本；初期选择的实施点应尽可能容易见到效果，有了好的效果有助于下一步工作的展开，继而走向正循环。

IAAS 的规划与实施，主要从以下几个方面着手。

(1) 基础设施资源池规划与设计。选择存储、网络、服务器等核心设备，并通过这些设备实现生产存储池、灾备存储池、接入层网络、虚拟化主机网络、高可用的计算资源池。

(2) 虚拟化平台规划与设计：选择虚拟化平台、虚拟化管理平台、设备管理平台，实现对基础设施资源池的统一封装。

(3) 基础运维管理平台规划与设计：选择统一的 ITIL 运维平台、统一服务管理交付平台、性能与容量监测平台、统一资源调度与管理平台、统一的 CMDB。这些平台的作用类似于企业中的 ERP 系统，是构建现代大规模运维服务的基础。

(4) IaaS 自助管理平台规划与设计，提供面向用户的自助服务平台，根据服务目录发布可提供的服务类型，并对提供的服务质量进行保证，对服务进行计费。

(5) 管理制度与团队的规划与设计，应建立与云计算数据中心运营相匹配、可落地、

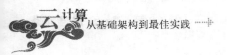
可操作的管理制度，组建满足运营需求的运维技术团队。

下面将分别从存储、网络、计算、虚拟化、自助服务管理、流程与人员等方面描述方案的实施。

**小总结**

(1) 一次典型的私有云实施结果就是不同程度地实现 IaaS、PaaS、SaaS 三种服务的支撑环境。

(2) IaaS 平台是基础，较容易实现。

(3) SaaS 平台会是未来发展的重点。

## 10.1.3 存储资源

共享存储平台是构建私有云的关键项目。由于采用集中式的存储模式，一旦存储本身出现问题，它将直接影响在线运转的私有云业务，并带来长期负面效果。在规划存储资源时，主要考虑两个问题：如何满足业务对存储性能与容量的要求；如何实现数据备份和容灾。

### 1. 两地三中心设计

当前有很多流行的灾备架构，如同城双活模式、异地主备模式、两地三中心模式等，从高可靠性来讲，最好采用典型的"三中心"数据中心架构，即"两地三中心"，由同城两处数据中心加异地一处数据中心组成，其中同城双中心作为生产中心，采用分担工作负载的双活模式，之间的数据复制采用同步模式，规划设计 RTO、RPO 为分钟级，能够实现无缝切换。灾备中心作为生产中心的备份中心，为了提升日常利用率，可以适当安排一些测试和数据查询业务。

同城双中心的配置采取 1∶1 高可用设计的原则，即任何一个站点都能够独立承担所有业务的负载，异地容灾系统原则是保证关键业务的运行和数据的容灾。

数据中心远程容灾拓扑如图 10-1 所示。

两地三中心的数据复制通常有三种方式：级联方式、并发、级联与备用双向复制，下面分别进行介绍。

(1) 级联方式

级联方式就是 A 站点复制到 B 站点，然后 B 站点再复制到 C 站点，如图 10-2 所示。这种模式比较容易理解，但唯一的问题是如果 B 站点出现问题，那么 A 与 C 站点可能就要进行数据的初始化，并重新建立复制关系，重建将消耗大量的带宽和时间。因此该容灾复制方式不能确保业务的连续性。

(2) 并发方式

并发方式就是 A 站点复制到 B 站点的同时，又把数据复制到 C 站点，如图 10-3 所示。

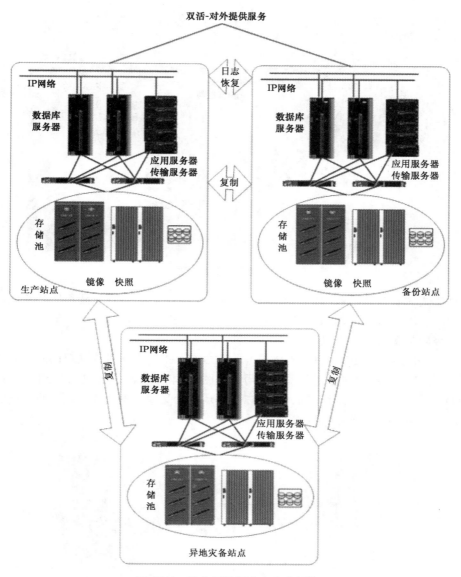

图 10-1　私有云数据中心容灾架构

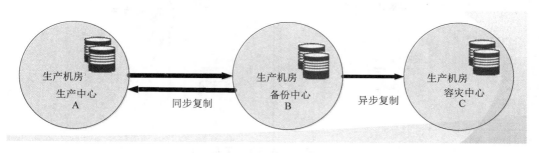

图 10-2　级联复制模式

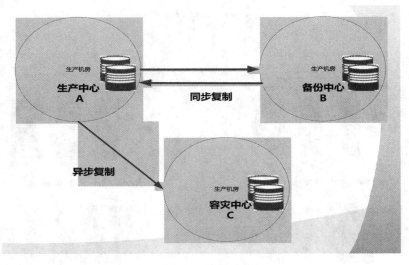

图 10-3　并发复制

　　这种模式的问题是：若 A 站点出现故障时，B 站点与 C 站点就要重新初始化，重新建立复制关系。因此该容灾复制方式也不能完全保证业务连续性。

　　(3)　级联与备用双向复制

　　级联与备用双向复制方式就是 A 站点、B 站点、C 站点同时建立双向的复制关系，但是 A 站点到 C 站点的双向复制关系不启用，如图 10-4 所示。即 A 站点复制到 B 站点，然后 B 站点再复制到 C 站点，同时 A 站点与 C 站点之间又建立备用的复制关系，一旦 B 站点失效，启用 A 站点与 C 站点的复制关系。

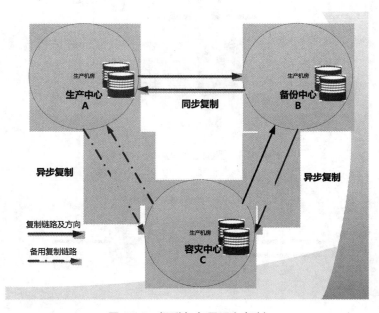

图 10-4　级联与备用双向复制

　　根据上面的描述，采用级联与备用双向复制模式，可以实现任意两个站点之间互为容灾备份，即不会有数据丢失，也能够保证数据复制的连续性，实现了真正意义的三中心容灾。

---

**小提示**

(1) 仅仅数据备份是不够的，这种备份不能解决对业务系统恶性操作、误操作等带来的问题。

(2) 要有专业的备份系统，诸如：数据库备份平台、虚拟主机文件备份平台等，这样可以进行细粒度的业务数据恢复。

(3) 要充分利用重复数据删除技术和压缩技术，减少备份数据占用的存储空间。

---

**2. 性能与容量设计**

如果有好的办法，尽量要充分评估未来业务的数据增长量，以及业务系统对磁盘 IO 操作的性能要求，这样才能做到有的放矢，当然准确做出这样的评估是很难的，不妨这里给出一种变通的办法，我们以设计生产存储资源池为例：

整个生产资源池可以由四个部分组成，采用 SAN 存储网络的高端磁盘阵列集群、采用 IP 存储网络的中端磁盘阵列集群、基于 NAS 集群的中低端存储集群(可以是多个 NAS 机头，外带大量盘阵)、基于低端多节点主机的分布式文件集群等；当然也可以是一台存储设备，通过存储设备本身磁盘组逻辑划分成高中低存储区域。

经过分类后，上述存储区域的任务分别如下。

(1) 第一类属于高性能、高可靠性，承担对性能要求最高的业务。

(2) 第二类属于中高性能，对于性能要求比较高的业务，可以放置于此平台。

(3) 第三类属于中低性能，一般性的业务可以放置于此。

(4) 第四类属于可选型，如果有技术能力，可以选择自行搭建，主要用于满足适合分布式计算和分布式数据存储的业务系统。

由这四块存储资源组成整个的生产环境存储资源，为了方便管理，用户可以选择存储虚拟化网关对这四块物理存储集群进行统一管理。

为了充分利用性能，提升效率，要考虑数据迁移的设计，通常迁移的模式如下：

(1) 在磁盘阵列内部尽量支持存储分层技术。

(2) 在同一存储集群之间，可以实现 LUN 的拷贝，以平衡本集群业务负载。

(3) 在不同集群之间，可以通过应用层实现业务系统在不同性能级别存储之间的迁移。

在容量估算方面，这里无法给出通用值，只能给出通常需要计算的要素，应包括结构化数据存储容量、非结构化数据存储容量、虚拟服务器资源池存储容量，同时按照在线、高可用冗余、本地备份、远程容灾复制等所需要的存储容量进行计算，分别得出每一部分大概需要多少容量。

对于容量的增长根据性能与容量管理机制，每三个月进行一次评估，根据评估结果决定下一阶段是否进行性能与容量方面的扩容。

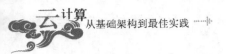

**小提示**

*存储介质选择经验：*

(1) 结构化数据的数据存储应采用 FC 高性能存储介质。

(2) 虚拟服务器存储池应采用 FC 高性能存储介质。

(3) 本地高可用性磁盘镜像复制应采用 FC 高性能存储介质。

(4) 本地备份可使用高密度的 SATA 磁盘存储介质。

(5) 远程容灾复制可采用高密度的 SATA 磁盘存储介质。

(6) 数据库集群可采用 SSD 磁盘。

高端磁盘阵列的各功能指标可参考表 10-1。

表 10-1　高端盘阵的功能指标

| 功能指标 | 技术规格要求 |
| --- | --- |
| 系统架构 | SAN 架构，具备 FC、IP 融合组网的能力，多控制器架构，64 位多核处理芯片 |
| 支持协议 | 支持光纤通道 FC、10GiSCSI |
| 前端主机端口 | 配置 8Gb 光纤 FC 接口≥32(每控制器≥16)，10Gb iSCSI 接口≥4(每控制器≥2) |
| 磁盘系统配置 | 支持 SSD/FC/SATA 硬盘，或 SSD/SAS/STAT 硬盘混插；SSD 硬盘裸容量≥6TB；15000rpm FC 或 SAS 硬盘裸容量≥140TB |
| 数据保护 | 支持 RAID10、RIAD5、RIAD6 不同 RIAD 方式可以并存，支持全局热备盘和降级使用 |
| 高速缓存 | 配置高速缓存≥256GB，可扩展最大高速缓存≥512GB，支持掉电时将数据回写入磁盘永久保护 |
| 存储性能 | SPC-1≥120000IOPS |
| 软件功能 | 配置虚拟资源调配软件，实现按需分配磁盘空间；<br>提供精简供给功能，可以分配超过磁盘物理容量的逻辑容量给到前端应用；<br>配置数据全自动分级功能，支持基于 IO 访问量的策略设置实现将同一个 LUN/卷内的不同数据块在不同的存储介质 SSD/FC/SATA 之间可以自动进行迁移分布，满足不同应用的要求；<br>配置图形化管理和监控软件，可通过存储管理软件集中管理；能通过 Web、控制台、GUI 界面等方式对磁盘阵列的各项指标进行管理和调整；<br>提供阵列内部的快照；<br>提供主机通道负载均衡及通道切换功能；<br>配置阵列间同步远程复制功能，支持 3 点以上容灾技术 |
| 冗余性 | 风扇、电源、RIAD 控制器等全冗余 |

## 10.1.4　计算资源

计算资源涉及服务器的选型，通常可选择的产品包括大型机、小型机、八路机架服务器、四路机架服务器、两路机架服务器、刀片服务器等。在实际选择中，在刀片服务器与机架服务器之间也面临取舍,可以考虑空间、制冷、电力、成本、使用场景等因素。通常选择刀片服务器会节省空间,但单位空间的电力消耗较大;选择机架相对电力消耗可控,相对空间会占用更多。

设计计算资源池,要从两个方面入手,其中一是集群架构;二是服务器配置选型。

### 1. 集群架构

根据用途可以将服务器划分为多个计算集群单元,下面简要介绍这些集群的规划细节。

(1) 虚拟化集群单元:用于支撑虚拟主机业务,集群尽量采用 N+1 或 N+2 模式构建,即 N 台生产服务器,1 至 2 台备用迁移服务器(N 的选择由备用节点的性能与生产节点故障概率决定)。

(2) 数据库集群单元:用于支撑海量数据库处理环境,集群的选择可以根据数据库平台决定,如针对 MySQL、SQL Server,可以搭建一主多从集群;针对 Oracle 可以搭建 RAC 集群。

计算集群单元是计算池中最小的单位,一个计算池就是由多个不同用途的计算集群单元组合而成。

一个生产计算池的示例如图 10-5 所示。

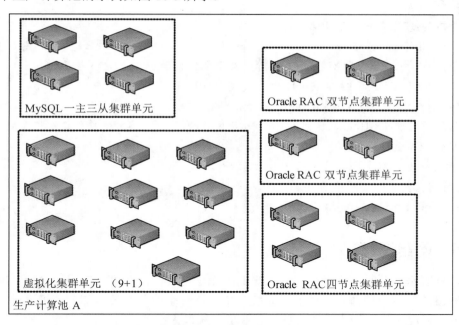

图 10-5　生产计算池组合

另外,也可以根据性能的不同分成高性能计算环境、中高性能计算环境、低性能计算环境,满足不同 SLA 的需求。

### 2. 服务器配置选型

对于支持虚拟化的服务器配置,主要应考虑如下问题。

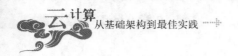

(1) CPU 能力

选择的芯片要支持虚拟化，当前两路机架服务器可以满足每个 CPU 有 8 个核，这里推荐 2×8 的 CPU 能力。

(2) 内存能力

通常内存与 CPU 的比例是 4∶1，即一个 CPU 内核对应配置 4GB 内存，也可以适当选择 6∶1 或 8∶1 更高的配比。

(3) 本地磁盘

如果主要依赖共享的磁盘阵列，本地磁盘并不需要太多，可以选择两块磁盘，做 RAID1 即可，只要能够胜任安装虚拟化平台就行。

(4) 网卡

网卡应至少配置四块千兆卡：其中一块用于平台管理；一块用于虚拟机迁移；两块用于虚拟机业务。

(5) HBA 卡

HBA 卡用于连接 FC 存储网络，一般需要配置双 HBA 接口，连接高性能存储阵列。

---

**小提示**

ESX 物理服务器推荐指标：

(1) CPU：2×8 核。

(2) 内存：128G ECC DDR3 支持交叉存取、内存镜像、内存热备份。

(3) RAID 卡：高性能 RAID 卡，支持 RAID 0、1、5。

(4) 磁盘：2 个热插拔 600GB 10krpm SAS 硬盘。

(5) 网卡：4×1000 块千兆网卡，支持 IOAT2 高级网络加速功能，支持 VMDQ 网络虚拟化技术。

(6) 电源：双电源，支持动态电源管理功能。

(7) HBA：一至两块 8Gb FC 两端口 HBA 卡。

(8) 带外管理：IPMI 管理卡。

---

## 10.1.5 网络资源

在规划网络资源时，强调网络数据平面的无阻塞设计，即"大二层"设计，但同时也要保证网络的三层防护体系。以业务系统为单元，一个业务系统内部各主机通过主机防火墙保证最小授权访问，构成内层防护；各业务系统以一个独立 VLAN 存在，在各业务系统之间构建第二层防护；各业务系统按最小授权原则，对外只开放最低限度的服务端口，并通过外层防火墙保证网络边界的安全，构成最外层防护体系。基于三层的网络防护体系，应能够防范网络层面的攻击。

如果需要实施应用层安全防护，最好采用统一应用交付平台，这种平台类似于负载均衡，每个业务系统在统一应用交付平台上面注册对外服务(包括：域名，其中域名绑定统一应用交付平台的公网 IP、映射到的内网 IP 地址、内网服务器端口)，所有用户针对该业务系统的请求均有统一应用交付平台进行转发。这样在应用层面，用户无法直接到达业务系统，降低了直接被渗透的风险；此外用户的请求及业务响应均完整地被统一交付平台记录，可以通过行为分析，发现潜在的应用层入侵者，进行告警，也可以通过配置访问黑名单及时阻断。

## 10.1.6 虚拟化及自助服务设计

本节涉及更多的是对虚拟化、虚拟化管理、IaaS 用户自助服务等平台选型，以及梳理出个性化功能，为定制开发做准备。

### 1. 虚拟化及管理平台选型

虚拟化平台的选择可以由用户实际的技术能力、使用偏好、使用规模、维护成本多个因素共同决定，前面介绍了多款主流虚拟化平台，既有商用平台，也有开源平台。最容易的选择是基于纯商业单虚拟化环境，如 VMware、Hyper-v、Citrix 任选其一。当然选择多种虚拟化平台共融是明智的，既包括开源平台，也包括商用平台。不过选择开源带来一定的管理与技术难度，但优点比较明显，避免被特定的厂商绑定。

### 2. IaaS 自助平台

IaaS 自助平台是面向最终用户，提供基于 Web 的服务请求与交付，它背后涉及对私有云资源的调度、计费与管理，在业务方面涉及对服务目录的定义与流程审批。下面简单列出几项基本功能，供定制开发做参考。

(1) 多虚拟化平台支持，能够纳管多种虚拟化平台。

(2) 性能与资源实时监测与自动化调度，能够确保资源高效、平稳运行。

(3) 存储管理的热添加与回收，支持将虚拟服务器介质文件，从一个存储设备迁移至另一个存储设备。

(4) 支持网络负载优化，特别是支持虚拟化层的网络性能优化、网络地址分配与回收。

(5) 支持 P2V 与 V2V。

(6) 支持物理设备与虚拟主机合规性检查。

(7) 支持细粒度资源使用状态监测与报表，支持计费功能。

(8) 支持自助服务门户与运维管理门户，支持流程的定制，如：服务交付、事件管理、配置管理、变更管理、问题管理、容量管理等。

(9) 支持多租户资源的管理。

上面只是列出平台的基本功能，实施一套完整的 IaaS 自助平台是比较复杂的，需要前期做大量准备工作，所幸当前业内也有一些比较成熟的第三方平台，可以对这些平台进行二次定制开发。

## 10.2 IaaS 实施实践

本节将围绕一个 IaaS 云，给出一个可供读者参考的现场实施示例，内容涉及存储、网络、计算、虚拟化、管理平台等各环节的具体实施细节。

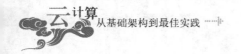

### 10.2.1　环境准备

根据上面的架构方案，这里演示并搭建一个可进行商用的、支持端到端交付的基础设施私有云。演示环境的组成如下。

#### 1. 存储设备

存储设备由两台 FC 光纤磁盘阵列，两台阵列均采用双控制器结构，其中一台定位于中高端，存储容量级为 90TB，缓存 64GB；另一台属于高性能存储，容量约为 150TB，缓存 128GB。

#### 2. 网络设备

网络设备由两台万兆交换机、两台出口路由器、四台 48 口接入交换机组成；此外网络设备还包括两台光纤交换机。

#### 3. 服务器

服务器由 30 台两路机架服务器组成，本地磁盘容量为 2TB、16 个 CPU 内核、128GB 内存、四网卡、双口 HBA 卡。

#### 4. 虚拟化及管理平台

虚拟化操作系统平台采用 VMware ESXi 4.1、虚拟化管理平台采用 VMware vCenter 试用版、IaaS 自助服务管理采用浪潮公司的云海 OS2.0 试用版、事件与流程管理平台采用东华合创的 ForceView 3.0 试用版。

### 10.2.2　存储实施

以双活、互为灾备的模式构建存储区域，整个存储区域网络采用 FC 光纤组网，整个光纤网由两台光纤交换机构成。

每个服务器有两个 4GB HBA 接口，分别连接到两台光纤交换机上；存储设备上的不同控制器上的光纤接口分别接入至两台光纤交换机。

整个存储逻辑拓扑如图 10-6 所示。

通过光纤交换机设定存储网络分区(ZONE)，将服务器与存储控制器连接在一起。

存储空间分配时，遵循存储设备互为灾备的双活模式，下面给出几个简单的使用原则。

(1) 以 2TB 为一个 LUN 进行编组，其中存储 A(中高端)，编号为 A1～A44；存储 B(高端)，编号为 B1～B74。

(2) A1 与 B1 互为灾备，用于存储各式虚拟主机模板、应用环境模板、操作系统 ISO、应用软件包等介质。

(3) 生产数据的写入位置从当前存储编号由低到高顺次查找空闲空间。

(4) 只对数据、重要文件进行应用层备份，原则上不备份虚拟主机。

(5) 对数据备份执行压缩操作，尽可能节约空间。

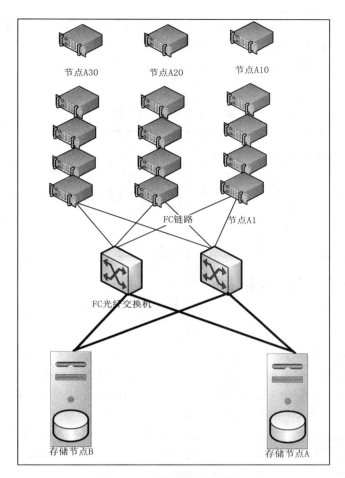

图 10-6　存储平台逻辑连接

> **小提示**
>
> (1)　从成本以及未来 IP 网络演进融合角度，可以考虑 IP 存储取代 FC 存储。
> (2)　FC 存储设备可以启用 LUN 拷贝机制，但通常在是同型设备之间。
> (3)　数据灾备目前由应用层备份软件来实现。

## 10.2.3　网络实施

网络架构比较清晰，其逻辑连接关系如图 10-7 所示，其主要特征如下。

(1)　由两台骨干交换机以 Trunk 的模式进行捆绑形成核心交换网。

(2)　每个接入交换机各有四条万兆接口分别接入骨干交换机。

(3)　网络 IP 地址涉及：运维管理网、设备管理网、虚拟化动态迁移网、业务网以及为未来预分配的 IP 存储网；各网络 IP 地址的划分如表 10-2 所示。

(4)　服务器四块网卡分别是两块连接本地机架上的接入交换机；两块分别接入就近机架的接入交换机。

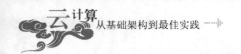

（5）主机中网卡编号为 1、2、3、4；所有网卡均需要运转业务网，但网卡 1 兼顾 Service Console 管理网；网卡 2 兼顾 VMotion 迁移网。

（6）每一个业务系统划分一个 VLAN，每个虚拟主机一个私有 IP，原则上一个业务系统最多一个公网 IP。

表 10-2　网络地址划分

| 网络名称 | 网　　段 | VLAN 段 |
|---|---|---|
| 设备管理网 | 172.16.1.1～172.16.253.255 | 1～100 |
| IP 存储网 | 172.15.1.1～172.15.253.255 | 101～200 |
| 迁移网 | 172.14.0.1～172.14.253.255 | 201～300 |
| 运维管理网 | 172.12.0.1～172.12.253.255 | 301～400 |
| 业务系统网 | 192.168.1.1～192.168.253.255 | 401～3000 |

## 10.2.4　虚拟化及服务器实施

虚拟化平台使用 ESX4.1，其具体的安装规格与步骤参见 3.2.2 小节，下面描述基础配置信息。

（1）存储配置：单块 HBA 卡的 A 口与 B 口，分别连接两台不同的光纤交换机，默认上口为 A 口，连接第一台光纤交换机；下口为 B 口，连接另一台光纤交换机。

（2）网络配置：Service Console 的 VLAN 为 5，IP 地址由 172.16.10.1～172.16.10.30；VMotion 的 VLAN 为 201，IP 地址由 172.16.14.1～172.16.14.30。

（3）操作系统配置：主机名称为 A1.esx～A30.esx，其中每 10 台服务器位于一个机架，每个服务器之间通过 1U 空间隔离，编号的顺序由下向上，由左到右。

服务器及虚拟主机的管理原则如下。

（1）每台服务器可以按 1：30 的比例创建虚拟主机，依赖资源调度平台进行负载均衡。

（2）服务器本地磁盘可充当数据本地化备份、承担部分生产环境数据存储任务。

（3）虚拟主机均由模板创建，模板由业务管理员维护，业务管理员根据需求创建与更改模板。

（4）整个集群虚拟主机最高数量应不超过 1000 台。

（5）虚拟主机类型可支持 Web 环境、中间件环境、数据库环境。

（6）虚拟主机操作系统应包括 Solaris、Linux 系列、Windows 系列。

（7）为用户提供经授权的软件包，用户虚拟主机可直接去挂接这些常规应用软件，自主安装。

（8）提供在线知识库、在线视频、在线答疑等应用环境，方便用户快速获得虚拟主机的使用帮助。

## 10.2.5　管理平台实施

管理平台包括 vCenter、云海 OS、应用监测、事件管理与流程管理等平台，这些平台均部署于虚拟主机。

下面分别介绍这些平台。

### 1. vCenter 平台

通过一台高配置虚拟主机搭建一套 vCenter 环境(vCenter 的安装与部署在前面章节已有介绍)通过 vCenter 管理整个虚拟化环境。

在整个虚拟化生产环境中,拥有 vCenter 的管理权限,意味着可以对虚拟集群做任意操作。因此对于 vCenter 的管理要非常严格,下面定义了几条防护措施。

(1) 将 vCenter 置于一个内部区域,只限几台运维主机可以访问。

(2) 对于常规管理人员分级使用与管理 vCenter 平台,执行最小授权,尽量不分配删除的权限。

(3) 对于系统管理员,其密码应由两阶段组成,即由系统管理员与运维团队中的安全管理员各执一半,日常并不以系统管理人员身份管理,只在必要时才登录。

(4) 针对虚拟化集群的变更管理操作,必须得到书面授权后才能展开,对于重大的操作要有风险评估与回滚机制。

在实施完 vCenter 平台后,整个虚拟化环境的运行效果如图 10-7 所示。

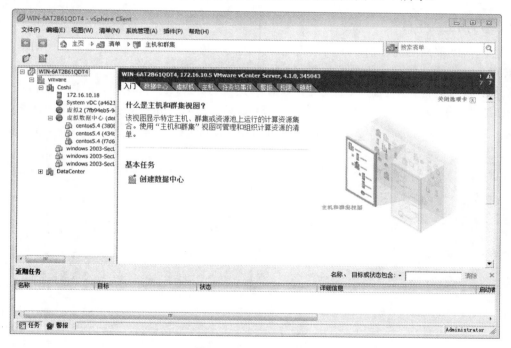

图 10-7　vCenter 集群

### 2. 自助管理平台实施

通过两台虚拟主机搭建云数据中心自助管理平台。其原理是通过 WebService 接口与 vCenter 平台建立交互关系,并在上层提供友好的用户管理平台实现自助式云数据中心管理。

这个平台的安装比较简单,这里不进行叙述,安装并配置与 vCenter 连接关系后的运行效果如图 10-8 所示。

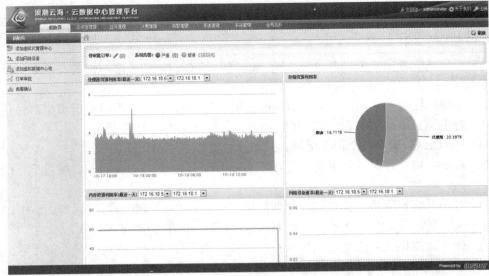

图 10-8　IaaS 管理人员界面

### 3. 应用监测平台

这里借助浪潮的商用监测平台实现对网络设备、操作系统、Web 服务器、应用中间件、数据库等对象的常规指标监测。

监测平台运行在一台虚拟主机上。图 10-9 是以 Oracle 数据库为例，通过与 Oracle 建立 JDBC 连接，根据设定的监测项，执行相应 SQL 脚本获取 Oracle 数据库的实时运行参数。

图 10-9　应用监测平台

### 4. 事件与流程管理平台

事件与流程管理平台借助于东华合创的 ForceView 产品，通过这套平台可以实现常规的 ITIL 流程管理，如事件管理、配置管理、变更管理、CMDB 管理、问题管理、服务台等功能。

该平台运行于一台虚拟主机，这里不介绍安装过程，其使用效果如图 10-10 所示。

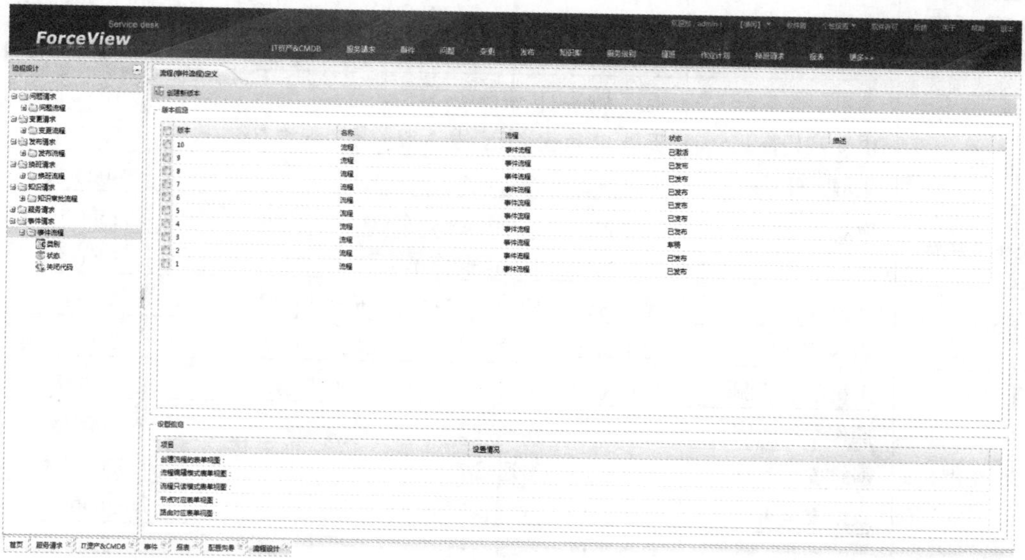

图 10-10　事件与流程管理平台

**小提示**

开源平台推荐：
(1) 利用 eucalyptus、CloudStack、OpenStack 替代 IaaS 自助服务平台。
(2) 利用 nagios、catti 替代应用监测平台。
(3) 利用 KVM 与 XEN 替代 ESX 与 vCenter。

### 5. 服务目录

服务目录与按服务计费是实施私有云的最大动力。通过这些功能体现运维的价值，如表 10-3 所示给出了 IaaS 层面可提供的服务。

表 10-3　服务目录表

| 项　目 | 标　准 | 描　述 | 成本核算 |
|---|---|---|---|
| 基本配置 | 虚拟主机 1 | 2CPU/2GB 内存/20GB 硬盘/私用 IP/流量不限 | 10000/年 |
| | 虚拟主机 2 | 2CPU/4GB 内存/20GB 硬盘/私用 IP/流量不限 | 15000/年 |
| | 虚拟主机 3 | 4CPU/4GB 内存/20GB 硬盘/私用 IP/流量不限 | 20000/年 |
| | 虚拟主机 4 | 4CPU/8GB 内存/20GB 硬盘/私用 IP/流量不限 | 25000/年 |
| | 虚拟主机 5 | 8CPU/8GB 内存/20GB 硬盘/私用 IP/流量不限 | 35000/年 |
| | 虚拟主机 6 | 8CPU/16GB 内存/20GB 硬盘/私用 IP/流量不限 | 40000/年 |
| 存储选项 | 磁盘扩容 | 提供虚拟主机额外存储磁盘扩容 | 10 元/GB/月 |
| | 裸盘扩容 | 提供虚拟主机裸磁盘方式扩容 | 10 元/GB/月 |

续表

| 项　目 | 标　准 | 描　述 | 成本核算 |
|---|---|---|---|
| 备份选项 | 主机映像备份 | 提供虚拟主机在不同存储位置上的映像备份 | 10 元/GB/月 |
| | 主机快照备份 | 提供虚拟主机快照备份 | 10 元/GB/月 |
| 集群选项 | IP 负载均衡 | 提供 IP 负载均衡，加入服务器负载均衡组 | 1000/IP/月 |
| | 集群文件系统 | 提供多主机磁盘共享 | 3000/次 |
| 操作系统 | Windows | 提供企业级 Windows 操作系统 | 1500/年 |
| | Linux | 提供企业级 Linux 操作系统 | 1000/年 |
| 远程管理 | 开放远程管理 | 提供 SSH、VNC、RDP 等主机远程管理通信 | 0 |
| | VPN 通道 | 为主机远程管理提供 VPN 通道 | 2500/个/年 |
| 安全管理 | 主机状态监测 | 提供主机状态和性能监测及统计信息 | 1000/次/月 |
| | 操作系统加固 | 提供主机操作系统安全加固服务 | 2000/次 |
| | 网络安全审计 | 提供主机网络通信安全审计 | 2000/次 |
| | 系统安全审计 | 提供操作系统日志安全审计 | 2000/次 |
| | 漏洞扫描 | 提供主机安全漏洞扫描 | 5000/次 |

## 10.3　演示与验证

本节以最终用户、运维管理人员使用的角度来演示 IaaS 云的使用。

### 10.3.1　终端用户体验

终端用户可以根据服务目录，自助式申请、变更、运营、管理自己的 IaaS 服务，下面以一个用户实际使用为示例。

#### 1. 注册与登录

使用云服务前，第一步需要注册用户，注册过程比较简单，操作界面如图 10-11 所示。

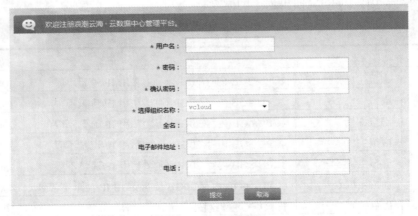

图 10-11　注册界面

这里注册一个名为 IAASuser 的用户，对于注册的用户其注册信息需要经过管理人员审批后方可使用(当然也可以通过业务管理流程配置，取消此步审批流程)。审批通过后，用户通过用户名 IAASuser 登录至 IaaS 自助服务平台，此时管理界面如图 10-12 所示。

图 10-12　管理界面

### 2. 虚拟主机申请

用户通过点击"申请应用服务"，对已公开的服务进行申请，在当前的 vcloud 组织下只开放了申请 centos 虚拟主机服务。

整个申请的过程如图 10-13 和图 10-14 所示。

图 10-13　申请服务

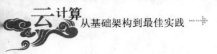

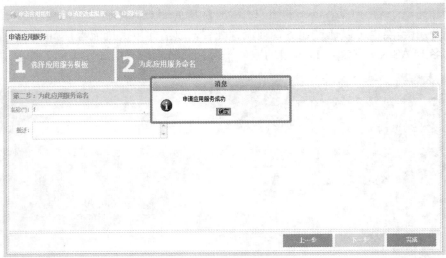

图 10-14　提交申请

申请提交后需要由业务管理人员进行审批，经批准后方可基于模板自动化创建。

### 3. 虚拟主机管理

当审批通过后，用户可以管理虚拟主机，虚拟主机的管理界面如图 10-15 所示：当前用户申请成功了两台虚拟主机，一台处于运行状态、一台处于关闭状态；左侧是操作控制台，点击系统控制台可以可视化地管理虚拟主机。

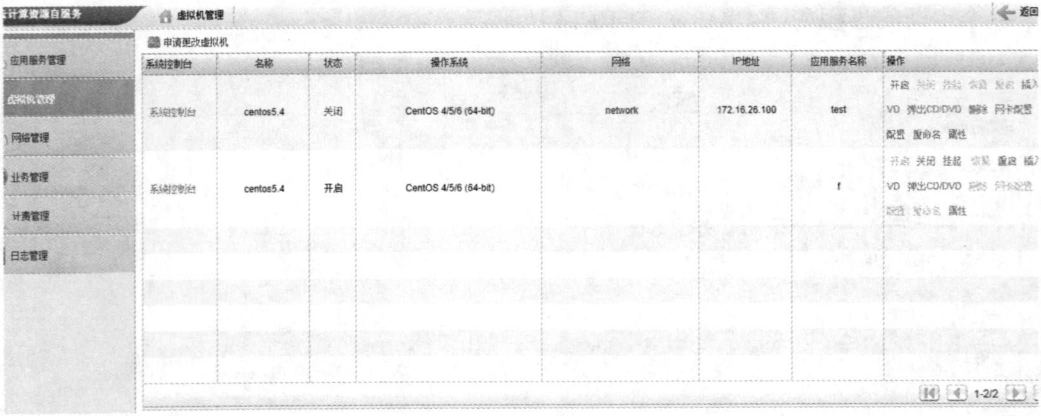

图 10-15　管理虚拟主机

通过这个平台用户还可以进行管理虚拟主机网络、管理费用账单、查看与自己相关的日志信息等操作。

## 10.3.2　运维与业务管理人员体验

一线运维人员的作用是客户服务与技术支持，主要任务是为用户的使用提供帮助，他们的工作平台更多的是事件管理平台。当然在某一时期用户业务请求量暴涨时，他们也会协助处理订单审批业务。

业务管理人员的作用是具体业务的制定、业务审批、用户使用监管；业务管理人员以多租户模式从数据中心租用资源池，并以租用到的资源池为终端用户提供服务，日常工作是处理终端用户注册与服务申请的审批，对于用户反馈的技术问题，协调客服人员跟进处理。

采用这种分工模式，业务管理团队既可以是数据中心工作人员，也可以是某一家专业从事数据中心资源批发零售的中介机构。

管理人员的操作界面如图 10-16 所示。

图 10-16　管理人员界面

### 1. 业务管理

服务目录是业务管理的基础操作，类似于餐馆中的菜单。其制定标准要深入结合当前数据中心的实际情况，不然很容易带来麻烦。图 10-17 是 vcloud 组织简单服务目录效果图。

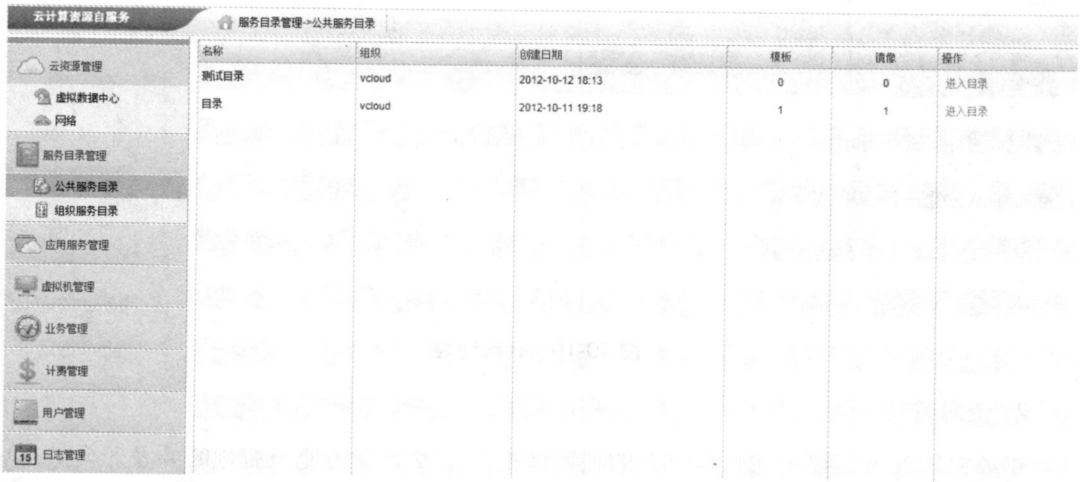

图 10-17　服务目录

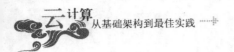

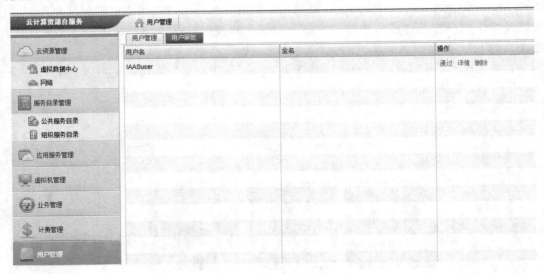

用户与业务审批是常规操作，对于用户提交的申请，管理人员根据资源使用以及用户历史信用信息决定是否予以批准。图 10-18 展示了用户审批界面。

图 10-18　用户审批

计费功能是运维创建价值最直接的体现。图 10-19 给出了计费设置模块，这里可以设定各资源的单位价格。

图 10-19　计费管理

## 2. 资源管理

业务管理人员需要关注自身资源的使用情况，当发现资源使用瓶颈时要及时向数据中心管理人员申请扩容。图 10-20 所示为申请资源扩容界面。

图 10-20　数据中心资源扩容申请

　　上述的申请由数据中心管理员审批。对于当前业务管理员，它所管理的资源拓扑关系如图 10-21 所示，通过这张拓扑图可以直观地观察当前各资源对象的参数、状态以及关联关系。

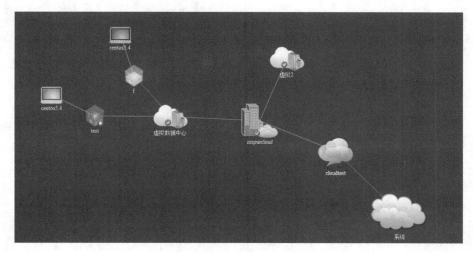

图 10-21　资源拓扑关系

## 10.3.3　高级管理体验

　　高级管理人员从事基础数据中心的运维、扩容、问题处置，制定数据中心业务策略，处理业务管理人员的资源扩容申请等工作。

　　数据中心管理日常的界面如图 10-22 所示。

### 1. 数据中心业务管理

　　对于业务管理人员提交的扩容申请，数据中心管理员根据实际运转情况给予批准或不准。

　　图 10-23 展示了数据中心管理员审批历史信息。

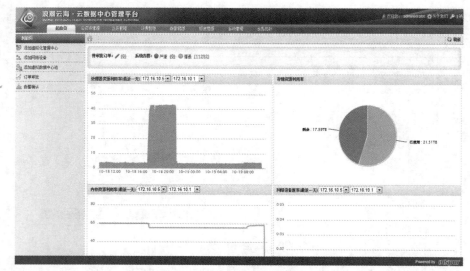

图 10-22　云数据中心管理平台

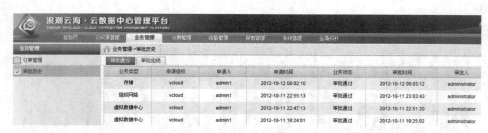

图 10-23　云数据中心管理员审批

## 2. 数据中心资源管理

数据中心管理员最主要的工作是基础设施与资源池的管理，包括基础资源架构、扩容、回收、变更，安全保障，对发现的问题及时整改等。

资源管理的视图如图 10-24 所示。

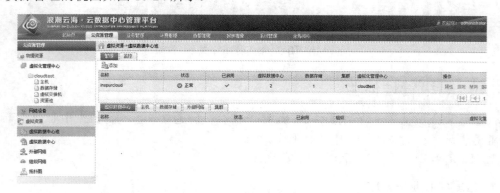

图 10-24　资源管理视图

随着数据中心规模的不断扩大，数据中心高级管理架构师所面对往往是图 10-25 所示的视图。这是一张模拟效果图，描述了数据中心各虚拟主机、物理主机、存储区域、网络区域、平台容错等各个对象之间的健康状态与关系视图。

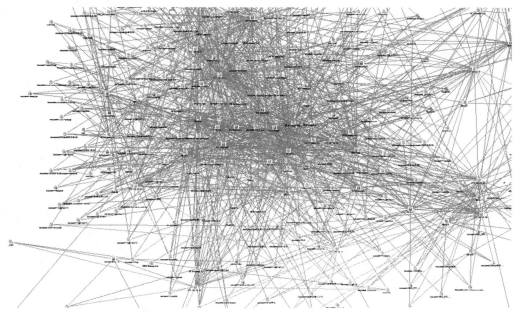

图 10-25　关系拓扑视图

研究这张拓扑图可以从如下几个方面帮助架构师。

(1) 通过连接关系分析，可以验证最初架构是否吻合。

(2) 当某一个点、某一边存在问题时，通过关联关系可以分析出潜在受影响的区域。

(3) 在资源回收时，通过计算可以得出最佳回收路径。

(4) 在资源扩容时，可以通过关联关系分析哪些区域急需扩容。

(5) 在各条边上进一步附加运行信息，如网络流量、存储读写 IO、性能压力、访问压力等信息，为架构调优提供数据依据。

# 10.4　小　　结

本章综合前面章节知识，通过一个完整的 IaaS 实施案例，包括目标规划、方案设计、环境准备、存储实施、网络实施、虚拟化平台实施、运维与自助服务实施、使用演示等环节，向读者展示了如何架构并实施私有 IaaS 云。

通过这些内容的学习，读者应能够加深对虚拟化、虚拟化管理、IaaS 架构、网络架构、存储架构、管理与自助服务等知识点的理解，并具备搭建一定规模私有 IaaS 云的能力。

# 第4篇 Hadoop

# 第11章

## 分布式云存储

【内容提要】

本章首先介绍分布式文件系统及其特点、常见分布式文件系统解决方案；其次介绍如何通过 Windows DFS 搭建分布式存储环境；最后以 Hadoop 及 HDFS 为重点，着重介绍 Hadoop 组成、HDFS 体系结构、设计原理、操作命令，如何实现伪 Hadoop 的部署及如何对 HDFS 进行二次开发等内容。

通过本章的学习，读者应能够了解分布式文件系统，并能够掌握 HDFS 的部署与应用。

本章要点

- 分布式文件系统的特点
- 常见分布式文件系统
- Windows 平台 DFS 搭建
- Hadoop 与 HDFS 介绍
- 单节点 HDFS 部署
- HDFS 编程与控制

# 11.1   分布式文件系统

分布式文件系统是支撑云计算海量存储环境的重要技术之一，具有性能高、架构开放、均衡负载、可扩展性强、容量大等特点，较有代表性的平台，如 Google FS、Hadoop、Fast FS 等均有非常成功的应用。

## 11.1.1   什么是分布式文件系统

分布式文件系统(Distributed File System，DFS)，从字面意思很容易理解，指通过一套管理系统，能够将文件分散至不同的计算机进行存储，并通过规范的标准协议方便客户机进行高效存取。

分布式文件系统的设计通常是基于客户机/服务器模式。服务器端通常由主命名服务器、备用命名服务器以及多个节点数据服务器组成。其中命名服务器提供元数据存取、备用命名服务器为主命名服务器提供冗余保护、数据服务器存储数据块，用于具体文件块的存取。

服务器端与客户端依据约定的存取协议(协议可能是标准协议)，根据权限分配，允许客户端访问经过授权的目录与文件，对于客户端来讲，一旦获得访问授权，其使用这些目录与文件就像使用本地磁盘一样方便，分布式文件系统的基本结构示意如图 11-1 所示。

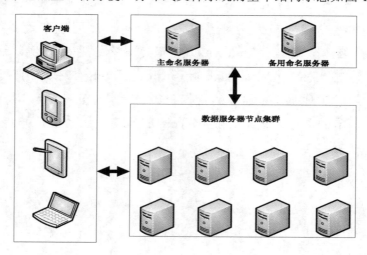

图 11-1   分布式文件系统的基本结构

**小提示**

分布式文件系统的用途如下。
- "云盘"：后台存储通常应用的是分布式文件系统。
- 客户端：可以是个人电脑、平板、手机。
- 未来个人存储不需要放在本地，直接通过各种客户端访问远端个人存储区域。

## 11.1.2  分布式文件系统的特点

分布式文件系统通过协同多个节点消除单点故障和性能瓶颈，并在设计上满足高可用 HA(High Availablity)、高负载 LBC(Load Balancing)、高性能 HPC(High Performance)等基本特性。

相比较传统文件系统，分布式文件系统的特点如下。

### 1. 统一命名空间

采用统一命名空间，分布式文件系统对于客户端是完全透明的，客户端看到的是统一的全局命名空间，用户操作起来就像是管理本地文件系统，但用户文件实际上分布于集群的多个节点上。通过元数据管理，文件以块的方式采用多副本模式进行存放。通常的分布式文件系统支持 PB 级以上数据存储，因此统一命名管理能力是一大特点。

### 2. 扩展性高

可扩展性是分布式文件系统另一个非常给力的特点，通常用户很难预测实际需要多少存储空间以及需要构建多大存储空间才能满足未来需要。面对这些难题，分布式文件系统支持以可扩展的方式进行部署，用户可以根据实际情况或灵活增减数据服务器节点，或根据实际业务特点，通过替换的方式增强节点的存储能力。

分布式文件系统可由 1024 个以上的数据服务器节点组成，以单节点 4TB 存储能力，总存储能力可以超过 4PB，扣除多副本带来的空间占用，实际可用存储也可以超过 1PB。

### 3. 高性能

分布式文件系统的数据服务器节点在功能上完全对等，无主次之分。数据分布于这些节点之上，单个节点的故障不会影响集群整体运转，采用对等模式下搭建的分布式文件系统不存在明显设计瓶颈，因而性能会做到最优。

### 4. 高度负载均衡

分布式文件系统负载均衡充分体现在其前后端架构上，由于存储本身是以块的形式分布在各个节点之上，因此前端通过多种负载均衡算法，将用户访问均衡分布于各节点，达到提升访问性能的目的。后端的数据调度与管理，通过负载均衡算法将文件切成块并分布式存放，对于前端用户读写请求采用数据块的方式执行并行操作。通过分布式操作系统的作用，会在前端和后端都实现负载均衡。通过负载均衡策略，将前端的访问操作分散到多个数据服务器节点上。

### 5. 易管理

当前分布式文件系统对外提供开放式 API，有的还采用业界标准协议，能够方便用户对其进行二次开发。另外分布式文件系统通常也会自带丰富的管理工具，如 Web 管理工具、开源社区的配套工具、厂商自己开发的专用工具等。这种管理方式相对简便易用，可以带给用户非常好的管理体验。

## 11.1.3  常见分布式文件系统

分布式文件系统在当前应用比较普遍，产品种类比较丰富，既有开源软件平台解决方案，如 Hadoop HDFS、Fast DFS 等；也有非开源平台解决方案，如最为著名的 Google FS、也有像 Windows 2003 或 Windows 2008 平台之上的 DFS 组件等。

本章后面的案例将基于 Windows DFS 与 Hadoop HDFS 平台，为了让用户能够有机会从本章了解更多知识，下面重点介绍其他几款分布式文件系统。

### 1. Lustre

Lustre 最早是由 HP、Cluster File System 联合美国能源部共同开发的 Linux 平台下的分布式集群文件系统，后期由于 Cluster File System 公司被 SUN 收购，而 SUN 又被 Oracle 收购，因此 Lustre 官方网站目前挂靠在 Oracle 公司(http://wiki.lustre.org/index.php/Main_Page)。

Lustre 主要面向超级计算机，拥有超强可扩展性与可靠性，能够支持上万个节点，PB 级存储、100GB/S 的高速访问能力。

Lustre 采用 GPL 许可协议，属于开放源代码的分布式集群文件系统，开发语言采用 C/C++，使用平台为 Linux；当前除了 Oracle 公司外，有新成立的名为 whamcloud 的公司专注于 Lustre 平台的开源研发，其官方网站为 http://www.whamcloud.com/。

### 2. Google FS

Google FS(Google File System)是谷歌公司开发的一个分布式可扩展的文件系统，它主要用于大型、分布式、大数据量的互联网应用平台。

Google FS 被设计运行在廉价普通的 PC 服务器上，提供多数据副本实现数据冗余，通过数据分块并行存取满足互联网用户的海量数据存储。

Google FS 最早是由 Google 工程师于 2003 年发表的一篇学术文章 The Google File System 而为世人所熟知的，Google FS 提供了相似的访问接口，如 read、write、create、delete、close 等，使得开发者可以非常方便地使用。

Google FS 运行于 Linux 平台上，开发语言是 C/C++，本身并不开源，本章中所介绍的 Hadoop 平台，是在受到 Google FS 启发后，采用其理念重新用 Java 语言实现的一个开源平台。

Google FS 学术文章网址为 http://static.googleusercontent.com/external_content/untrusted_dlcp/research.google.com/en//archive/gfs-sosp2003.pdf。

### 3. Mogile FS

Mogile FS 是运行于 Linux 平台上的开源分布式文件系统，由 Danga Interactive 公司开发，Danga 团队的另一个有名项目是 Memcached。

Mogile FS 的官方网站为 http://www.danga.com/mogilefs/。

Mogile FS 有如下几个特点。

(1) 应用层部署。Mogile FS 的部署方式简单，本身属于应用层分布式文件系统，不需要特殊组件。

(2) 无单点故障。Mogile FS 由三个组件：存储节点、跟踪器、MySQL 数据库组成，这些节点均可以运行在多个节点上，因此可以消除单点失效。

(3) 无 RAID 模式。Mogile FS 将文件存放于不同节点磁盘上，在使用 MogileFS 时，各节点磁盘不需要做 RAID。通常每个节点只需要管理本地磁盘，并可以灵活使用不同的本地文件系统。另外采用 MogileFS 不需要做磁盘 RAID，因此会极大提升磁盘的有效空间。

（4）自动文件复制

MogileFS 可以基于分类技术，将文件划分成不同级别的类，每一类可以设定最低复制数，对于一个需要存储的文件，MogileFS 会根据其分类自动复制多个副本，若检测到某一文件数据丢失，MogileFS 会调用之前副本启动自动恢复机制。

（5）访问方式简单

MogileFS 支持可以 NFS、HTTP 等标准协议进行访问，能够满足当前绝大多数的应用。

### 4. Fast DFS

Fast DFS 是一个类 Google FS 的开源分布式文件系统，它由 C/C++语言开发，可运行于 Linux、UNIX、AIX 平台。Fast DFS 提供专用文件存取访问方式，不支持 POSIX 接口方式，在系统中也不能使用 mount 方式挂接。Fast DFS 在架构上充分考虑了冗余备份、负载均衡、可扩展等问题，平台本身具有高可用、高性能等优点。Fast DFS 支持文件的高效存储、同步、上传、下载等，比较适合于互联网视频网站、文档分享网站、图片分享网站等应用。

Fast DFS 的下载站点为 http://code.google.com/p/fastdfs/。

## 11.1.4　Windows DFS 部署

Windows 平台提供了一种文件分布式存放、统一访问的机制，也就是下面要介绍的 DFS 平台。DFS 平台能够将存储在不同地域服务器(前提是网络可达)上的共享文件夹，以链接的形式加入到一个逻辑共享文件夹，也称为根目录，通过访问根目录中的资源别名，可以实现对资源的实际访问。

DFS 平台能够实现文件分布式存放、自动复制、统一命名、就近访问等机制，是一款比较不错的分布式文件系统解决方案。

下面通过一个案例来讲解如何搭建一个可用的 Windows DFS 平台。

### 1. 用户需求

A 公司由总部与十家分支机构组成，总部与分支机构各有三台 Windows 文件服务器，共 33 服务器。A 公司员工根据权限设定，需要经常使用这些服务器，但面临如下问题。

（1）服务器数量多，名称不容易记。

（2）文件均是在服务器单点存储，没有副本冗余设计。

（3）文件存放于不同的服务器，员工不容易进行查找。

而 A 公司运维人员面临的问题也很严峻，需要维护的服务器数量众多，无法细粒度保证用户是否是合法访问。

### 2. 解决思路

毫无疑问，这是一个典型的 Windows DFS 的应用，33 台服务器足以实现一个颇具规模的分布式文件管理系统。在部署 DFS 平台之后，这 33 台文件服务器逻辑上组成一个大的文件服务器，并且通过服务器之间文件自动复制策略，保证每一个文件至少有一个以上的副本，对于不同分支机构员工经常需要访问的文件可以进行就近缓存，以节省网络流量，提升整体访问性能。

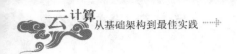

这里限于篇幅从 33 台服务器之中抽出 2 台服务器进行讲解，其中一台来自于总部，命名为 AServer，用于当成根目录节点；另一台来自于一家分支机构，命名为 BServer。

通过下面的操作将 AServer 搭建成一个管理节点，作为统一访问入口；BServer 中一个共享目录挂接至 AServer 根目录下面，并命名为 BTest，用户能够通过访问 AServer 中的 BTest 就可以访问到 BServer 上的资源。

### 3. 环境准备

环境信息描述如表 11-1 所示。

表 11-1　配置信息表

| 机器代号 | AServer | BServer |
|---|---|---|
| IP 地址 | 172.16.10.50 | 172.16.3.51 |
| 主机名称 | XSHSI-1 | tsclient |
| 共享目录 | C:\RootRes | C:\FileServerRoot |
| 所处城市 | 北京 | 济南 |
| URL | \\172.16.10.50\RootRes | \\172.16.10.50\RootRes\BServer |
| 操作系统 | Windows 2003 Server | Windows 2008 R2 |

### 4. DFS 根目录部署

操作对象是 BServer 主机，具体步骤如下。

(1) 在"开始"菜单中选择"运行"命令，输入"DFSGUI.MSC"，会出现如图 11-2 所示的"分布式文件系统"界面。

(2) 选择"分布式文件系统"节点并右击，选择"新建根目录"命令，如图 11-3 所示。

图 11-2　DFS 管理界面

图 11-3　新建根目录

(3) 在"新建根目录向导"对话框中单击"下一步"按钮，如图 11-4 所示。

(4) 在"根目录类型"界面中选中"独立的根目录"单选按钮，单击"下一步"按钮，如图 11-5 所示。

(5) 在"主服务器"界面中输入"172.16.10.50"，单击"下一步"按钮，如图 11-6 所示。

(6) 在"根目录名称"界面中，输入"RootRes"，单击"下一步"按钮，如图 11-7 所示。

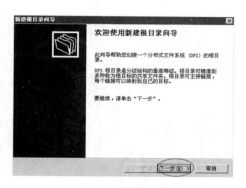

图 11-4　"新建根目录向导"对话框

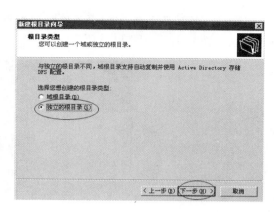

图 11-5　"根目录类型"界面

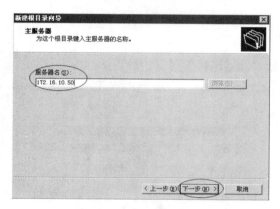

图 11-6　"主服务器"界面

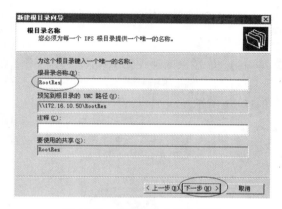

图 11-7　"根目录名称"界面

(7) 在"根目录共享"界面中，单击"浏览"按钮，并在出现的对话框中选择"c$"下的"RootRes"目录(注：若没有可新建)，单击"下一步"按钮，如图 11-8 所示。

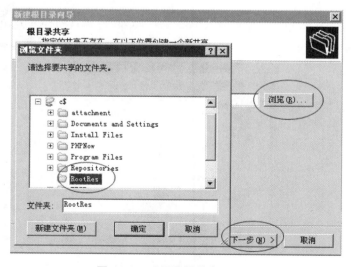

图 11-8　"根目录共享"界面

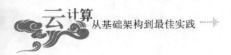

（8）在"完成"界面中检查各项参数配置是否正常，若无误，单击"完成"按钮，此时根目录新建完毕，如图 11-9 所示。

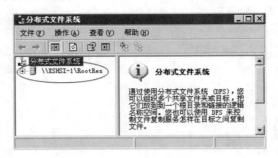

图 11-9　根目录创建完毕

### 5. DFS 链接制作

操作对象是 AServer 主机，具体步骤如下。

（1）选择上面新建的 RootRes 并右击，选择"新建链接"命令，如图 11-10 所示。

（2）在"新建链接"对话框中，输入链接名称"BServer"，单击"浏览"按钮，如图 11-11 所示。

图 11-10　选择"新建链接"命令

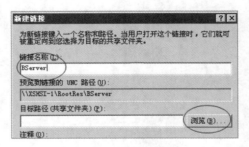

图 11-11　链接名称配置

（3）在出现的"浏览文件夹"对话框中选择 BServer 主机，名称为 tsclient，并选择其\C 目录下面的"FileServerRoot"目录，单击"确定"按钮，如图 11-12 所示。

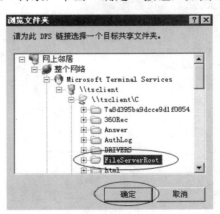

图 11-12　配置共享文件夹

(4) 配置完毕后，在"新建链接"对话框中单击"确定"按钮，此时分布式文件系统管理界面如图 11-13 所示。

### 6. DFS 测试与验证

以上建立了一个以 RootRes 为根目录，BServer 为分支节点的小型分布式文件系统。此时可以选择一台能够访问 AServer 的客户端主机，打开其 IE 浏览器。

输入"\\172.16.10.50\RootRes\BServer"即可以访问到 BServer 开放的资源，如图 11-14 所示。

图 11-13　链接配置完毕　　　　　　　图 11-14　测试与验证

### 7. 案例总结

通过完整的操作，读者可以感觉到部署 Windows DFS 的过程比较容易。通过主服务器搭建根目录、分支节点服务器以链接的形式将共享的文件夹挂接至根目录下即可。

当然如果要完全实现上述 33 台机器的全共享，重复链接制作过程即可。

---

**展　望**

案例中并未涉及 DFS 的深层次管理功能，读者可以考虑如下问题。

(1) 如何对用户访问进行权限设置。

(2) 如何配置实现文件的自动复制。

(3) 如何配置实现单节点故障后的冗余与故障转移。

(4) 如何规划以及使用 Windows DFS 搭建本单位的私有云资源存取平台。

---

# 11.2　Hadoop 的 HDFS 平台

Hadoop 是 Apache 组织下面的一个开源项目，主要由分布文件系统 HDFS、分布式计算框架 MapReduce、非关系数据库 HBase 等组成。

## 11.2.1　Hadoop 介绍

Hadoop 最早是由 Doug Cutting 创立的，它原本属于 Apache Lucene 项目下面的 Nutch 开源项目。Doug Cutting 研发 Nutch 以及 Hadoop 的目的是为了基于 Lucene 平台，构建一个

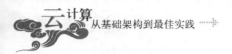

可以替代 Google 商用 WEB 页面检索与分析的开源平台。在研发过程中 Nutch 被设计成可以支持数以十亿网页检索、存储与分析能力的平台，但最初的平台是基于昂贵商用硬件平台进行运转，效果并不是特别理想。

自从 2004 年 Google Lab 发布了 Google FS、Map/Reduce 两篇文章后，Doug Cutting 受到了极大的启发，并依此为基础重新改写了 Nutch 平台，获得了很大的成功。在过程中，Doug Cutting 认为可以将这分布式文件系统与分布式计算框架编写成一个独立的项目，这就是 Hadoop 平台。

2006 年雅虎公司招募了 Doug Cutting，并资助他及一个团队共同改进 Hadoop 平台，经过改进的 Hadoop 平台于 2008 年成功地在雅虎公司网页生产系统得到了应用，这个可支持数千个计算节点的平台，真正实现了数以十亿计互联网信息全索引的规模。

Hadoop 的图标如图 11-15 所示。

图 11-15　Hadoop 图标

经过进一步推广与应用，目前 Hadoop 已成为 Apache 社区中的顶级项目，当前 Hadoop 被定位成一个能够对海量数据进行分布式存储与计算的软件框架。它在架构上充分体现了可靠、高效、可伸缩三大机制，如：通过假定节点经常失效而采用的多副本存放实现可靠机制；通过并行方式进行分布式的存取与计算，来实现高性能；通过灵活扩展，最大可支持数以千计的节点规模，PB 级数据处理能力。

在部署方式上 Hadoop 被设计成可以使用最廉价的机器，以尽可能低的硬件成本进行运转。Hadoop 的开发语言是 Java，并可以保证平台能够运转于 Linux 与 Windows(安装 CygWin)两种环境下。

### 小提示

- 目前暂无 Windows 平台生产环境大规模部署 Hadoop 平台案例。
- Hadoop 部署建议使用 Java 1.6 SDK 以上环境。
- Hadoop 部署需要开放 SSHD 服务，并保证有 SSH 客户端。
- 已知最庞大的 Hadoop 单集群规模(Yahoo 2008 年 4000 节点)。
- 节点硬件：CPU:2×4(核) ×2.5GHz; 内存：8GB; 硬盘：4TB。
- 节点软件：Red Hat AS 4/Java SDK 1.6.0_05。

Hadoop 项目下面拥有许多子项目，下面简要介绍。

### 1. HDFS

分布式文件系统(HDFS)，是 Hadoop 的核心子项目，是整个 Hadoop 平台数据存储与访问的基础，在此之上承载其他如 MapReduce、HBase 等子项目的运转。

### 2. MapReduce

分布式数据处理模型(MapReduce)，也是 Hadoop 核心子项目，主要运用于大规模数据并行运算(TB 级以上数据)。它基于分治思想，通过 Map 将一个大的数据分成可以用相同办法进行处理的小数据并分布到各个节点上进行运算，结果通过 Reduce 汇总后输出。

采用 MapReduce 模型可以很好地胜任分布式查询、分布式日志分析、文档聚类及机器学习等工作。

### 3. HBase

HBase 是一个分布式、列存储非关系型数据库，它基于 HDFS 作为底层存储，同时支持 MapReduce 的批量式计算和点查询。

HBase 的下载地址 http://www.apache.org/dyn/closer.cgi/hbase/。

### 4. Pig

Pig 是一个基于 Hadoop 平台的大规模数据分析平台，它提供了一种 Pig Latin 语言，可以将类 SQL 请求转换成经过优化的 MapReduce 运算，因此用 Pig 可以简化 MapReduce 编程。

Pig 的下载地址 http://pig.apache.org/releases.html。

### 5. ZooKeeper

针对分布式系统的可靠协调系统，主要功能有配置维护、名字服务、分布式同步、组服务等。ZooKeeper 的最大作用是将复杂易出错的关键服务进行封装，向用户提供一个易用的接口。

ZooKeeper 的下载地址 http://zookeeper.apache.org/releases.html。

### 6. Avro

Avro 是基于二进制的高性能的通信中间件，对外提供数据序列化的功能和 RPC 服务。被认为是一种能够提供高效、跨语言 RPC 的数据序列系统。

Avro 的下载地址 http://avro.apache.org/。

### 7. Hive

Hive 是基于 Hadoop 平台的分布式数据仓库，它将存储在 HDFS 平台上的结构化数据文件映射为一张数据库表，对外提供完整的 SQL 查询功能。

用户通过输入 SQL 语句查询数据信息，Hive 在原理上是将这些 SQL 语句转换成 MapReduce 任务进行运行获得计算结果。

Hive 的下载地址 http://hive.apache.org/。

### 8. Chukwa

Chukwa 是基于 Hadoop 平台的分布式数据监控系统，它通过收集运行日志，并将分析后的结果以 WEB 形式展示。

Chukwa 运行于 HDFS 平台上，通过部署 Agent 采集数据(日志信息)，并经过 Collectors 进行统一存储管理；定期经过 MapReduce 平台对采集到的信息进行处理，并将结果通过

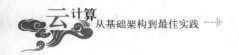
HICC 集中式展示。

Chukwa 用于日志分析领域，即可以是 Hadoop 平台运行日志，也可以是其他平台运行日志，从事日志分析工作的用户可以关注这一项目。

Chukwa 的下载地址 http://incubator.apache.org/chukwa/。

## 11.2.2  HDFS 的设计原则

HDFS(Hadoop Distributed File System)作为 Hadoop 分布式计算平台的基础，被设计成能够支撑数据分布式、容错存储，能够被高速存取，易于使用与管理的类 Google FS 的开源分布式文件系统。

相比较于传统的 NFS 存储方案，HDFS 会面临更多的设计难题，主要包括：

(1)  如何实现 GB 级、甚至 TB 级以上文件的存储与快速访问能力。

(2)  数千规模的集群，很容易出现单个节点或多个节点失效的问题，如何在随机失效环境下保证数据的可用性、平台的可靠性。

(3)  如何解决集群规模的快速增长。

(4)  如何满足海量客户端的访问，特别是在多个用户访问同一个文件时，如何保证数据的一致性，如何提升用户体验。

面临上述难题，HDFS 在设计之初制订了以下六条设计原则。

1)  允许节点错误

生产环境下 HDFS 可能由数千个服务器组成，每个服务器都承担着部分数据存取任务，从概率角度看，任一时间任何节点都有可能出现故障，通常可以认为年故障率在 4% 是正常的。因此在 HDFS 设计上，错误的快速检测、自动切换与恢复能力是核心功能之一。

2)  流式数据访问

HDFS 在数据访问上更多地是用来处理大批量的数据，而不是侧重在用户交互处理。整个集群的设计原则是尽可能提高 IO 吞吐量，HDFS 以流方式访问数据集，并修改了 POSIX 的部分语义。

3)  大规模数据集

HDFS 被设计为 PB 级以上存储能力，典型的单个存储文件可能是 GB 或者 TB 级。因此 HDFS 的一个设计原则是支持成千上万大数据文件的存储，即将单个文件分成若干标准数据块，分布存储于多个节点上，当用户访问整个文件时，由这些节点集群向用户传输所拥有的数据块，由此可以获得极高的并行数据传输速度。

4)  简单的一致性模型

HDFS 采用的是"一次写入多次读取"的文件访问模型，一个文件经过创建、写入与关闭后，通常不需要再进行修改。这一原则主要是由于 HDFS 平台最早用于网络爬虫领域，用这一模型能够简化数据一致性问题，并且可以提高数据访问吞吐率。

当然一些经过改进的 HDFS 平台可以允许文件的附加写操作，有的改进版 HDFS 平台还增加了版本管理功能，以更好地适应于新的应用，当然这些改进不同程度上会带来性能下降的问题。

5)  移动计算比移动数据更划算

这个原则非常有效，它主要基于这样的考虑，对于一个请求，通常将其转发至离它操作的数据最近的节点去处理(假设该节点计算能力未饱和)。当集群规模达到数以千计，受限于网络传输能力，将计算请求移动至最近节点，而不是移动数据可以提升整体效能。HDFS平台提供了这样的接口，将请求移动至数据附近的节点进行处理。

　　6)　可移植性

　　HDFS 在设计之初就考虑到了异构软硬件平台间的可移植性，能够适应于主流硬件平台，它基于跨操作系统平台的 Java 语言进行编写，这有助于 HDFS 平台的大规模应用推广。

## 11.2.3　HDFS 的架构与组成

　　HDFS 架构采用主从模式，由名字节点(Namenode)和数据节点(Datanode)组成。其中名字节点是主节点(master)，用于 HDFS 目录树和元数据管理，对外提供统一命名空间供客户端访问；数据节点是从节点(slave)，承担数据存取，定期向名字节点发送心跳数据包、数据块列表，并处理名字节点下发的任务。

　　在架构上，名字节点是整个 HDFS 的核心，通常由主名字节点与备用名字节点组成。主名字节点和备用名字节点不应放到一台机器上，以防止出现故障后整个集群失效(考虑到名字节点的重要性，Hadoop 2.2 以后名字节点，开始支持集群部署)。数据节点是实际的数据存储节点，其规模可以由数千个节点构成。

　　HDFS 架构如图 11-16 所示。

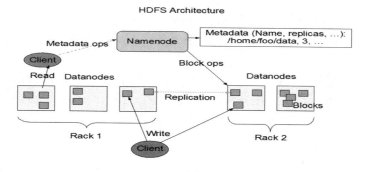

图 11-16　HDFS 架构

### 1. 集群组成原理

　　一个标准的 HDFS 集群应由名字节点、备用名字节点、数据节点组成，其中名字节点的主要功能如下。

　　1)　元数据管理

　　管理整个集群的文件系统命名空间、所有文件以及目录的元数据，这些信息以 FsImage 和 EditLog 文件方式存储于节点本地磁盘之中，在集群运行时，名字节点会首先加载这两个文件，在内存之中构建一个完整的文件树。

　　FsImage 主要存储文件系统命名空间、文件块的映射和文件系统的配置；EditLog 文件主要存储文件系统每次元数据的变化等事务性信息，如创建一个新文件、修改某一文件的属性等日志信息。当元数据有新的变化时，名字节点会将更新信息写入磁盘中。

　　2)　文件块管理

　　管理并保存每个文件的数据块分布状况，这些信息主要是在名字节点启动后，根据数

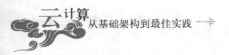
据节点的块报告汇总而成。

3) 故障管理

通过定期接收数据节点心跳信号与数据块报告，监测节点的可用性，确保节点失效后仍能保证数据的可用性。

4) 交互管理

名字节点通过 TCP/IP 协议，对外部开启 RPC 服务，并与客户端通过 ClientProtocal 协议进行交互。在整个集群中名字节点极为重要，特别是所维护的 FsImage 与 EditLog 文件，一旦丢失，整个文件系统将瘫痪。为了提升集群的可靠性，需要引入备用名字节点(secondary namenode)，它的主要作用如下。

- 故障切换：以主备方式运行，在主名字节点出现故障时被启用，保障集群的可靠性。
- 信息归并：周期性将名字节点中命名空间镜像文件 FsImage 和修改日志 EditLog 合并，防止日志文件过大。
- 信息同步：保存合并后的 FsImage 文件，在名字节点出现故障时，备用名字节点通过加载 FsImage 成为主名字节点。

数据节点是具体的数据存取的执行者，它的主要功能如下。

(1) 数据存取。接收名字节点指令，执行文件数据块的存储、读取、复制，并在本地定期创建子目录以更好地管理各文件数据块。

(2) 定期上报。以心跳的方式周期性地向名字节点报告自身状态，在数据节点启动时，全自动扫描并生成所有文件块信息，并上报至名字节点服务器，这一过程也称为数据块报告。

(3) 数据交互。基于 TCP/IP 协议，与客户端通过 DataProtocol 进行数据块的存储与读取交互。在与客户端交互方面，HDFS 具有丰富的对外接口，包括：支持 C/C++、Java 等编程接口，支持 HTTP、WebDAV 等协议访问，支持 thrift、FUSE 等框架。

## 2. 数据组织

在数据组织方式上，HDFS 将一个文件分割成一个或多个数据块，这些数据块被编号后，由名字节点保存，通常需要记录的信息包括文件的名称、文件被分成多少块、每块有多少个副本、每个数据块存放在哪个数据节点上、其副本存放于哪些节点上，这些信息被称为元数据。

数据节点根据名字节点的指令，顺次存放各自的数据块，为了实现容错与冗余，一个数据块被复制成多个副本，默认个数是 3。数据节点同样会在名字节点的指挥下，按复制策略将相应的数据块复制到指定的数据节点上。

对于文件数据块，HDFS 制定了三个原则。

(1) 集群文件由数据块组成。

(2) 数据块(block-sized chunk)默认为 64MB，数据块存放于数据节点本地文件系统。

(3) 不足 64MB 的文件或文件的最后一个数据块不足 64MB 时，均会占用一个块，物理空间以实际使用为准。

这种文件分块存储方式非常适合大文件的一次写入多次读取的场合，当然对于低延时数据访问、小文件多并发写及文件任意修改的访问并不是十分适合。

另外，HDFS 之所以将数据块定为 64MB，是由于这种大小的数据块有助于减少文件块查找时间。HDFS 文件块及副本策略示意如图 11-17 所示。

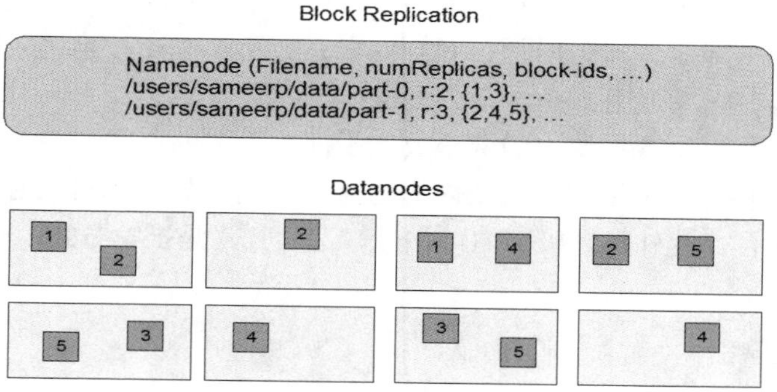

**图 11-17　HDFS 文件块及副本策略**

### 3. 副本复制策略

生产环境下的 HDFS 集群通常由几百个数据节点组成，因此在 HDFS 中数据块副本存放位置的选择非常重要，稍有不慎就会严重影响整个集群的吞吐量与可靠性。

根据实际部署场景，每个节点通常有两个千兆网卡，其中一个用于管理，另一个用于生产环境的数据传输。管理网与数据网通常是分开的。

集群硬件由多个机架构成，每个机架可以安装 10～40 个节点(根据节点规格及机架电源策略，节点通常为 1U 或者 2U 服务器)，机架内部接入交换机负责将各个节点连接起来。根据机架数目，构建一个网络核心交换区，将每个机架接入交换机的上行链路接入至核心交换区，核心交换区可以是多台高密度万兆核心交换机。由于对集群规模以及成本的敏感程度不同，也可以在接入层与核心层之间引入汇聚层，即机架群再分成不同的网络汇聚区，通过汇聚层接入核心层，减少核心层规模。

> **小提示**
>
> ● 接入层交换机的上行链路与下行链路带宽通常要对称，才能实现无阻塞转发。
> ● 下行链路启用 40 个千兆接口时，上行链路要启用 4 个万兆接口，才会对称。
> ● 相邻的多台核心交换机之间通过多个万兆接口(4～8 条)以 Trunk 的形式形成环状核心交换区，形成高速核心交换能力。

集群硬件部署完毕后，要对每个机架和节点进行唯一编号，并将其位置信息注册到名字节点中。

依照上面的部署场景，可以轻易得出如下几个结论。

(1) 相同机架间节点通信要优于相邻机架间的节点通信。

(2) 在同一汇聚层机架之间的节点通信要优于不同汇聚层机架之间的节点通信。

(3) 两个以上机架同时失效的可能性远远低于一个机架失效的可能性。

根据这些原则，假设复制系数为 3，可以设计如下几种副本复制策略。

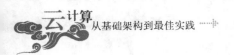

第一种方式：将三个数据块，复制于三个机架，这种方式的优点是读取时能充分利用不同机架的带宽，安全系数最高，原理比较简单，但缺点是写入时成本比较高，需要在不同的机架间进行数据交换，增加了写的时间。

第二种方式：将三个数据块，复制于同一机架三个不同的节点，优点是跨机架间流量变小，但机架内部写入时，流量增加，并且安全系数比较低，一旦接入交换机、机架本身出现故障，会造成数据不可用。

第三种方式：将三个数据块中的两个放置于同一机架的不同节点，第三个放置于相邻机架上的节点，这种方式可以减少机架内的写流量，提高数据块写入时的性能，也不影响数据块整体的读操作，此外也有极高的可靠性。这种方式是推荐方式，也是 HDFS 默认的数据块复制策略。

### 4. 集群容错策略

HDFS 面临的故障威胁包括数据节点失效、名字节点失效、网络故障、数据块损坏、文件删除与恢复等，针对这些威胁，HDFS 制订了相应的应对策略。

1) 数据节点失效

数据节点会定期发送心跳信息至名字节点。数据节点因故障失效后，名字节点能够在几个周期内得出判断，并启动故障转移策略，新的请求不再向出故障的数据节点转发，在一定时间内，如果故障没有解决，会启动故障数据节点上的数据块重新复制，即将存放于故障节点上的所有数据块，通过其副本向符合策略的数据节点进行复制，以达到数据块副本数量的要求。对于因数据节点失效带来整体存储空间的下降，HDFS 通常会根据情况决定是否重新启动负载均衡策略。

2) 名字节点失效

名字节点失效可以分为两种情况，一是所管理的 FsImage 与 EditLog 文件出现问题，对于此种情况通常是通过备份机制进行解决；二是名字节点本身出现宕机，针对这种情况，需要依赖手工启动备用名字节点。目前 HDFS 没有自动重启与接管功能，有兴趣的用户可以尝试进行开发，以增强健壮性。

3) 网络故障

网络故障可以分为多种情况，一是整个集群网络出现故障，这种情况只能依赖于人工去解决；另一种情况是因网络故障影响大量数据节点或名字节点，这种方式等同于所述的节点失效。当然为了提高可靠性，主名字节点与备用名字节点不要放置于同一机架。

4) 数据块损坏

节点上的数据块出现损坏是有可能的。HDFS 在写入文件块时，先计算其校验码，并将结果保存，当文件块读取时，可以重新计算校验码并与之前的进行对比，以判断文件块是否损坏。数据块损坏的解决策略是将用户针对本数据块的请求转发到其他副本节点上，同时从其他副本节点上复制并替换损坏的数据块。

5) 文件删除与恢复

当文件被用户误删时，通常并不会直接从 HDFS 平台删除，HDFS 是将其重定向到 trash 目录下，在 6 个小时内，用户还会有机会恢复这个被删除的文件；如果超过 6 个小时或者用户自己设定的清理时间，HDFS 会自动将该文件从名字节点中的命名空间中删除，并释放这个文件所属的数据块。HDFS 会定期清理 trash 目录,如果关注文件误删除恢复这项功能,也请关注定期清理时间的设定。

> **小提示**
>
> 　　减少文件复制系数,HDFS 会自动清理过度的数据块,并在下一次心跳时将信息传给数据节点执行真正的清理操作,清理完毕后,会提升空闲存储空间。

## 11.2.4　HDFS 的数据存取流程

　　HDFS 客户端向 HDFS 执行文件写入时,通常在连接建立后并不直接将文件写入数据节点,而是先在本地进行临时缓存,当满足 64MB 或不满足 64MB 但文件写完时,才会真正执行写入操作。

　　图 11-18 所示为具体内部流程。

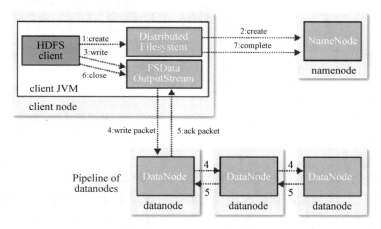

图 11-18　HDFS 写入流程

　　HDFS 数据写入流程如下。

　　(1)　客户端向远端名字节点发起 RPC 请求。

　　(2)　名字节点检查客户端是否有权限创建文件,要创建的文件是否存在,若条件满足,则执行创建操作,并建立一条事件日志记录;若不成功,则告知客户端原因。

　　(3)　客户端将写入的文件切分成一个个的数据块,在内部以数据包队列的形式管理这些数据块,并向名字节点申请数据块;名字节点根据复制系数,确定数据块存放的数据节点列表,并传送给客户端。

　　(4)　客户端以流式管道的形式将数据块写入相应的数据节点,数据块向第一个数据节点写入,当第一个节点存储成功后,会将数据块传递给第二个数据节点;第二个数据节点写入成功后,再将数据块传送至第三个数据节点,这样整个写入过程以一种流水线的方式写入。

　　(5)　当数据块向最后一个数据节点写入成功后,会向客户端发送一个 ACK 确认包,在收到 ACK 后,客户端将该数据包从队列中移除。

（6）若传输过程中，某个数据节点出现故障，则故障节点会从当前流式管道中删除，同时名字节点会重新分配一个新的数据节点，写入过程不变。

（7）写入结束后，客户端会发出关闭请求，当收到最后一个确认数据包 ACK 后，执行最终的关闭。

相比于写入流程，HDFS 文件读取过程比较简单，如图 11-19 所示。

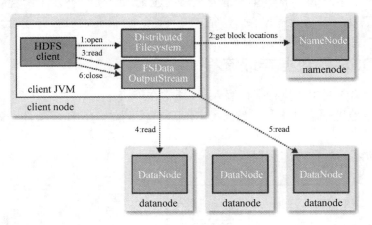

图 11-19　HDFS 读取流程

HDFS 数据的读取流程如下。

（1）HDFS 客户端向远端名字节点发起 RPC 请求，请求读取某一文件。

（2）名字节点返回该文件部分或全部的数据块分布列表，列表里面包括数据块的数据节点地址。

（3）客户端会选取离自己最近的数据节点，建立连接并读取数据块。

（4）当读取完一个数据块后，先进行校验码验证，若出现错误或当前数据节点出现错误，则客户端会请求名字节点，寻找下一个有该数据块的数据节点，并重新读取。

（5）数据块读取成功后，会关闭当前连接，并顺次选择下一个数据块的最佳数据节点进行读取。

（6）当列表中的数据块读取完毕并且文件还未读取结束时，客户端会向名字节点继续请求下一批数据块列表。

（7）当所有数据块读取结束，客户端通知 HDFS 关闭连接。

# 11.3　HDFS 伪分布式部署

HDFS 提供了伪分布式部署方案，即在单个物理主机里同时部署名字节点与数据节点来实现一个最小分布式文件系统。

为了让读者更直观地接触 HDFS 平台，本节将介绍 HDFS 伪分布式部署。

## 11.3.1　环境与基础信息配置

主机的基本信息如表 11-2 所示。

表 11-2　主机信息

| 名　　称 | 信　　息 |
| --- | --- |
| IP 地址 | 172.16.11.208 |
| 主机名 | Master.hadoop |
| 操作系统 | RHEL 6.0 |
| 参数 | 2CPU X86-64 位/4GB 内存/40GB 磁盘/ |

下面给出主机环境配置信息。

### 1. IP 地址修改

IP 地址位于/etc/sysconfig/network-scripts/目录中，通过 vi 编辑 ifcfg-eth0 文件，修改成如下所示信息：

```
[root@master home]# vi /etc/sysconfig/network-scripts/ifcfg-eth0
DEVICE="eth0"
NM_CONTROLLED="yes"
ONBOOT=yes
TYPE=Ethernet
BOOTPROTO=none
IPADDR=172.16.11.208
PREFIX=24
GATEWAY=172.16.11.254
DEFROUTE=yes
IPV4_FAILURE_FATAL=yes
IPV6INIT=no
NAME="System eth0"
UUID=5fb06bd0-0bb0-7ffb-45f1-d6edd65f3e03
HWADDR=00:50:56:AF:00:D1
```

### 2. 主机名称修改

主机名称位于/etc/sysconfig/network 文件中，其修改后的结果如下所示：

```
[root@master home]# cat /etc/sysconfig/network
NETWORKING=yes
HOSTNAME=master.hadoop
```

### 3. DNS 修改

DNS 位于/etc/hosts 文件中，修改的结果如下所示：

```
[root@master home]# cat /etc/hosts
172.16.11.208   master.hadoop   master   # Added by NetworkManager
127.0.0.1       localhost.localdomain   localhost
::1     master.hadoop   master   localhost6.localdomain6 localhost6
```

### 4. 环境测试

配置结束后，通过 ping 测试 master.hadoop 是否畅通。效果如下所示：

```
[root@master network-scripts]# ping master.hadoop
PING master.hadoop (172.16.11.208) 56(84) bytes of data.
64 bytes from master.hadoop (172.16.11.208): icmp_seq=1 ttl=64 time=0.040
ms
```

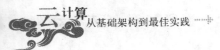

```
64 bytes from master.hadoop (172.16.11.208): icmp_seq=2 ttl=64 time=0.016
ms
--- master.hadoop ping statistics ---
2 packets transmitted, 2 received, 0% packet loss, time 1467ms
rtt min/avg/max/mdev = 0.016/0.028/0.040/0.012 ms
```

## 11.3.2 Java 安装与部署

Hadoop 需要 Java 环境支持，需要 Java SDK 1.6 版本以上，下载的 JDK 官方地址为：
http://www.oracle.com/technetwork/java/javase/downloads/jdk-6u25-download-346242.html
在打开的下载页面中有可下载的 JDK 版本列表，要注意版本以及运行机器的位数。本
次实验环境主机为 64 位，因此选择 jdk-6u25-linux-x64-rpm.bin，在单击接受协议后即可将
文件下载至本地。

### 1. Java 安装

将下载到的 JDK 文件上传至 master.hadoop 主机的/home 目录中。修改文件的可执行属
性，运行安装。

```
[root@master home]# chmod u+x jdk-6u25-linux-x64-rpm.bin
[root@master home]# ./jdk-6u25-linux-x64-rpm.bin
```

### 2. Java 配置

Java 安装完毕后，需要对 JDK 进行环境变量配置，配置文件位于/etc/profile，需要增加
JAVA_HOME、CLASSPATH、PATH 环境变量信息。
具体过程：

```
[root@master home]#vi /etc/profile
JAVA_HOME=/usr/java/jdk1.6.0_25
CLASSPATH=.:$JAVA_HOME/lib
 PATH=$PATH:$JAVA_HOME/bin:$JAVA_HOME/jre/bin
```

环境变量配置完毕后，可以通过 source 命令进行检验，也可以使用 export 命令使其生
效(默认修改后的 profile 文件在重启后生效)。

```
[root@master home]#source /etc/profile
[root@master home]#export JAVA_HOME
[root@master home]# echo $JAVA_HOME
/usr/java/jdk1.6.0_25
```

## 11.3.3 SSH 配置

为了方便 Hadoop 各节点之间的互操作，需要将 SSH 登录方式变更成基于公钥免密码
方式。即便本次只有单台节点，也需要这步操作。
整个操作的流程如下：
(1) 创建一个 Hadoop 用户。
(2) 生成 Hadoop 用户的 SSH 登录公私钥对。
(3) 将 Hadoop 用户公钥写入需要登录的节点 authriozed_keys 文件中。
(4) 设置认证信息的权限，并进行测试。

具体实现过程如下。

### 1. 创建 Hadoop 账户

创建命令为 useradd，创建完毕后，修改其密码，如下所示：

```
[root@master jdk1.6.0_25]# useradd hadoop  #创建账号
[root@master jdk1.6.0_25]# passwd hadoop  #配置密码
```

### 2. 生成公钥

切换至 Hadoop 用户空间；使用 ssh-keygen 命令生成公钥对，连续按 Enter 键即可。生成的公钥对默认存放于用户的~/.ssh/目录中。如下所示：

```
[root@master jdk1.6.0_25]# su hadoop
[hadoop @master jdk1.6.0_25]$ ssh-keygen
Generating public/private rsa key pair.
Enter file in which to save the key (/root/.ssh/id_rsa):
Enter passphrase (empty for no passphrase):
Enter same passphrase again:
Your identification has been saved in /root/.ssh/id_rsa.
Your public key has been saved in /root/.ssh/id_rsa.pub.
The key fingerprint is:
ec:1b:71:43:ab:a9:a3:4f:ae:9f:8e:6b:67:b6:1a:71 root@master.hadoop
The key's randomart image is:
+--[ RSA 2048]----+
|                 |
|                 |
|          .      |
|       . . .     |
|    . E S +      |
|     o . = .     |
|      . . =      |
|     .==o o      |
|     .*%Oo.      |
+-----------------+
[hadoop @master jdk1.6.0_25]$ cd ~/.ssh/
[hadoop@master .ssh]$ ls
id_rsa  id_rsa.pub
[hadoop@master .ssh]$ cd ~
```

### 3. 配置授权

将公钥信息写入~/.ssh/ authorized_keys 文件中，修改.ssh 目录权限为 700，修改 authorized_keys 文件的权限为 600。如下所示：

```
[hadoop@master ~]$ cat ~/.ssh/id_rsa.pub >> ~/.ssh/authorized_keys
[hadoop@master ~]$ chmod 700 ~/.ssh
[hadoop@master ~]$ chmod 600 ~/.ssh/authorized_keys
```

### 4. 测试

执行 ssh master.hadoop，看是否不输入密码就可以直接登录。测试过程如下所示：

```
[hadoop@master ~]$ ssh master.hadoop
Last login: Fri Jun 15 00:22:04 2012 from master.hadoop
[hadoop@master ~]$
```

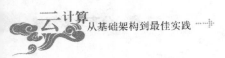

若测试不成功，可做如下检查：

(1) authorized_keys 文件是否正确创建。

(2) ssh 服务是否打开，防火墙是否允许访问。

(3) 权限是否配置完毕。

(4) 可以在 ssh 登录中，加入-v 属性，查看故障原因。

## 11.3.4 HDFS 的部署

本次实验环境使用的 Hadoop 安装文件是 hadoop-0.20.2.tar.gz，它的下载地址是：

http://mirror.bit.edu.cn/apache/hadoop/common/hadoop-0.20.2/hadoop-0.20.2.tar.gz

在这个 Hadoop 安装包里包括 HDFS 及 MapReduce 等组件，Hadoop 的安装过程如下：

(1) 下载并直接部署 Hadoop 可执行文件包。

(2) 修改主机环境变量，并设定 Hadoop 主机环境变量。

(3) 修改 masters、slaves、core-site.xml、hdfs-site.xml、mapred-site.xml 五个文件。

(4) 格式化名字节点，启动 Hadoop 平台。

下面介绍具体部署过程。

### 1. Hadoop 安装

将下载的安装包上传至 home 目录，解压缩与重命名后将 Hadoop 安装包部署于
/usr/local/hadoop 目录中。如下所示：

```
[root@master home]# tar xzvf hadoop-0.20.2.tar.gz
[root@master home]# mv hadoop-0.20.2 /usr/local
[root@master home]# cd /usr/local
[root@master local]# ls
bin etc games hadoop-0.20.2 include lib lib64 libexec sbin share
src
[root@master local]# mv hadoop-0.20.2/ hadoop
[root@master local]# ls
bin etc games hadoop include lib lib64 libexec sbin share src
[root@master local]# chown -R hadoop:hadoop /usr/local/hadoop/
```

### 2. 环境变量配置

修改环境变量，在文件 /etc/profile 后面追加 HADOOP_HOME 以及
HADOOP_CONF_DIR，并增加 Hadoop 的 classpath 与 path 属性；另外修改 Hadoop 内部环
境变量，位于/hadoop/conf/hadoop_env.sh 文件中，设定 JAVA_HOME、HADOOP_CLASSPTH、
HADOOP_HEAPSIZE、HADOOP_LOG_DIR、HADOOP_PID_DIR 等环境变量。

设定后的结果如下所示：

```
[root@master local]# vi /etc/profile
HADOOP_HOME=/usr/local/hadoop
HADOOP_CONF_DIR=$HADOOP_HOME/conf
CLASSPAH=.:$JAVA_HOME/lib:$HADOOP_HOME/lib
PATH=$PATH:$JAVA_HOME/bin:$JAVA_HOME/jre/bin:$HADOOP_HOME/bin
"/etc/profile" 73L, 1660C written
[root@master local]# source /etc/profile
[root@master conf]# vi hadoop-env.sh
 export JAVA_HOME=$JAVA_HOME
 export HADOOP_CLASSPATH="$HADOOP_CLASSPATH"
```

```
 export HADOOP_HEAPSIZE=2048
 export HADOOP_LOG_DIR=/var/local/logs
 export HADOOP_PID_DIR=/var/local/pids
[root@master bin]# export JAVA_HOME
[root@master bin]# export HADOOP_HOME
[root@master bin]# export HADOOP_CONF_DIR
```

### 3. Hadoop 配置文件

配置五个文件，均位于/hadoop/conf 目录中，这些文件包括 masters、slaves、core-site.xml、hdfs-site.xml、mapred-site.xml，如果不运行 MapReduce，可以不配置 mapred-site.xml 文件。配置过程如下。

(1) masters 文件用于配置名字节点。

```
[hadoop@master conf]$ cat masters
master.hadoop
```

(2) slaves 文件用于配置数据节点。

```
[hadoop@master conf]$ cat slaves
master.hadoop
```

(3) core-site.xml 定义集群属性，如定义对外访问端口。

```
[hadoop@master conf]$ cat core-site.xml
<?xml version="1.0"?>
<?xml-stylesheet type="text/xsl" href="configuration.xsl"?>
<!-- Put site-specific property overrides in this file. -->
<configuration>
    <property>
        <name>fs.default.name</name>
        <value>hdfs://localhost:9010</value>
    </property>
    <property>
        <name>hadoop.tmp.dir</name>
        <value>/home/HadoopData</value>
    </property>
</configuration>
```

(4) hdfs-site.xml 文件定义 HDFS 各节点及复制系数等信息。

```
[hadoop@master conf]$ cat hdfs-site.xml
<?xml version="1.0"?>
<?xml-stylesheet type="text/xsl" href="configuration.xsl"?>
<!-- Put site-specific property overrides in this file. -->
<configuration>
<property>
        <name>dfs.replication</name>
        <value>1</value>
    </property>
</configuration>
```

(5) mapred-site.xml 文件定义 MapReduce 任务属性，其配置如下所示：

```
[hadoop@master conf]$ cat mapred-site.xml
<?xml version="1.0"?>
<?xml-stylesheet type="text/xsl" href="configuration.xsl"?>
<!-- Put site-specific property overrides in this file. -->
<configuration>
 <property>
```

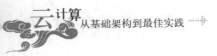
```
        <name>mapred.job.tracker</name>
        <value>localhost:9001</value>
    </property>
</configuration>
```

### 4. 格式化名字节点

格式化命令为 hadoop namenode -format，执行效果如下所示：

```
[hadoop@master conf]$ hadoop namenode -format
12/07/02 21:59:51 INFO namenode.NameNode: STARTUP_MSG:
/************************************************************
STARTUP_MSG: Starting NameNode
STARTUP_MSG:   host = master.hadoop/172.16.11.208
STARTUP_MSG:   args = [-format]
STARTUP_MSG:   version = 0.20.2
STARTUP_MSG:   build =
https://svn.apache.org/repos/asf/hadoop/common/branches/branch-0.20 -r
911707; compiled by 'chrisdo' on Fri Feb 19 08:07:34 UTC 2010
************************************************************/
12/07/02 21:59:51 INFO namenode.FSNamesystem: fsOwner=hadoop,hadoop
12/07/02 21:59:51 INFO namenode.FSNamesystem: supergroup=supergroup
12/07/02 21:59:51 INFO namenode.FSNamesystem: isPermissionEnabled=true
12/07/02 21:59:51 INFO common.Storage: Image file of size 96 saved in 0
seconds.
12/07/02 21:59:51 INFO common.Storage: Storage directory
/tmp/hadoop-hadoop/dfs/name has been successfully formatted.
12/07/02 21:59:51 INFO namenode.NameNode: SHUTDOWN_MSG:
/************************************************************
SHUTDOWN_MSG: Shutting down NameNode at master.hadoop/172.16.11.208
************************************************************/
```

### 5. 启动 Hadoop

执行 start-all.sh，启动 Hadoop 平台，效果如下所示：

```
[root@master conf]# ./start-all.sh
starting namenode,
logging to /var/local/logs/hadoop-root-namenode-master.hadoop.out
localhost: starting datanode,
logging to /var/local/logs/hadoop-root-datanode-master.hadoop.out
localhost: starting secondarynamenode,
logging to
/var/local/logs/hadoop-root-secondarynamenode-master.hadoop.out
starting jobtracker,
logging to /var/local/logs/hadoop-root-jobtracker-master.hadoop.out
localhost: starting tasktracker,
logging to /var/local/logs/hadoop-root-tasktracker-master.hadoop.out
```

## 11.3.5  HDFS 的测试

Hadoop 平台启动后通过 jps 命令，可以查看各进程是否启动成功。启动成功效果如下：

```
[root@master bin]# jps
5365 SecondaryNameNode
5539 TaskTracker
5240 DataNode
5439 JobTracker
5717 Jps
```

5143 NameNode

默认 Hadoop 平台提供了基于 Web 的监测手段,通过它可以查看 HDFS 集群与 MapReduce 任务运行状态。

(1) http://172.16.11.208:50070 可以查看 HDFS 集群状态。

(2) http://172.16.11.208:50030 可以查看 MapReduce 任务状态。

当前 HDFS 的运行效果如图 11-20 所示。

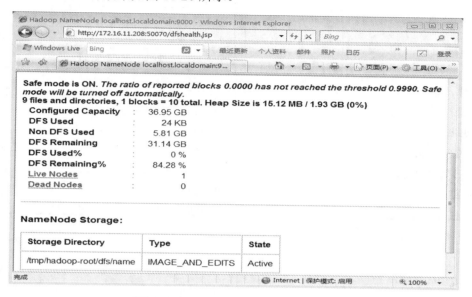

图 11-20　Web 方式查看 HDFS 状态

# 11.4　HDFS 的控制与编程

HDFS 提供了一系列的交互式命令,通过这些命令可以管理文件与目录、管理作业调度、控制与优化集群性能等。除此之外,HDFS 还提供了 Java 的编程接口,用户可以通过编写 Java 程序对 HDFS 进行扩展。

## 11.4.1　HDFS 的命令集

HDFS 平台提供了两类管理命令模块,一类是用户命令模块;另一类是系统管理模块。其中用户管理模块用于管理 HDFS 平台的日常操作,如:文件系统修复、文件与目录创建、复制、作业调度等;系统管理模块用于控制与调整 HDFS 集群,如版本升级、备用名字节点重启、运行状态查询与调整、故障处置等,表 11-3 中列出了常用的命令模块。

表 11-3　命令模块集

| 模块/命令名称 | 类　型 | 描　　述 |
| --- | --- | --- |
| archive | 用户类 | 用于创建 Hadoop 档案文件 |
| distcp | 用户类 | 用于递归拷贝文件或目录 |

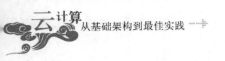
续表

| 模块/命令名称 | 类 型 | 描 述 |
|---|---|---|
| fs | 用户类 | 常规的文件系统客户端，类 Shell 模式 |
| fsck | 用户类 | HDFS 文件系统检查工具 |
| version | 用户类 | 打印版本号 |
| jar | 用户类 | 用于运行 jar 文件 |
| job | 用户类 | 用于与 Map Reduce 作业命令进行交互 |
| pipes | 用户类 | 运行管道作业 |
| CLASSNAME | 用户类 | 可以运行任意名为 CLASSNAME 的类 |
| balancer | 管理类 | 运行集群平衡工具 |
| dfsadmin | 管理类 | 用于 HDFS 平台管理 |
| daemonlog | 管理类 | 获取或设置每个守护进程的日志级别 |
| datanode | 管理类 | 运行 HDFS 名字节点 |
| secondarynamenode | 管理类 | 运行 HDFS 备用命字节点 |
| jobtracker | 管理类 | 运行 MapReduce 的 job Tracker 节点 |
| tasktracker | 管理类 | 运行 MapReduce 的 task Tracker 节点 |

以上命令模块在 Hadoop 中的使用方式如下所示：

```
hadoop modual-name -cmd
```

其中，modual-name 是模块名。

限于篇幅，本小节只介绍两个模块：一个是管理类的 dfsdmin 模块；另一个是用户类的 fs 模块，这两个模块的使用方式如下。

(1) dfsadmin 的命令为 hadoop dfsadmin –cmd

(2) fs 的命令为 hadoop fs –cmd

使用前可以加 bin/hadoop 前缀，如果处于 hadoop 的 bin 目录下，直接输入"hadoop"即可。在这个命令后面跟的是模块名，后面的-cmd 是模块的具体子命令，下面详细介绍这两个模块。

### 1. dfsadmin 模块

dfsadmin 模块的管理能力是针对整个 HDFS 平台的，如操作或查询整个集群，对 HDFS 平台运行模式进行调整，下面将分别介绍这些功能。

1) 全局查询功能

HDFS 集群的全局状态查看可以输入 hadoop dfsadmin –report，如果想查看名字节点中的元数据节点信息与状态，可以输入 hadoop dfsadmin –metasave filename，其中 filename 是将查询的信息保存至 hadoop.log.dir 所定义的目录下的 filename 文件中。

**示例：查看伪分布式模式下的集群全局状态。**

```
[root@master ~]# hadoop dfsadmin -report
Configured Capacity: 39674589184 (36.95 GB)
Present Capacity: 33450598400 (31.15 GB)
DFS Remaining: 33450582016 (31.15 GB)
```

```
DFS Used: 16384 (16 KB)
DFS Used%: 0%
Under replicated blocks: 1
Blocks with corrupt replicas: 0
Missing blocks: 1
----------------------------------------------------
Datanodes available: 1 (1 total, 0 dead)
Name: 127.0.0.1:50010
Decommission Status : Normal
Configured Capacity: 39674589184 (36.95 GB)
DFS Used: 16384 (16 KB)
Non DFS Used: 6223990784 (5.8 GB)
DFS Remaining: 33450582016(31.15 GB)
DFS Used%: 0%
DFS Remaining%: 84.31%
Last contact: Mon Jul 02 17:42:07 CST 2012
```

2)　运行模式调整

HDFS 集群可以以不同的模式运行。安全模式是 HDFS 的一种运行状态,在这种状态下,不能创建/删除文件,文件系统将以只读方式进行挂载,无法进行副本复制。

安全模式是名字节点启动后自动进入的状态,在这个状态里可以进行所有数据与名字节点间的时间同步、名字节点收集数据节点的块报告、名字节点决定数据块副本复制任务等,通常名字节点在收集到一定比例数据块的分布状况时,就可以退出安全模式,转入正常运行模式。

安全模式命令格式为 hadoop dfsadmin –safemode what,根据 what 的值决定如何进行安全模式操作,what 的四个取值如下。

● enter:进入安全模式。

● leave:强制退出安全模式。

● get:返回名字节点是否处于安全模式,ON 代表是;OFF 代表不是。

● wait:等待名字节点退出安全模式后自动返回。

在 HDFS 运行时,输入 hadoop dfsadmin –saftmode leave,则强制名字节点退出安全模式。

3)　配额控制与调整

可以为 HDFS 集群中的目录设定文件配额,文件配额决定一个目录下面允许有多少个文件,一旦设定立刻生效。配额设定的命令为:

```
hadoop dfsadmin -setquota <N> <directory>...<directory>
```

表示为这些目录设立配额数目为 N。

如果取消配额,可以通过命令

```
hadoop dfsadmin -clrquota <directory>...<director>
```

4)　版本升级与回滚

HDFS 提供了版本升级与自动回滚功能,相关的命令如下:

● 版本升级:start-dfs.sh –upgrade。

● 升级过程查询:hadoop dfsadmin –upgradeProgress status。

● 查看升级过程详细内容:hadoop dfsadmin –upgradeProgress details。

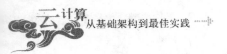

- 强行升级：hadoop dfsadmin –updateProgress force。
- 升级失败后回滚：先停止升级，重装之前版本，运行 start-dfs.sh –rollback 命令。
- 删除存档拷贝：hadoop dfsadmin –finalizeUpgrade，运行此命令后，无法再使用回滚操作；但如果进行第二次升级，则必须进行这个动作。

5) 帮助功能

帮助命令是 bin/hadoop dfsadmin –help cmd，cmd 为要查询的子命令。

### 2. fs 模块

fs 是 HDFS 的 Shell 命令集，提供了类似于 Linux Shell 一样的命令集，其用法与 Linux Shell 基本一致，只是需要加上命令前缀 hadoop fs。

表 11-4 列出了 FS shell 常见的命令。

表 11-4　FS shell 命令集

| 命令格式 | 描　　述 |
| --- | --- |
| –help cmd | 显示 cmd 命令的使用信息 |
| -ls path | 列出 path 目录下的内容，如文件名、权限、所有者、大小等 |
| -lsr path | 与 ls 类似，递归地显示子目录下的内容 |
| -du path | 以字节表示形式显示 path 目录下所有文件的磁盘占用情况 |
| -dus path | 与 du 相似，会显示目录磁盘的使用情况 |
| -mv src dest | 将文件或目录从 HDFS 的源路径移动到目的路径 |
| -cp src dest | 将 src 文件或目录复制到 dest |
| –rm path | 删除一个文件或目录 |
| –rmr path | 递归删除目录及里面的文件 |
| –put localSrc dest | 将指定的本地文件或目录上传到 HDFS 指定目录下 |
| –copyFromLocal　localSrc dest | 与 put 命令相同 |
| –cat filename | 将文件内容定向至标准输出 |
| –get [-crc] src localDest | 将文件或目录从 HDFS 中拷贝到本地指定目录 |
| -copyToLocal　[-crc]　src localDest | 与 get 命令相同 |
| -mkdir path | 在 HDFS 中创建一个名为 path 的目录，即便其上级目录不存在，会被顺次创建 |
| -touchz path | 创建一个文件 |
| -test –[ezd] path | 测试路径是否存在 |
| –stat [format] path | 显示文件所占块数(%b)、文件名(%n)、块大小(%n)、复制数(%r)、修改时间(%y%Y)等统计信息 |
| –tail [-f] file | 将文件最后 1KB 内容定向至标准输出 |
| -setrep [-R] [-w] rep path | 设置目标文件的复制数 |

续表

| 命令格式 | 描　述 |
|---|---|
| –getmerge src localDest [addnl] | 将在 HDFS 中的指定目录或文件合并至本地指定目录中 |
| –moveFromLocal localSrc dest | 将文件或目录从本地上传到 HDFS 指定目录后，再删除本地文件或目录 |
| -moveToLocal [-crc] src localDest | 将 HDFS 指定目录或文件拷贝至本地指定目录，再删除 HDFS 所保留的副本 |
| –chgrp [-R] group | 设置文件或目录组权限信息，递归修改目录时用-R 参数 |
| –chmod[-R] owner][:[group]] path… | 设置文件或目录权限信息，递归修改时使用-R 参数 |

## 11.4.2　HDFS 的命令实践

应用 FS Shell 可以像使用普通文件系统一样使用 HDFS 集群中的分布式文件系统，下面以常规的操作为例，介绍如何管理目录、管理文件、上传及下载文件。

### 1. 目录管理

下面将介绍目录的查看、创建、删除、移动等操作。

(1) 查看目录，通过 hadoop fs -lsr /命令可以查看集群根目录列表、所占空间、所属权限等信息。如下所示：

```
[root@master /]# hadoop fs -lsr /
drwxr-xr-x  - root supergroup          0 2012-10-11 12:15 /home
drwxr-xr-x  - root supergroup          0 2012-10-11 12:15 /home/HadoopData
drwxr-xr-x  - root supergroup          0 2012-10-11 12:15
/home/HadoopData/mapred
drwx-wx-wx  - root supergroup          0 2012-10-11 12:16
/home/HadoopData/mapred/system
drwxr-xr-x  - root supergroup          0 2012-10-11 11:54 /user
drwxr-xr-x  - root supergroup          0 2012-10-11 11:56 /user/root
```

(2) 创建目录，通过 hadoop fs -mkdir 创建 hdfs 目录。如下所示：

```
[root@master /]# hadoop fs -mkdir /home/HadoopData/hdfs
[root@master /]# hadoop fs -ls /home/HadoopData
Found 2 items
drwxr-xr-x  - root supergroup          0 2012-10-11 12:19
/home/HadoopData/hdfs
drwxr-xr-x  - root supergroup          0 2012-10-11 12:15
/home/HadoopData/mapred
```

(3) 移动目录，通过 hadoop fs –mv，将源目录移动至目标目录。如下所示：

```
[root@master /]# hadoop fs -mv /home/HadoopData/hdfs  /home
[root@master /]# hadoop fs -lsr /home
drwxr-xr-x  - root supergroup          0 2012-10-11 15:47 /home/HadoopData
drwxr-xr-x  - root supergroup          0 2012-10-11 12:15
/home/HadoopData/mapred
drwx-wx-wx  - root supergroup          0 2012-10-11 12:16
/home/HadoopData/mapred/system
```

```
-rw-------   1 root supergroup          4 2012-10-11 12:16
/home/HadoopData/mapred/system/jobtracker.info
drwxr-xr-x  - root supergroup          0 2012-10-11 12:19 /home/hdfs
```

(4) 删除目录，通过 hadoop fs –rmr 删除创建的目录。如下所示：

```
[root@master /]# hadoop fs -rmr /home/hdfs
Deleted hdfs://localhost:9010/home/hdfs
[root@master /]# hadoop fs -lsr /home
drwxr-xr-x  - root supergroup          0 2012-10-11 15:47 /home/HadoopData
drwxr-xr-x  - root supergroup          0 2012-10-11 12:15
/home/HadoopData/mapred
drwx-wx-wx  - root supergroup          0 2012-10-11 12:16
/home/HadoopData/mapred/system
-rw-------   1 root supergroup          4 2012-10-11 12:16
/home/HadoopData/mapred/system/jobtracker.infodrwxr-xr-x  - root
supergroup          0 2012-10-11 12:19 /home/hdfs
```

**2. 文件管理**

文件管理包括从本地上传文件到集群、从集群下载文件到本地、在集群中创建文件、查看集群文件的内容等操作。下面分别进行介绍。

(1) 文件上传，通过 put 命令可以将本地文件上传至集群。如将 tmp/tt 目录中的 test 文件上传至集群 HadoopData 目录中，如下所示：

```
[root@master tt]# hadoop fs -put /tmp/tt/test /home/HadoopData/
[root@master tt]# hadoop fs -lsr /
drwxr-xr-x  - root supergroup          0 2012-10-11 15:50 /home
drwxr-xr-x  - root supergroup          0 2012-10-11 15:59 /home/HadoopData
drwxr-xr-x  - root supergroup          0 2012-10-11 12:15
/home/HadoopData/mapred
drwx-wx-wx  - root supergroup          0 2012-10-11 12:16
/home/HadoopData/mapred/system
-rw-------   1 root supergroup          4 2012-10-11 12:16
/home/HadoopData/mapred/system/jobtracker.info
-rw-r--r--   1 root supergroup         13 2012-10-11 15:59
/home/HadoopData/test
drwxr-xr-x  - root supergroup          0 2012-10-11 11:54 /user
drwxr-xr-x  - root supergroup          0 2012-10-11 11:56 /user/root
```

(2) 文件下载，通过 get 命令可以实现文件下载。如将集群中的 test 文件下载至本地 tmp/tt 目录中，并命名为 test1，如下所示：

```
[root@master tt]# hadoop fs -get /home/HadoopData/test /tmp/tt/test1
[root@master tt]# ls
test  test1
[root@master tt]#
```

(3) 通过 cat 命令可以查看指定文件，如查看 test 文件的记录，如下所示：

```
[root@master tt]# hadoop fs -cat /home/HadoopData/test
hello Hdfs!
```

# 11.4.3  HDFS 的编程接口

HDFS 提供了 Java 编程接口，通过调用相关的 API 可以实现 HDFS 操作，HDFS 接口的主要对象是 org.apache.hadoop.conf.Configuration 与 org.apache.hadoop.fs。

其中 org.apache.hadoop.conf.Configuration 是一个 Java 类，用于设定访问配置及建立与 HDFS 的"逻辑"通道；org.apache.hadoop.fs 是一个 Java 包，用于处理文件与信息流。下面简要介绍这个接口包。

org.apache.hadoop.fs 包由接口类(如 FsConstants、Syncable 等)、Java 类(如 AbstractFileSystem、BlockLocation、FileSystem、FileUtil 等)、枚举类型(如 CreateFlag)、异常类(如 ChecksumException、InvalidPathException 等)和错误类(如 FSError)组成。

每个子对象中都定义了相应的方法，通过对 org.apache.hadoop.fs 包的封装与调用，可以拓展 HDFS 应用，更好地帮助用户使用集群海量存储，例如，可以开发出专用客户端工具，实现用户个人信息的远程存储与访问。

org.apache.hadoop.fs 类比较多，有兴趣的读者可以访问网址 http://hadoop.apache.org/docs/current/api/查看详细的类与方法介绍，访问页面如图 11-21 所示。

## Package org.apache.hadoop.fs

An abstract file system API.

See:
  Description

### Interface Summary

| | |
|---|---|
| **FsConstants** | FileSystem related constants. |
| **PathFilter** | |
| **PositionedReadable** | Stream that permits positional reading. |
| **Seekable** | Stream that permits seeking. |
| **Syncable** | This interface for flush/sync operation. |

### Class Summary

| | |
|---|---|
| **AbstractFileSystem** | This class provides an interface for implementors of a Hadoop file |
| **AvroFSInput** | Adapts an FSDataInputStream to Avro's SeekableInput interface. |
| **BlockLocation** | |

图 11-21　org.apache.hadoop.fs 包

下面介绍几个常用的 Java 类。

### 1. FileSystem

org.apache.hadoop.fs.FileSystem，通用文件系统基类，用于与 HDFS 文件系统交互，编写的 HDFS 程序都需要重写 FileSystem 类。通过 FileSystem 可以非常方便地像操作本地文件系统一样操作 HDFS 集群文件。

FileSystem 提供了两个 get 方法，一个是通过配置文件获取与 HDFS 的连接；一个是通过 URL 指定配置文件，获取与 HDFS 的连接，URL 的格式为 hdfs://namenode /xxx.xml。

这两个方法的原型如下：

FileSystem **get**(Configuration)

FileSystem get(URI,Configuration)

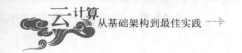

### 2. FSDataInputStream

org.apache.hadoop.fs.FSDataInputStream，文件输入流，用于读取 HDFS 文件，它是 Java 中 DataInputStream 的派生类，支持从任意位置读取流式数据。

常用的读取方法是从指定的位置，读取指定大小的数据至缓存区。方法如下所示：

```
int read(long position,byte[] buffer,int offset,int length)
```

还有用于随时定位的方法，可以定位到指点的读取点，如下所示：

```
void seek(long desired)
```

通过 long getPos()方法还可以获取当前的读取点。

### 3. FSDataOutputStream

org.apache.hadoop.fs.FSDataOutputStream，文件输出流，是 DataOutputStream 的派生类，通过这个类能够向 HDFS 顺序写入数据流。

通常的写入方法为 write，如下所示：

```
public void write(int b)
```

获取当前写入点的函数为 long getPos()。

### 4. Path

org.apache.hadoop.fs.Path，文件与目录定位类，用于定义 HDFS 集群中指定的目录与文件绝对或相对路径。

可以通过多种方式构造 Path，如通过 URL 的模式，通常编写方式为

hdfs://ip:port/directory/filename

Path 可以与 FileSystem 的 open 函数相关联，通过 Path 构造访问路径，用 FileSystem 进行访问。

### 5. FileStatus

org.apache.hadoop.fs.FileStatus，文件状态显示类，可以获取文件与目录的元数据、长度、块大小、所属用户、编辑时间等信息，同时可以设置文件用户、权限等内容。

FileStatus 有很多 get 与 set 方法，如获取文件长度的 long getLen()方法；设置文件权限的 setPermission(FsPermission permission)方法等。

## 11.4.4　HDFS 的编程示例

编写 HDFS 程序，通常需要三个步骤。

(1) 编写 HDFS 程序代码，并通过 javac 编译器编译成字节码。

(2) 将字节码打包成 jar 文件。

(3) 通过 Hadoop 加载 jar 文件，并运行。

下面编写一个简单的 HDFS 程序，本程序的功能如下：

(1) 创建一个 HDFS 文件 hdfs.txt。

(2) 向 hdfs.txt 写入 hello hdfs。

（3）读取 hdfs.txt 文件并显示到客户端。

相关步骤如下所示。

### 1. 代码编写

根据上面的需求，程序设计如下。

（1）创建一个名为 hdfstest.java 的文件。

（2）创建两个方法，分别是创建文件，向指定文件写入数据；读取指定的文件并显示所有内容。

（3）建立 main 函数，分别调用这两个方法。

具体的代码如下所示：

```java
import java.io.*;
import org.apache.hadoop.conf.Configuration;
import org.apache.hadoop.fs.FileSystem;
import org.apache.hadoop.fs.Path;
import org.apache.hadoop.fs.FSDataInputStream;
import org.apache.hadoop.io.IOUtils;
import org.apache.hadoop.fs.FSDataOutputStream;


public class hdfstest{

 private static Configuration conf = null;

    static {
        conf = new Configuration();
    }
    /**
     * 创建指定的文件，并写入 hello hdfs 信息;
     */
    public static void createFileFromName(String strFileName) throws
        Exception{
        try {
                FileSystem fs = FileSystem.get(conf);
                Path path = new Path(strFileName);
                if(fs.exists(path)){
                    System.out.println("Status: [Warnning] file
                        ["+strFileName+"] exists.");
                }else{
                    FSDataOutputStream out = fs.create(path);
                    out.writeChars("hello hdfs!");
                    System.out.println("Status: [Sucess] create file path
                        ["+strFileName+"] ok..");
                 out.close();
                }
        } catch (IOException e) {
          e.printStackTrace();
        }
    }
    /**
     * 读取指定的文件，并显示全部信息
     */
    public static void readFile(String strFileName) throws Exception{
        try {
                FileSystem fs = FileSystem.get(conf);
                Path path = new Path(strFileName);
```

```
                    if(!fs.exists(path)){
                        System.out.println("Status: [Error] file
                            ["+strFileName+"]
                            can't exists.");
                    }else{
                        FSDataInputStream in = fs.open(path);
                        System.out.println("File Content :");
                        IOUtils.copyBytes(in, System.out, 1024,true);
                        in.close();
                    }
            } catch (IOException e) {
                e.printStackTrace();
            }
    }
    /**
     * 调用上述两个方法
     */
    public static void main(String[] args) throws Exception {
        try{
            createFileFromName(args[0]);
            readFile(args[0]);
        } catch (IOException e) {
            e.printStackTrace();
        }
    }
}
```

## 2. 程序编译

通过 javac 对 hdfstest.java 文件进行编译,编译时要注意加载 Hadoop 针对 HDFS 的开发
包,包名称为

```
hadoop-0.20.2-core.jar
```

编译命令如下所示:

```
[root@master  HDFSJava]# javac hdfstest.java -classpath
/usr/local/hadoop/hadoop-0.20.2-core.jar
[root@master HDFSJava]# ls
hdfstest.class  hdfstest.java
[root@master HDFSJava]#
```

## 3. 程序打包

通过 jar 工具将编译好的字节码打包,在打包之前需要编写 manifest.mf 文件,文件的格
式如下所示:

```
[root@master HDFSJava]# vi manifest.mf
manifest-Version: 1.0
Class-Path: /usr/local/hadoop/hadoop-0.20.2-core.jar
Main-Class: hdfstest

[root@master HDFSJava]# ls
hdfstest.class  hdfstest.java  manifest.mf
```

打包命令如下所示:

```
[root@master HDFSJava]# jar -cvf hdfstest.jar hdfstest.class
adding: META-INF/ (in=0) (out=0) (stored 0%)
adding: META-INF/MANIFEST.MF (in=56) (out=56) (stored 0%)
```

```
adding: hdfstest.class (in=2108) (out=1053) (deflated 50%)
Total:
------
(in = 2152) (out = 1433) (deflated 33%)
[root@master HDFSJava]# ls
hdfstest.class hdfstest.jar hdfstest.java manifest.mf
```

### 4. 加载运行

通过 hadoop 加载并运行打包好的 hdfstest.jar 文件。效果如下所示：

```
[root@master HDFSJava]# hadoop jar hdfstest.jar hdfstest
hdfs://localhost:9010/home/HadoopData/hdfs.txt
Status: [Sucess] create file path
[hdfs://localhost:9010/home/HadoopData/hdfs.txt] ok..
File Content :
hello hdfs!
[root@master HDFSJava]#
```

### 5. 验证与测试

通过 Fs Shell 命令可以验证程序执行后的结果：

```
[root@master HDFSJava]# hadoop fs -lsr /home
drwxr-xr-x   - root supergroup          0 2012-10-11 19:48 /home/HadoopData
-rw-r--r--   1 root supergroup         22 2012-10-11 19:48
/home/HadoopData/hdfs.txt
drwxr-xr-x   - root supergroup          0 2012-10-11 12:15
/home/HadoopData/mapred
drwx-wx-wx   - root supergroup          0 2012-10-11 12:16
/home/HadoopData/mapred/system
-rw-------   1 root supergroup          4 2012-10-11 12:16
/home/HadoopData/mapred/system/jobtracker.info
-rw-r--r--   1 root supergroup         13 2012-10-11 15:59
/home/HadoopData/test
[root@master HDFSJava]# hadoop fs -cat /home/HadoopData/hdfs.txt
hello hdfs!
[root@master HDFSJava]#
```

# 11.5　小　　结

分布式文件系统是云存储实现的重要技术手段，本章介绍了分布式文件的特点、常见分布式文件系统、基于 Windows DFS 搭建企业级分布式文件共享平台、Hadoop 平台及其分布式文件系统 HDFS，并重点介绍了 HDFS 部署以及编程案例。

通过本章的学习与实践，读者应能够初步了解分布式文件系统对于未来构建云存储平台的重要意义，并了解 HDFS 的基本操作与管理。

有兴趣的读者可以进一步拓展，尝试将搭建的 HDFS 存储平台支撑 KVM 虚拟主机存储、运维日志信息存储、个人文件信息存储等应用。

# 第12章

## 分布式云计算

【内容提要】

本章以 Hadoop 的 MapReduce 框架为重点，介绍 MapReduce 的起源、架构、原理，以及如何搭建多节点 Hadoop 计算集群，最后介绍 MapReduce 的编程方式，并通过示例演示如何开发 MapReduce 应用程序。

通过本章学习，读者应能够理解 MapReduce 原理，掌握 MapReduce 的配置与管理。

本章要点

- MapReduce 简介
- MapReduce 的原理
- MapReduce 的编程框架
- Hadoop 多集群部署
- MapReduce 编程示例

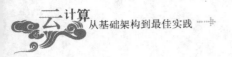

# 12.1 MapReduce 简介

MapReduce 是一种分布式计算编程模型，适用于万亿字节(TB)数量级的数据处理，本节以 Hadoop 的 MapReduce 为重点，介绍 MapReduce 的原理、工作流程以及控制命令。

## 12.1.1 MapReduce 的原理

MapReduce 的初衷是解决海量(TB 级)数据处理问题，通过封装一组通用的编程开发库，使得开发人员无须关注分布式细节，就可以将自己的程序部署于分布式环境。

从原理上讲，MapReduce 由 Map(映射)、Reduce(化简)两个阶段组成，其运行流程如下。

(1) 对等待处理的大数据进行分块，根据实际运行的任务节点数，分成 M 块(假设有 M 个计算节点)。

(2) 在各个节点运行 Map 函数，Map 函数的作用是在本地节点上对数据分块进行运算，生成类似于<key,value>的数据集合，记作：list<<key,value>>。

(3) 在各个节点运行 Reduce 函数，Reduce 的输入是各个节点 Map 函数的输出，对于 M 个(list<<key,value>>)输入源，每个 Reduce 节点只处理与本节点 Map 输出的数据 (list<key,value>)相同键值的数据，处理后的节点仍以 list<key,value>的格式存放于本地。

(4) 将各个节点上的 Reduce 输出串接起来，得到的结果就是本次 MapReduce 任务所期望的结果。

运行原理如图 12-1 所示。

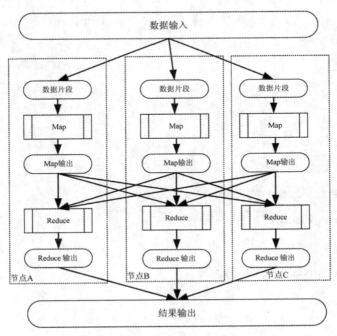

图 12-1 MapReduce 运行原理

## 12.1.2　Hadoop 的 MapReduce

Hadoop 完整地实现了 MapReduce 框架，当前大家所使用的 MapReduce 是一个易于使用的分布式开发框架，基于它编写的程序可以在数千个集群节点上并行运行。

Hadoop MapReduce 集群由一个 Master JobTracker 与若干个 Slave TaskTracker 组成。其中 Master 节点的作用是将一个任务调度至各 Slave 节点上，将大规模数据集分片分配给各个 Slave 节点，监测各 Slave 节点的任务执行情况。在容错方面，Master 节点定期与各 Slave 节点通信，获取其运行状态，对一定时间间隔内没有响应的 Slave 节点进行隔离，并将它的其任务重新指派给其他 Slave 节点。Slave 节点的作用是接受 Master 的控制命令，执行具体的任务。

根据公开的资料，MapReduce 的工作流程如图 12-2 所示。

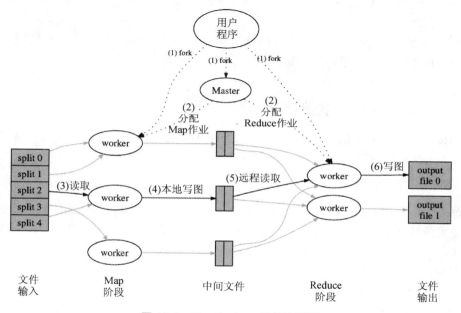

图 12-2　MapReduce 工作流程图

整个 MapReduce 工作流程可分为 5 个阶段，即文件输入、Map 作业、临时文件生成、Reduce 作业、结果文件生成等，这 5 个阶段实际上由 6 个步骤组成，下面简单介绍这些步骤。

(1) 将用户程序分别复制到集群内的 Master 与 worker(就是前面说的 Slave)节点中，同时把输入文件分成若干份，图 12-2 中分成五份(split 0～split4)。

(2) Master 节点负责为空闲 worker 节点分配任务，如：有的 worker 节点被分配 Map 作业，有的被分配 Reduce 作业，为了减少数据内部通信，通常 worker 节点在执行完 Map 作业后，会被继续分配 Reduce 作业。

(3) 在分配到 Map 作业的 worker 节点读取对应的数据块，并从中抽取出<key,value>对，产生的键值列表被存放至内存中。

(4) 对于已计算完的<key,value>对会被定期写入本地磁盘，在写入过程中会将

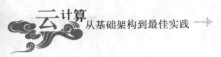

<key,value>键值对再分 N 个子区，并将每个<key,value>键值对所属的子区、worker 节点位置上报给 Master 节点。

(5) Master 通知执行 Reduce 作业的 worker 读取指定的 Map 作业产生的键值对，通常 Reduce 作业节点先会对远程读取到的键值对进行统一排序，再交给 Reduce 函数处理。

(6) 当 Reduce 作业节点完成处理后，将结果写入本地磁盘文件，当所有的 Map 与 Reduce 作业完成后，向用户端返回执行结果。

> **小总结**
>
> - Hadoop 是由 Java 编写的，但 MapReduce 任务不一定非要用 Java 编写，可以采用 C++、Python 等编写。
> - Map 作业处理一个输入数据分块，可能需要多次调用 map 函数来分析每个键值对。
> - Reduce 作业处理一个分区的中间键值对，期间要对每个不同的键调用一次 Reduce 函数，Reduce 作业最终只对应一个输出文件。

## 12.1.3  MapReduce 控制与命令

MapReduce 经常使用的控制命令包括运行 JobTracker 节点、运行 TaskTracker 节点、对已运行的 MapReduce 任务进行操作、查看运行任务队列等。

### 1. 运行 MapReduce 任务

通过 jps 命令可以查看当前运行的所有 Hadoop 任务。在 MapReduce 任务运行时，存在节点任务失效的可能，有时需要执行 MapReduce 任务启动命令，其中启动 JobTracker 的命令为 hadoop jobtracker；启动 TaskTracker 的命令为 hadoop tasktracker。

如下所示：

```
[root@master /]# jps
29148 DataNode
29033 NameNode
29259 SecondaryNameNode
7478 HMaster
29306 Jps
[root@master /]# hadoop jobtracker
12/10/15 10:52:09 INFO mapred.JobTracker: STARTUP_MSG:
/************************************************************
STARTUP_MSG: Starting JobTracker
STARTUP_MSG:   host = master.lb.rde.testlinux/172.16.11.208
STARTUP_MSG:   args = []
STARTUP_MSG:   version = 0.20.2
STARTUP_MSG:   build =
https://svn.apache.org/repos/asf/hadoop/common/branches/branch-0.20 -r
911707; compiled by 'chrisdo' on Fri Feb 19 08:07:34 UTC 2010
************************************************************/
12/10/15 10:52:40 INFO mapred.JobTracker: JobTracker up at: 9020
12/10/15 10:52:40 INFO mapred.JobTracker: JobTracker webserver: 50030
12/10/15 10:52:40 INFO mapred.JobTracker: Cleaning up the system directory
12/10/15 10:52:40 INFO mapred.JobTracker: problem cleaning system directory:
hdfs://localhost:9010/home/HadoopData/mapred/system
```

```
[root@master /]# hadoop tasktracker
12/10/15 10:54:38 INFO mapred.TaskTracker: STARTUP_MSG:
/************************************************************
STARTUP_MSG: Starting TaskTracker
STARTUP_MSG:    host = master.lb.rde.testlinux/172.16.11.208
STARTUP_MSG:    args = []
STARTUP_MSG:    version = 0.20.2
STARTUP_MSG:    build =
https://svn.apache.org/repos/asf/hadoop/common/branches/branch-0.20 -r
911707; compiled by 'chrisdo' on Fri Feb 19 08:07:34 UTC 2010
************************************************************/
[root@master /]# jps
29757 Jps
29656 TaskTracker
29148 DataNode
29033 NameNode
29346 JobTracker
29259 SecondaryNameNode
7478    ster
```

## 2. 查看队列

通过 hadoop queue 命令可以查看运行的任务队列及任务的具体信息，查看的命令有两个。一个是 hadoop queue –list，查看任务队列中所有的任务名；另一个是 hadoop queue -infor jobname –showJobs，查看具体某一任务名的运行信息。

这两个命令的使用方式如下所示：

```
[root@master /]# hadoop queue -list
Queue Name : default
Scheduling Info : N/A
[root@master /]# hadoop queue -info default
Queue Name : default
Scheduling Info : N/A
[root@master /]# hadoop queue -info default -showJobs
Queue Name : default
Scheduling Info : N/A
Job List
JobId  State  StartTime     UserName       Priority
SchedulingInfo
```

## 3. 管理 MapReduce 任务

针对 MapReduce 任务管理，Hadoop 提供了 job 命令，这个命令的功能包括查看当前运行任务列表、查看每个任务的运行信息、设置任务优先级、提交任务、关闭任务等。具体信息如下所示：

```
[root@master /]# hadoop job
Usage: JobClient <command> <args>
        [-submit <job-file>]
        [-status <job-id>]
        [-counter <job-id> <group-name> <counter-name>]
        [-kill <job-id>]
        [-set-priority <job-id> <priority>]. Valid values for priorities are:
            VERY_HIGH HIGH NORMAL LOW VERY_LOW
        [-events <job-id> <from-event-#> <#-of-events>]
        [-history <jobOutputDir>]
        [-list [all]]
        [-list-active-trackers]
```

```
[-list-blacklisted-trackers]
[-list-attempt-ids <job-id> <task-type> <task-state>]

[-kill-task <task-id>]
[-fail-task <task-id>]
```

这些命令的具体含义如下。

(1) -submit，提交任务，后面指定任务可执行文件名。

(2) -status，查看状态，打印指定任务的 map 与 reduce 过程完成率。

(3) -counter，打印计数器的值。

(4) -kill，杀死一个指定的作业。

(5) -set-priority，设置任务优化级，可选的值包括 VERY_HIGH HIGH(高)、NORMAL LOW(正常)、VERY_LOW(低)。

(6) -events，输出指定范围内指定任务接受到的事件列表与细节。

(7) -history，打印指定任务的全部作业细节。

(8) -list，显示作业，其中 list all 显示全部作业，list 只显示正在完成的作业，如下所示：

```
[root@master /]# hadoop job´-list
0 jobs currently running
JobId   State   StartTime      UserName      Priority
SchedulingInfo
[root@master /]# hadoop job -list all
0 jobs submitted
States are:
      Running : 1    Succeded : 2    Failed : 3    Prep : 4
JobId   State   StartTime      UserName        Priority
SchedulingInfo
```

(9) -list-active-trackers，显示当前存活的节点名列表，如下所示：

```
[root@master /]# hadoop job -list-active-trackers
tracker_master.lb.rde.testlinux:localhost.localdomain/127.0.0.1:21048
```

(10) -list-blacklisted-trackers，显示当前被禁用的节点列表。

(11) -list-attempt-ids，显示满足<作业、任务、状态>列表。如显示作业 1 中所有状态为 running 的 map 任务列表。

```
[root@master /]# hadoop job -list-attempt-ids 1 map running
```

(12) -kill-task，杀死指定的任务。

(13) -fail-task，使任务失败。

# 12.2　MapReduce 集群部署

MapReduce 任务需要运行于多节点的 Hadoop 集群，当然随着集群规模的增长，部署与优化的难度也随之上升。

本案例设计一个三节点的 Hadoop 集群，其中由一个节点承担名字节点、数据节点、任务节点、调度节点等任务；另外两个只承担数据节点与任务节点。

## 12.2.1　环境准备

三个节点的基本信息如表 12-1 所示。

表 12-1　主机列表

表 12-1　主机列表

| IP | 机器名称 | 操作系统 |
|---|---|---|
| 172.16.11.201 | m1.hadoop | RHEL6.0/2CPU/4GB 内存/40GB 硬盘 |
| 172.16.11.209 | s1.hadoop | RHEL6.0/2CPU/4GB 内存/40GB 硬盘 |
| 172.16.11.211 | s2.hadoop | RHEL6.0/2CPU/4GB 内存/40GB 硬盘 |

对三个节点进行网络地址配置、主机名称配置、DNS 解析配置，具体过程可参考上一章的相关内容，配置结果如下。

(1)　主机 m1.hadoop 的配置结果：

```
[root@m1 ~]# cat /etc/sysconfig/network-scripts/ifcfg-eth0 //查看 IP
DEVICE="eth0"
ONBOOT=yes
TYPE=Ethernet
BOOTPROTO=none
IPADDR=172.16.11.201
PREFIX=24
GATEWAY=172.16.11.254
HWADDR=00:50:56:AF:00:CF
[root@m1 ~]# cat /etc/hosts  //查看 DNS 配置
172.16.11.201   m1.hadoop
172.16.11.209   s1.hadoop
172.16.11.212   s2.hadoop
127.0.0.1       localhost.localdomain   localhost
 [root@m1 ~]# cat /etc/sysconfig/network  //查看主机名称配置
NETWORKING=yes
HOSTNAME=m1.hadoop
FORWARD_IPV4=yes
```

(2)　主机 s1.hadoop 的配置结果：

```
[root@s1 ~]# cat /etc/sysconfig/network-scripts/ifcfg-eth0
DEVICE="eth0"
NM_CONTROLLED="yes"
ONBOOT=yes
HWADDR=00:50:56:AF:00:D4
TYPE=Ethernet
BOOTPROTO=none
IPADDR=172.16.11.209
PREFIX=24
GATEWAY=172.16.11.254
 [root@s1 ~]# cat /etc/hosts
172.16.11.209   s1.hadoop
172.16.11.201   m1.hadoop
172.16.11.212   s2.hadoop
127.0.0.1       localhost.localdomain   localhost
 [root@s1 ~]# cat /etc/sysconfig/network
NETWORKING=yes
HOSTNAME=s1.hadoop
```

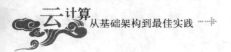

（3） 主机 s2.hadoop 的配置结果：

```
[root@s2 ~]# cat /etc/sysconfig/network-scripts/ifcfg-eth0
DEVICE="eth0"
NM_CONTROLLED="yes"
ONBOOT=yes
HWADDR=00:50:56:AF:00:D7
TYPE=Ethernet
BOOTPROTO=none
IPADDR=172.16.11.212
PREFIX=24
GATEWAY=172.16.11.254
 [root@s2 ~]# cat /etc/hosts
172.16.11.212   s2.hadoop
172.16.11.201   m1.hadoop
172.16.11.209   s1.hadoop
127.0.0.1       localhost.localdomain   localhost
 [root@s2 ~]# cat /etc/sysconfig/network
NETWORKING=yes
HOSTNAME=s2.hadoop
```

## 12.2.2 Java 环境安装

各节点的 Java 安装与配置过程参见上一章的相关内容。

## 12.2.3 SSH 配置

三个节点之间要实现相互之间免密码方式 SSH 登录，首先需要制作每个节点的公钥信息；其次将所有的公钥信息汇总到一个 authorized_keys 文件中；最后将这个文件部署于所有节点的指定用户~/.ssh/目录中。

根据上述三步设想，针对本集群的三个节点，制订如下流程。

（1） m1.hadoop 主机，创建 hadoop 账户(其他两个主机也要创建 hadoop 账户)，切换至 hadoop 用户空间，制作公钥对，并将公钥写入 authorized_keys 文件中，设定.ssh 与 authorized_keys 权限，同时将授权文件通过 scp 传至 s1.hadoop 节点。

具体操作如下：

```
[root@ m1 .ssh]# useradd hadoop  #创建账号
[root@ m1 .ssh]# passwd hadoop  #配置密码
[root@ m1 .ssh ]# su hadoop
[hadoop@m1 .ssh]$ssh-keygen
[hadoop@m1 .ssh]$chmod 700 ~/.ssh/
[hadoop@m1 .ssh]$ cat id_rsa.pub >> authorized_keys
[hadoop@m1 .ssh]$ chmod 600 authorized_keys
[hadoop@m1 .ssh]$ scp authorized_keys hadoop@s1.hadoop:/home/hadoop/.ssh/
```

（2） s1.hadoop 主机，针对 hadoop 账户创建公钥对，设定.ssh 目录权限，将公钥信息写入已存在的 authorized_keys 文件中，同时将授权文件通过 scp 传送至 s2.hadoop 节点。

详细操作如下：

```
[root@ s1 .ssh 5]# su hadoop
[hadoop@s1 .ssh]$ssh-keygen
[hadoop@s1 .ssh]$chmod 700 ~/.ssh/
[hadoop@s1 .ssh]$ cat id_rsa.pub >> authorized_keys
[hadoop@s1 .ssh]$ scp authorized_keys hadoop@s2.hadoop:/home/hadoop/.ssh/
```

（3）s2.hadoop 主机，创建 hadoop 用户的公钥对，设定.ssh 目录权限，将公钥信息写入 authorized_keys 文件中，此时 authorized_keys 已包括三个节点的公钥信息，将 authorized_keys 文件通过 scp 分别传送并替换 m1.hadoop 与 s1.hadoop 节点已有的授权文件，此时可实现所有节点的相互免密码登录访问。

详细操作如下所示：

```
[root@ s2 .ssh 5]# su hadoop
[hadoop@s2 .ssh]$ssh-keygen
[hadoop@s2 .ssh]$chmod 700 ~/.ssh/
[hadoop@s2 .ssh]$ cat id_rsa.pub >> authorized_keys
[hadoop@s2 .ssh]$ scp authorized_keys hadoop@s1.hadoop:/home/hadoop/.ssh/
[hadoop@s2 .ssh]$ scp authorized_keys hadoop@m1.hadoop:/home/hadoop/.ssh/
```

## 12.2.4　Hadoop 的安装

Hadoop 的安装过程在前面已有介绍，不同之处在于配置信息不同，以及如何将制作好的安装包分发至各个节点以节省整体部署时间。

安装过程如下。

（1）m1.hadoop 节点上安装 Hadoop 压缩包，配置/etc/profile 文件，配置 Hadoop 本地环境变量文件，具体过程请参见上一章相关内容。

（2）在 m1.hadoop 节点中的 Hadoop 目录下创建一个子目录 Tmp，用于保存临时文件。

```
[root@ m1local]# mkdir hadoop/Tmp
```

（3）配置 masters 文件。

```
[root@m1 conf]# cat masters
m1.hadoop
```

（4）配置 slaves 文件。

```
[root@m1 conf]# cat slaves
m1.hadoop
s1.hadoop
s2.hadoop
```

（5）配置 core-site.xml 文件，指定临时文件目录。

```
[root@m1 conf]# cat core-site.xml
<?xml version="1.0"?>
<?xml-stylesheet type="text/xsl" href="configuration.xsl"?>
<!-- Put site-specific property overrides in this file. -->
<configuration>
    <property>
        <name>fs.default.name</name>
        <value>hdfs://m1.hadoop:9010</value>
    </property>
     <property>
         <name>hadoop.tmp.dir</name>
            <value>/usr/local/hadoop/Tmp</value>
        </property>
</configuration>
```

（6）配置 hdfs-site.xml 文件，配置数据节点与名字节点的默认工作目录。

```
[root@m1 conf]# cat hdfs-site.xml
<?xml version="1.0"?>
```

```
<?xml-stylesheet type="text/xsl" href="configuration.xsl"?>
<!-- Put site-specific property overrides in this file. -->
<configuration>
    <property>
        <name>dfs.name.dir</name>
        <value>/usr/local/hadoop/Name</value>
    </property>
    <property>
        <name>dfs.data.dir</name>
        <value>/usr/local/hadoop/Data</value>
    </property>
    <property>
        <name>dfs.replication</name>
        <value>3</value>
    </property>
</configuration>
```

(7)　配置 mapred-site.xml 文件。

```
[root@m1 conf]# cat mapred-site.xml
<?xml version="1.0"?>
<?xml-stylesheet type="text/xsl" href="configuration.xsl"?>
<!-- Put site-specific property overrides in this file. -->
<configuration>
 <property>
        <name>mapred.job.tracker</name>
        <value>m1.hadoop:9020</value>
 </property>
</configuration>
```

(8)　配置权限。

```
[root@ m1local]# chmod 777 /var/local
[root@ m1local]# chown -R hadoop:hadoop /usr/local/hadoop/   #修改权限
```

(9)　将 Hadoop 目录拷贝至其他节点。

```
[root@ m1local]# scp -r /usr/local/hadoop s1.hadoop:/usr/local/
[root@ m1local]# scp -r /usr/local/hadoop s2.hadoop:/usr/local/
```

(10) 配置其他节点的权限

```
[root@ s1local]# chmod 777 /var/local
[root@ s2local]# chmod 777 /var/local
```

## 12.2.5　Hadoop 的启动与测试

对名字节点进行格式化，之后启动整个集群，并检测集群中的各进程是否启动成功。
操作过程如下：

```
[hadoop@m1 bin]$ hadoop namenode -format
[hadoop@m1 bin]$ ./start-all.sh
[hadoop@m1 bin]$ jps
30075 NameNode
30303 SecondaryNameNode
23098 Jps
30482 TaskTracker
30379 JobTracker
30191 DataNode
```

通过 dfsadmin 查看整个集群的运行状态：

```
 [hadoop@m1 bin]$ hadoop dfsadmin -report
Configured Capacity: 79349178368 (73.9 GB)
Present Capacity: 66640584704 (62.06 GB)
DFS Remaining: 66640535552 (62.06 GB)
DFS Used: 49152 (48 KB)
DFS Used%: 0%
Under replicated blocks: 0
Blocks with corrupt replicas: 0
Missing blocks: 0
-------------------------------------------------
Datanodes available: 2 (2 total, 0 dead)

Name: 172.16.11.201:50010
Decommission Status : Normal
Configured Capacity: 39674589184 (36.95 GB)
DFS Used: 24576 (24 KB)
Non DFS Used: 6120361984 (5.7 GB)
DFS Remaining: 33554202624(31.25 GB)
DFS Used%: 0%
DFS Remaining%: 84.57%
Last contact: Tue Jul 03 04:48:59 CST 2012

Name: 172.16.11.209:50010
Decommission Status : Normal
Configured Capacity: 39674589184 (36.95 GB)
DFS Used: 24576 (24 KB)
Non DFS Used: 6588231680 (6.14 GB)
DFS Remaining: 33086332928(30.81 GB)
DFS Used%: 0%
DFS Remaining%: 83.39%
Last contact: Tue Jul 03 04:49:00 CST 2012
```

通过 Web 方式可以更直观地查看各节点的运行信息，命令为 http://172.16.11.201:50070。其效果如图 12-3 所示。

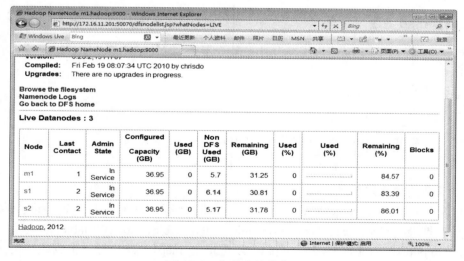

图 12-3　各节点的状态

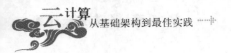

# 12.3 MapReduce 开发接口

本节将介绍 MapReduce 的开发接口，并通过示例介绍基于 Java API 开发 MapReduce 应用及基于 streaming 机制，利用 Shell、C/C++ 等语言开发 MapReduce 应用。

## 12.3.1 MapReduce 编程框架

用户根据需求向 Hadoop 集群提交一个 MapReduce 作业，Hadoop 集群会将这个作业分解成一系列的 map 与 reduce 任务，分发至各 TaskTracker 节点执行，并对运行结果与作业进度进行监测。

依照 MapReduce 框架，用户在执行上述 MapReduce 作业时，需要关注以下三点。

(1) map 函数编写：围绕 map 函数，需要定义信息的输入格式，map 函数只处理 <key,value>，这里需要指定 key 与 value 的数据类型，其中 value 可以是复杂的数据对象。

(2) reduce 函数编写：围绕 reduce 函数，需要定义输出格式，输出的格式也是 <key,value> 模式。

(3) 作业配置：设置作业的属性、名称、指定输入与输出的格式，指定 map 与 reduce 可执行代码的位置，指定输入与输出信息的位置等。

下面分别介绍这三个模块的编写框架。

### 1. 编写 map 方法

通常 map 以一个 Java 类的形式存在，它需要继承 Mapper 接口，并实现 Mapper 中的 map 方法。

map 方法的原型如下：

```
void map(K1 key,
    V1 value,
    OutputCollector<K2,V2> output,
    Reporter reporter
) throws IOException
```

这些参数的含义如下。

(1) K1 key 与 V1 value 是指 map 方法要处理的输入，其中 K1 与 V1 为数据类型，可以选择的数据类型包括 Text、DoubleWritable、IntWritable、LongWritable 等。

(2) OutputCollector<K2,V2> output，用于指定 map 方法执行后生成的结果，这里的 K2,V2 分别对应结果的键与值。

基于 Java 的 map 类编写框架如下：

```
public static class Map extends Mapper<K1, V1, K2,V2 > {
    public void map(K1 key, V1 value, OutputCollector<K2, V2> output,
        Reporter reporter)throws IOException, InterruptedException {
    }
}
```

## 2. 编写 Reduce 方法

与 Map 方法相类似，Reduce 同样以类的形式存在，它需要继承 Reducer 接口，并实现 Reduce 方法，其原型为：

```
void reduce(K2 key,
        Iterator<V2> values,
        OutputCollector<K3,V3> output,
        Reporter reporter
) throws IOException
```

这些参数的含义如下。

(1) K2 key 与 Iterator<V2> values，对应 Map 过程产生的输出，这里的 values 是一个列表，这是由于 Map 过程后对于同一个键(key)，可能会有多个输出值。values 里的值经由 Hadoop 对 Map 输出通过归并、排序后重新组织。

(2) OutputCollector<K3,V3> output，对应于 Reduce 的输出，也是最终的输出。最终的输出格式需要用户自定义。

基于 Java 的 Reduce 类编写框架如下：

```
public static class Reduce extends Reducer<K2, V2, K3,V3 > {
    public void reduce(K2 key,Iterator<V2> values, OutputCollector<K3, V3>
        output, Reporter reporter)throws IOException, InterruptedException {
    }
}
```

## 3. 作业配置

对执行的作业进行组织与配置，在 Java 接口中由 JobConf 类来配置，由 JobClient 运行，需要配置的选项如下。

(1) 初始化配置任务，指定任务主类名，配置任务名称。

```
new JobConf(new Configuration(),Job.class);
JobConf.setJobName("myjob");
```

(2) 设置 Map 与 Reduce 执行类。

```
JobConf.setMapperClass(Map.class);
JobConf.setCombinerClass(Reduce.class);
JobConf.setReducerClass(Reduce.class);
```

(3) 设置输入与输出路径。

```
FileInputFormat.setInputPaths(conf, new Path(args[0]));
FileOutputFormat.setOutputPath(conf, new Path(args[1]));
```

(4) 设定输入与输出格式。

```
JobConf.setInputFormat(SequenceFileInputFormat.class);
JobConf.setOutputFormat(SequenceFileOutputFormat.class);
JobConf.setOutputValueClass(IntWritable.class);
JobConf.setOutputKeyClass(Text.class);
```

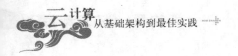
## 12.3.2 统计访问量的 Java 示例

互联网网站每天都有大量用户访问，因此会产生大量的访问日志，如何分析用户请求，计算出每天页面访问总量，单个页面的访问量、访问响应情况等是一项基础性工作。

这里设计一个 MapReduce 任务用于分析并处理访问日志，生成需要的统计数据，每天的访问日志如下所示：

```
20120909 a.htm 200
20120909 b.htm 200
20120909 c.htm 404
20120909 d.htm 200
20120909 a.htm 200
20120909 a.htm 200
20120909 d.htm 200
20120909 d.htm 200
20120909 a.htm 200
```

每一行代表一次请求，由三个字段组成，分别代表时间、访问页面名称和请求响应码。

### 1. 任务分析

编写这个 MapReduce 任务可以等同于查找每个单词出现的次数。如果单词是时间字段，则代表每天页面的访问量；如果是访问页面名称，则代表当天这个页面被访问的次数；如果是请求响应码 200，则可以标记当天访问成功的次数，若是 404 则代表当天访问失败的次数。

处理步骤如下。

(1) Map 类：将文件以空格、换行符为间隔，抽取成<key,1>格式，如<20120909,1>。

(2) Reduce 类：对一系列<key,1>进行整合与查找，如果 key 值相同，则相加后面的 value 值，最后归约生成的结果就是所有 key 的统计列表。

(3) AccessStat 类：用于配置任务。

### 2. 程序代码

Map.java 代码如下：

```java
import java.io.*;
import java.util.*;
import org.apache.hadoop.io.*;
import org.apache.hadoop.mapred.*;
import org.apache.hadoop.util.*;
import org.apache.hadoop.fs.*;

public class Map extends Mapper<LongWritable,Text,Text,IntWritable> {
    public void map(LongWritable key, Text value, OutputCollector<Text,
      IntWritable> output, Reporter reporter) throws IOException {
      try{
          String strMessage = value.toString();
          Text strKey = new Text();
          StringTokenizer tokenizer = new StringTokenizer(strMessage);
          while (tokenizer.hasMoreTokens()) {
              strKey.set(tokenizer.nextToken());
              output.collect(strKey,new IntWritable(1));
          }
```

```
        }catch(Exception e){
                e.printStackTrace();
        }
    }
}
```

Reduce.java 代码如下：

```java
import java.io.*;
import java.util.*;
import org.apache.hadoop.io.*;
import org.apache.hadoop.mapred.*;

public class Reduce extends Reducer<Text, IntWritable, Text, IntWritable>
{
    public void reduce(Text key, Iterable<IntWritable> values,
    OutputCollector<Text, IntWritable> output, Reporter reporter) throws
    IOException {
        try{
            int sum = 0;
            while (values.hasNext()) {
                sum += values.next().get();
            }
            output.collect(key, new IntWritable(sum));
        }catch(Exception e){
            e.printStackTrace();
        }
    }
}
```

AccessStat.java 代码如下：

```java
import java.io.*;
import java.util.*;
import org.apache.hadoop.conf.*;
import org.apache.hadoop.io.*;
import org.apache.hadoop.mapred.*;
import org.apache.hadoop.util.*;
import org.apache.hadoop.fs.*;

public class AccessStat {
    public static void main(String[] args) throws Exception{
        try{
            JobConf conf = new JobConf(AccessStat.class);
            conf.setOutputValueClass(IntWritable.class);
            conf.setOutputKeyClass(Text.class);
            conf.setMapperClass(Map.class);
            conf.setCombinerClass(Reduce.class);
            conf.setReducerClass(Reduce.class);
            conf.setInputFormat(TextInputFormat.class);
            conf.setOutputFormat(TextOutputFormat.class);
            conf.setJobName("AccessStat");
            FileInputFormat.setInputPaths(conf, new Path(args[0]));
            FileOutputFormat.setOutputPath(conf, new Path(args[1]));
            JobClient.runJob(conf);
        }catch(Exception e){
            e.printStackTrace();
        }
    }
}
```

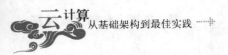
### 3. 程序编译

通过 javac 编译三个 Java 文件，编译的命令如下：

```
[root@master MapReduceEx01]# javac Map.java -classpath
/usr/local/hadoop/hadoop-0.20.2-core.jar -source 5
[root@master MapReduceEx01]# javac Reduce.java -classpath
/usr/local/hadoop/hadoop-0.20.2-core.jar -source 5
[root@master MapReduceEx01]# javac AccessStat.java -classpath
/usr/local/hadoop/hadoop-0.20.2-core.jar -source 5
```

通过 jar 对所有类文件进行打包，命令如下：

```
[root@master MapReduceEx01]# vi manifest.mf
Manifest-Version: 1.0
Class-Path: /usr/local/hadoop/hadoop-0.20.2-core.jar
Main-Class: AccessStat
[root@master MapReduceEx01]# jar cvf AccessStat *.class
adding: META-INF/ (in=0) (out=0) (stored 0%)
adding: META-INF/MANIFEST.MF (in=56) (out=56) (stored 0%)
adding: AccessStat.class (in=1699) (out=714) (deflated 57%)
adding: Map.class (in=1699) (out=714) (deflated 57%)
adding: Reduce.class (in=1699) (out=714) (deflated 57%)
Total:
------
(in = 5141) (out = 2720) (deflated 47%)
```

### 4. 程序运行

在 Hadoop 集群中创建目录 MapReduce01，创建输入文件[input.txt]，并上传至 Hadoop 集群中。

命令如下：

```
[root@master MapReduceEx01]# hadoop fs -mkdir /home/HadoopData/MapReduce01
[root@master MapReduceEx01]# vi input.txt
20120909 a.htm 200
20120909 b.htm 200
20120909 c.htm 404
20120909 d.htm 200
20120909 a.htm 200
20120909 a.htm 200
20120909 d.htm 200
20120909 d.htm 200
20120909 a.htm 200
[root@master MapReduceEx01]# hadoop fs -copyFromLocal  input.txt
/home/HadoopData/MapReduce01/input.txt
[root@master MapReduceEx01]# hadoop fs -lsr /home/HadoopData/MapReduce01
-rw-r--r--   1 root supergroup       172 2012-10-15 19:18
/home/HadoopData/MapReduce01/input.txt
[root@master MapReduceEx01]#
```

通过 Hadoop 命令可以执行 AccessStat.jar 任务，命令如下：

```
[root@master MapReduceEx01]# hadoop jar AccessStat.jar
/home/HadoopData/MapReduce01/input.txt
/home/HadoopData/MapReduce01/output
12/10/15 19:28:31 INFO mapred.FileInputFormat: Total input paths to process :
1
12/10/15 19:28:31 INFO streaming.StreamJob: getLocalDirs():
[/home/HadoopData/mapred/local]
```

```
12/10/15 19:28:31 INFO streaming.StreamJob: Running job: AccessStat
12/10/15 19:28:31 INFO streaming.StreamJob: To kill this job, run:
12/10/15 19:28:31 INFO streaming.StreamJob:
/usr/local/hadoop/bin/../bin/hadoop job
-Dmapred.job.tracker=localhost:9020 -kill AccessStat
12/10/15 19:28:31 INFO streaming.StreamJob: Tracking URL:
http://localhost.localdomain:50030/jobdetails.jsp?jobid= AccessStat
12/10/15 19:28:33 INFO streaming.StreamJob:  map 0%  reduce 0%
12/10/15 19:28:38 INFO streaming.StreamJob:  map 100%  reduce 0%
12/10/15 19:28:50 INFO streaming.StreamJob:  map 100%  reduce 100%
12/10/15 19:28:53 INFO streaming.StreamJob: Job complete: AccessStat
12/10/15 19:28:53 INFO streaming.StreamJob: Output:
/home/HadoopData/MapReduce01/ output
```

最后生成的结果如下：

```
[root@master /]# hadoop fs -cat
/home/HadoopData/MapReduce01/output/part-00000
    9 20120909
    4 a.htm
    1 b.htm
    1 c.htm
    3 d.htm
    8 200
    1 404
```

# 12.3.3　Streaming 机制示例

MapReduce 支持多种编程语言，默认是 Java 语言，若要使用其他编程语言，需使用 Hadoop 的其他编程机制。

Hadoop 提供了 Streaming、Pipes、Pydoop 编程机制，支持用其他语言编写 Map 与 Reduce 可执行文件或脚本，其中 Pipes 用于支持 C++，Pydoop 用于支持 Python 语言，Streaming 可以支持其他任何语言；这里介绍 Streaming 机制。

这里指的 Streaming 其实是一个 Java 可执行文件，它存放于下面的目录中。

```
$HADOOP_HOME/contrib/streaming/hadoop-0.20.2-streaming.jar
```

查看 Streaming 帮助文件：

```
[root@master streaming]# hadoop jar hadoop-0.20.2-streaming.jar
Usage: $HADOOP_HOME/bin/hadoop jar \
        $HADOOP_HOME/hadoop-streaming.jar [options]
Options:
  -input    <path>     DFS input file(s) for the Map step
  -output   <path>     DFS output directory for the Reduce step
  -mapper   <cmd|JavaClassName>      The streaming command to run
  -combiner <JavaClassName> Combiner has to be a Java class
  -reducer  <cmd|JavaClassName>      The streaming command to run
  -file     <file>     File/dir to be shipped in the Job jar file
  -inputformat
TextInputFormat(default)|SequenceFileAsTextInputFormat|JavaClassName
Optional.
  -outputformat TextOutputFormat(default)|JavaClassName  Optional.
  -partitioner JavaClassName Optional.
  -numReduceTasks <num> Optional.
  -inputreader <spec> Optional.
  -cmdenv   <n>=<v>    Optional. Pass env.var to streaming commands
  -mapdebug <path> Optional. To run this script when a map task fails
```

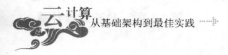

```
-reducedebug <path>  Optional. To run this script when a reduce task fails
-verbose
```

对比于 JobConf 配置，细心的读者能够发现一些端倪，Streaming 原理类似于 Java API 机制，用户使用其他语言编写出 Map 与 Reduce 脚本或可执行文件，通过在 Streaming 中配置 Map 与 Reduce 可执行程序或脚本路径、源数据输入、目标数据存放、输入的格式、输出的格式等信息，Streaming 会根据配置自动调用这些过程，并在调用时为 Map 提供输入，为 Reduce 提供 Map 产生的输出，并将最终的结果以指定格式存放在指定位置。

下面以一个简单的 Shell 脚本，介绍如何使用 Streaming 机制。

### 1. 基于 Shell 的 MapReduce 任务

基于 Shell 编写 Map 与 Reduce 脚本，其中 Map 脚本的作用是提取出 input.txt 中的每一个字符串，并顺次输出；Reduce 脚本的作用是统计这些字符串中相同的，并累计加 1。

(1) Map 脚本如下。

```
[root@master MapReduceShell]# cat Map
#!/bin/sh
cat $1 | awk '{print $1"\n"$2"\n"$3}'
```

Map 脚本是读取指定的输入文件，并按照字段的方式对各字符串进行分隔，顺次显示，执行 Map 脚本后输出：

```
[root@master MapReduceShell]# ./Map input.txt
20120909
a.htm
200
20120909
b.htm
200
20120909
c.htm
404
20120909
d.htm
200
20120909
a.htm
200
20120909
a.htm
200
20120909
d.htm
200
20120909
d.htm
200
20120909
a.htm
200
```

(2) Reduce 脚本如下。

```
[root@master MapReduceShell]# cat reduce
#!/bin/sh
sort | uniq -c
```

　　Reduce 脚本是通过 sort 进行归类排序后，通过 uniq 进行计数统计，并将结果输出，Rap 与 Reduce 配合的执行结果如下：

```
[root@master MapReduceShell]# ./Rap input.txt | ./reduce
    8 200
    9 20120909
    1 404
    4 a.htm
    1 b.htm
    1 c.htm
    3 d.htm
```

　　(3)　通过 Hadoop Streaming 机制执行 Map 与 Reduce 的过程中会指定输入的文件名、输出的目录、Map 与 Reduce 的位置。

　　具体执行效果如下：

```
[root@master streaming]# hadoop jar hadoop-0.20.2-streaming.jar -input
/home/HadoopData/MapReduceShell/input.txt -output
/home/HadoopData/MapReduceShe
ll/input  -mapper /home/MapReduceShell/Rap  -reducer
/home/MapReduceShell/Reduce
12/10/16 10:56:44 INFO mapred.FileInputFormat: Total input paths to process :
1
12/10/16 10:56:44 INFO streaming.StreamJob: Running job:
job_201210151057_0017
12/10/16 10:56:44 INFO streaming.StreamJob: To kill this job, run:
12/10/16 10:56:45 INFO streaming.StreamJob:  map 0%  reduce 0%
12/10/16 10:56:53 INFO streaming.StreamJob:  map 100%  reduce 0%
12/10/16 10:57:05 INFO streaming.StreamJob:  map 100%  reduce 100%
12/10/16 10:57:08 INFO streaming.StreamJob: Job complete:
job_201210151057_0017
12/10/16 10:57:08 INFO streaming.StreamJob: Output:
/home/HadoopData/MapReduceShell/input
```

　　最后生成的结果如下：

```
[root@master streaming]# hadoop fs -cat
/home/HadoopData/MapReduceShell/input/part-00000
    8 200
    9 20120909
    1 404
    4 a.htm
    1 b.htm
    1 c.htm
    3  d.htm
```

### 2. 基于 C++的 MapReduce 任务

　　同样可以通过 C++编写 MapReduce 任务。基于上面的示例，利用 C++编写 map 与 Reduce 两个可执行文件，代码分别如下。

　　**map.cpp：**

```
[root@master MapReduceC]# vi map.cpp
#include <stdio.h>
#include <string>
#include <iostream>
using namespace std;
```

```
int main(){
    string key;
    while(cin>>key){
        printf("%s\t%d\n",key.c_str(),1);
    }
    return 0;
}
[root@master MapReduceC]# g++ map.cpp -o map
```

### reduce.cpp:

```
[root@master MapReduceC]# vi reduce.cpp
#include <iostream>
#include <string>
#include <map>
#include <iterator>
using namespace std;

int main()
{
    string key;
    string value;
    map<string, int> mapValues;
    map<string, int>::iterator pKey;
    while(cin>>key)
    {
        cin>>value;
        pKey = mapValues.find(key);
        if(pKey != mapValues.end())
        {
            (pKey->second)++;
        }
        else
        {
            mapValues.insert(make_pair(key, 1));
        }
    }

    for(pKey = mapValues.begin(); pKey != mapValues.end(); ++pKey)
    {
            cout<<pKey->first<<"\t"<<pKey->second<<endl;
    }
    return 0;
}
[root@master MapReduceC]# g++ reduce.cpp -o reduce
```

### 执行以及查看结果如下：

```
[root@master streaming]# hadoop jar hadoop-0.20.2-streaming.jar -input
/home/HadoopData/MapReduceC/input.txt -output
/home/HadoopData/MapReduceC/out -mapper /home/MapReduceC/map -reducer
/home/MapReduceC/reduce
12/10/16 12:12:36 INFO mapred.FileInputFormat: Total input paths to process :
1
12/10/16 12:12:36 INFO streaming.StreamJob: getLocalDirs():
[/home/HadoopData/mapred/local]
12/10/16 12:12:36 INFO streaming.StreamJob: Running job:
job_201210151057_0020
12/10/16 12:12:36 INFO streaming.StreamJob: To kill this job, run:
12/10/16 12:12:38 INFO streaming.StreamJob:  map 0%  reduce 0%
12/10/16 12:12:44 INFO streaming.StreamJob:  map 100%  reduce 0%
```

```
12/10/16 12:12:56 INFO streaming.StreamJob: map 100%  reduce 100%
12/10/16 12:12:59 INFO streaming.StreamJob: Job complete:
job_201210151057_0020
12/10/16 12:12:59 INFO streaming.StreamJob: Output:
/home/HadoopData/MapReduceC/out
[root@master streaming]# hadoop fs -cat
/home/HadoopData/MapReduceC/out/part-00000
200      8
20120909         9
404      1
a.htm    4
b.htm    1
c.htm    1
d.htm    3
```

**小扩展**

- 有兴趣的读者可以使用其他语言，如 Python、Perl 等开发 MapReduce 作业。
- 改写上面的示例，统计与分析 Web 集群每天产生访问日志。

# 12.4　小　　结

本章重点介绍了 Hadoop MapReduce 的原理、工作流程、编程框架、编程流程、streaming 机制、命令与控制等内容，同时介绍了如何搭建多节点 MapReduce 集群运行环境、如何通过 C++、Java 及 Shell 编写 MapReduce 作业。

通过本章的学习读者应能够了解并掌握 MapReduce 的原理，开发基本的 MapReduce 作业等技能，从而加深对云计算的理解，并尝试在实际工作中运用这些技术。

# 第 13 章

## 非关系型数据库

【内容提要】

本章将介绍非关系型数据库，并以 Hadoop 平台的 HBase 为重点，介绍其原理、安装与配置、管理及外部编程接口等内容。通过本章的学习，读者应能够了解非关系型数据库的意义，并能够在未来高并发、大容量云计算业务中尝试使用非关系型数据库。

本章要点

- 非关系数据库简介
- 非关系数据库架构
- HBase 及关联软件集
- HBase 部署与管理
- HBaes 应用开发

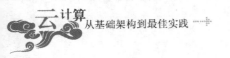

# 13.1　NoSQL

非关系型数据库主要基于 key-value 机制，适用于大规模、多并发、海量数据的处理，并且容易实现横向扩展。

## 13.1.1　NoSQL 介绍

传统的关系型数据库是基于 C/S 模式的，虽然通过机制改良，一定程度上能实现池化数据库集群，但对于越来越多的互联网海量非结构化数据处理、交互式 Web 应用，如微博、交友社区等应用，仍然力不从心，究其原因，有如下几点。

(1) 写并发能力无法得到飞跃式提升，当前的应用动辄面临数万、数十万并发写入，这对关系型数据库是巨大的压力。

(2) 无法灵活实现横向扩展能力，当应用面临爆发式增长时，无法通过集群节点扩展实现处理能力的线性增长。

(3) 随着关系型数据库集群节点数量的增长，会导致其管理与运维的复杂度成倍增长，最后往往面临失控的危险。

(4) 运营成本高，采用纯商用平台，使用与运维成本非常昂贵，如果在现有关系型数据库基础上实现云计算数据库，需要付出大量的时间与经济成本。

面临上述问题，业界推出一种称之为 NoSQL(非关系型数据库)的技术，其主要适用于海量数据的存储、处理与分析。

相比较于关系型数据库严密的数据模型理论，NoSQL 并不是一种严格意义上的数据库，它更像是一种分布式数据存储与访问系统。

这种系统有如下几个特点。

(1) 支持高并发读写，能够提供数万、乃至数十万并发读写能力，将读写分散到数据节点上，实现处理能力的线性增长。

(2) 高效的数据存储与查询，在数亿记录的关系型数据库中处理 SQL 查询是件极低效的事，但得益于 NoSQL 存储机制的灵活性，能够轻易实现数亿信息的快速存储与查询。

(3) 普适度高，扩展性强，关系型数据库集群往往架构于小型机、高性能服务器，而 NoSQL 可以基于最廉价的 PC 集群运行，当计算与存储能力面临瓶颈时，只需动态增加计算节点即可实现线性扩展，并且不会影响业务系统运转。

当然采用 NoSQL 并非是一件容易的事情，它也面临一些潜在的问题。

(1) 采用 NoSQL 后，上层的业务系统会面临架构级改动，在编程模式上也与传统机制有很大不同。

(2) NoSQL 没有关系数据库的事务一致性、多表级联查询等能力，对于数据持久性要求高的业务，并不适合于 NoSQL 环境。

(3) NoSQL 当前多是由开源项目贡献，对于一般的机构会面临后续技术支持不足的窘境。

事物总是存在两面性，对于云计算服务商或私有云管理者而言，NoSQL 将是一种基础的数据存取服务，是解决大规模数据处理的一种有效途径。当然这也要求运营方向用户提供尽可能简单与传统的接口满足现有业务系统的平滑过渡。

**小提示**

- 已有多家服务商提供关系数据库与 NoSQL 数据存取服务，用户通过连接串即可访问这些服务。
- 可以在自己的云计算环境中，通过虚拟主机搭建多节点的 NoSQL 集群，以统一的入口提供给用户，不同的用户使用不同的管理账号。
- 可以在自己的 Hadoop 集群中，实现分布式存储、分布式计算、Web 服务、NoSQL、RDBMS、虚拟化、数据灾备、互动社区、微博等纯开源平台的云计算业务。

## 13.1.2　NoSQL 原理

先简单介绍 CAP 定理，CAP 是 Consistency(一致性)、Availability(可用性)、Partition Tolerance(分区容忍性)的缩写，这三个词的含义如下。

(1) 一致性：在分布式环境下，任何一个读操作均能读到之前完成的写操作，特别是多进程环境下，一个进程写的数据能够被另一进程实时读到。

(2) 可用性：每一个操作均能在一定时间内完成，操作完成的时间是确定的。

(3) 分区容忍性：节点出现故障时，剩余环境仍能正常工作。

CAP 定理的意思是：在设计分布式系统时，无法同时满足上述三个条件，最多只能满足两个。

用户在建设分布式系统时会面临取舍。按照 CAP 定理，NoSQL 在设计原则上往往是先确保分区容忍性和可用性，弱化一致性或提供最终一致性承诺。这样做的好处是能够实现性能的横向扩展。

NoSQL 有多种数据模型，如列式 NoSQL、Key-value 机制、Document、图式结构存储、全文索引结构模型、有序 Key-Value 模型等。

下面介绍三类主要的数据模型。

### 1. Column-oriented

有一类 NoSQL 也是采用表的存储模型，但区别于传统关系型数据库面向行的模式，其采用面向列的方式进行存储。这种模型的好处是在用户对数据表进行查询时，并不会查询所有的列，往往只要求显示几列，在这种场景下通过列式存储能够很好地提升数据查询性能。另外将多个相似的列放置于同一存储区域，也能够提高列的存储与访问效率。通常在数据汇总、分析、数据仓库等应用环境下，可以采用列式存储的 NoSQL。

### 2. Key-value

Key-value 是 NoSQL 中最基本的数据存储机制，它的核心思路是 hash，一个 key(键值)对应于一个 value(结果值)，这样的好处是高并发写入与查询非常快，非常适合于基于主键的频繁的数据查询、编辑等操作。Key-value 机制本身比较简单，不支持复杂的事务操作。

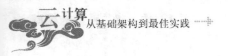

### 3. Document

Document 是基于 Key-value 机制发展而来的，这里的 value 可以是 XML、JSON 等格式文档。海量文档信息管理或者复杂语义环境下的文档管理，都可以采用这种 Document 的 NoSQL。

## 13.1.3　NoSQL 项目

当前有多个 NoSQL 项目在业界得到应用，比较知名的有 BigTable、Memcached、Redis、HBase、Cassandra、MongoDB、Membase、CouchDB、CouchBase 等，这些项目有的属于开源，有的属于机构自主开发。

下面介绍几个典型的 NoSQL 项目。

### 1. Redis

Redis 是一个高性能基于 Key-value 的数据库，它类似于 Memcached，可以应用于内存数据库环境。

Redis 支持多种 value 存储类型，如 string(字符串)、list(链表)、set(集合)和 zset(有序集合)等，对上述的数据类型均支持 push/pop、add/remove 及交集、并集、差集等操作，且这些操作都是原子性的。

在运行机制上，Redis 的数据操作均在内存中进行，与 Memcached 不同的是，Redis 会周期性地把已更新数据写入磁盘或将修改操作追加至记录文件，通过这种方式可以实现主从同步。根据单节点已知测试结果，在 CPU2.5GHz，Linux2.6 环境下，每秒可实现 110000 次 SET 操作，可实现 81000 次 GET 操作。

Redis 目前支持多种开发工具，如 Python、Ruby、PHP 等，它的 Logo 如图 13-1 所示。

图 13-1　redis logo

Redis 的官方网址为 http://redis.io/。

### 2. Cassandra

Apache Cassandra 是基于开源的分布式 NoSQL 数据库，它由 Facebook 开发，吸纳了 Google BigTable 基于列的数据模型与 Amazon Dynamo 的完全分布式架构等特性。自 2008 年 Facebook 将其开源后，Cassandra 在 Twitter 与 Digg 上得到了应用，并获得成功，使之成为当前比较著名的 NoSQL 数据库。

Cassandra 在原理上是由一堆数据库节点共同构成的一个分布式数据存储服务，对于任意一个写操作，Cassandra 都会将其复制到其他节点上，对于 Cassandra 的读操作，会以路由的形式到某个节点上读取。

Cassandra 的主要特点如下。

(1) 使用灵活，用户不需要提前设定所有字段，可以在系统运行后任意添加与删除字段，且不会影响系统运转。

(2) 可扩展性强，可根据业务压力动态增加集群中的节点，支持水平扩展。

(3) 支持多数据中心，可以通过调整节点分布来避免单数据中心失效，通常多数据中心机制能够更好地解决数据灾备。

Cassandra 的 Logo 如图 13-2 所示。

Cassandra 的官方网址为 http://cassandra.apache.org/。

### 3. MongoDB

MongoDB 是基于分布式文件存储的 NoSQL，它面向 WEB 应用，提供可扩展的高性能数据存储方案。

MongoDB 支持的数据结构非常松散，命名为 bson 格式，类似于 JSON，在这种格式下可以实现各种复杂数据类型的存储。在查询方面，Mongo 提供类似于面向对象的查询语言，功能强大，几乎可以实现类 SQL 单表查询的绝大部分功能，且支持对数据建立索引。

MongoDB 的主要特点如下。

(1) 面向集合存储，模式自由。

(2) 支持复制与故障恢复。

(3) 支持二进制数据存储，支持大型对象存储，如视频、文档等。

(4) 支持自动化碎片处理。

(5) 支持 Python、Ruby、Java、PHP 等多种语言。

MongoDB 的 Logo 如图 13-3 所示。

图 13-2　Cassandra logo

图 13-3　mongo DB logo

MongoDB 的官方网址为 http://www.mongodb.org/。

## 13.2　HBase 的基础操作

HBase 是基于 Hadoop 平台发布的可伸缩、可扩展、高可用的分布式 NoSQL 数据库，原理上它属于 Key-value 机制，运行于 HDFS 之上。

### 13.2.1　Hadoop 的 HBase

HBase 全称为 Hadoop Database，是一个面向列的分布式存储系统，它是 Google Bigtable 的开源实现。HBase 利用 Hadoop HDFS 作为底层文件存储层；利用 Hadoop MapReduce 作为数据处理层；利用 Zookeeper 保证节点之间的高可靠性。

Hadoop 中的 HBase 层次结构如图 13-4 所示。

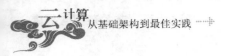

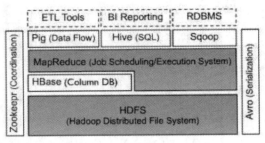

图 13-4 HBase 的层次结构

图 13-4 描述了 Hadoop 各组件的层次关系，这些组件的功能如下。

(1) HDFS 为 HBase 提供了高可靠性的底层分布式存储能力。

(2) MapReduce 为 HBase 提供了高性能分布式计算能力。

(3) Zookeeper 为 HBase 提供了稳定服务和 failover 机制。

(4) Pig 和 Hive 为 HBase 提供了高层语言支持，简化了数据统计工作。

(5) Sqoop 则用于将传统关系型数据库中的数据导入 HBase 中，实现数据平滑迁移。

(6) Avro 提供了大规模、高速二进制数据交换。

## 13.2.2　HBase 的安装与部署

在部署 HBase 之前，需要搭建 Hadoop 0.20 环境，在前面的章节安装并部署了单节点与多节点的 Hadoop 集群，这里以单节点为例，介绍 HBase 的安装与部署。

### 1. 环境介绍

单节点主机(Linux)，已安装部署 Hadoop 0.20 环境，当前安装的 HBase 版本为 0.90.5，下载地址为 http://labs.mop.com/apache-mirror/hbase/hbase-0.90.5/ 。安装包的名称为 hbase-0.90.5.tar.gz。

### 2. 解压缩与安装

将 HBase 安装包上传至 home 目录下，解压缩，同时将解压后的文件移动至 /usr/local/hbase 目录中。

具体操作命令如下：

```
[root@lb home]# tar zxvf hbase-0.90.5.tar.gz
[root@lb home]# cd hbase-0.90.5
[root@lb hbase-0.90.5]# ls
bin                     lib
CHANGES.txt             LICENSE.txt
conf                    NOTICE.txt
docs                    pom.xml
hbase-0.90.5.jar        README.txt
hbase-0.90.5-tests.jar  src
hbase-webapps
[root@lb hbase-0.90.5]# mv hbase-0.90.5 /usr/loca/hbase
```

### 3. 修改配置文件

在 hbase 目录中的 conf 目录下，找到 hbase-site.xml 文件，修改如下：

```
[root@lb conf]# vi hbase-site.xml
<?xml version="1.0"?>
<?xml-stylesheet type="text/xsl" href="configuration.xsl"?>
<configuration>
<property>
 <name>hbase.rootdir</name>
 <value>file:///home/HBaseData</value>
</property>
</configuration>
```

### 4. 启动并测试 HBase

在 HBase 中的 bin 目录下，运行./start-hbase.sh 可启动 Hbase 及相关功能组件，具体如下：

```
[root@lb bin]# ./start-hbase.sh
starting master, logging to
/usr/local/hbase/bin/../logs/hbase-root-master-lb.rde.testlinux.out
```

启动成功后，运行./hbase shell 可打开 Hbase 的 Shell 控制端，如下所示：

```
 [root@lb bin]# ./hbase shell
HBase Shell; enter 'help<RETURN>' for list of supported commands.
Type "exit<RETURN>" to leave the HBase Shell
Version 0.90.5, r1212209, Fri Dec  9 05:40:36 UTC 2011

hbase(main):001:0>
```

通常端口 60030 是 HBase 的 Web 状态查看端口，通过 http://IP:60030 可以查看其 Web 状态。具体效果如图 13-5 所示。

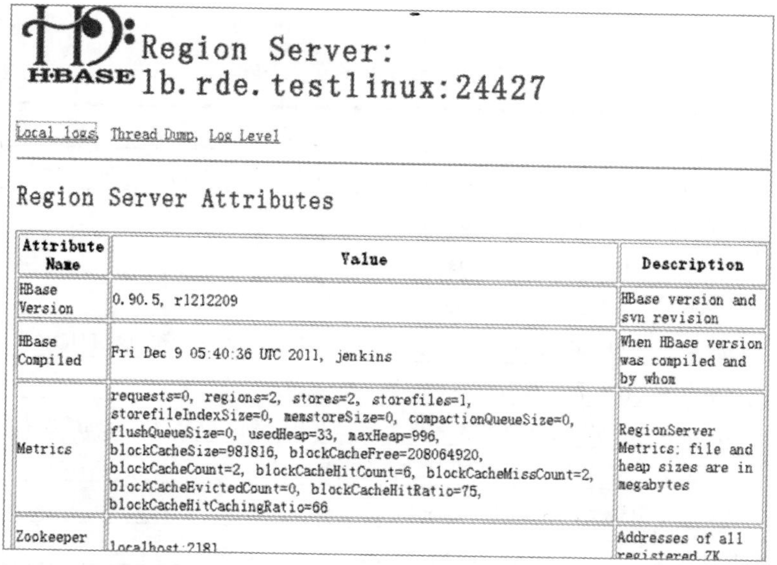

图 13-5　HBase Web 的状态

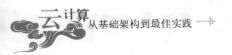

### 13.2.3 HBase 的常用命令

在 HBase Shell 环境中输入 help 命令，能够查看 HBase Shell 支持的所有命令。HBase Shell 支持以下五大类命令：

(1) 一般类命令，如查看状态、查看版本号。

(2) DDL 类型命令，如创建表、删除表、创建字段、删除字段。

(3) DML 类型命令，如插入记录、删除记录、查看记录、统计等。

(4) 工具类型命令，如用于调整与优化 HBase 性能。

(5) 复制类型命令，如用于加入新节点、管理新节点、复制停止与启动等。

具体的命令集合如下所示：

```
hbase(main):001:0> help
…
COMMAND GROUPS:
  Group name: general
  Commands: status, version
  Group name: ddl
  Commands: alter, create, describe, disable, drop, enable, exists,
    is_disabled, is_enabled, list
  Group name: dml
  Commands: count, delete, deleteall, get, get_counter, incr, put, scan,
    truncate
  Group name: tools
  Commands: assign, balance_switch, balancer, close_region, compact, flush,
    major_compact, move, split, unassign, zk_dump
  Group name: replication
  Commands: add_peer, disable_peer, enable_peer, remove_peer,
    start_replication, stop_replication
..
```

上述是 HBase 全部的命令。就正常管理而言，表 13-1 列出了常用的 HBase 命令及其含义。

表 13-1  HBase 的常用命令

| 命令名称 | 描　述 |
|---|---|
| create | 创建表，格式为：create '表名称', '列名称 1','列名称 2','列名称 N' |
| drop | 删除表，格式为：drop 'tableName' |
| enable | 使表可用，格式为：enable 'tableName' |
| disable | 使表不可用，格式为：disable 'tableName' |
| alter | 修改字段结构，格式为：alter '表名称', NAME => '字段名', METHOD => '操作类型' |
| put | 添加记录，put '表名称','行名称','列名称:', '值 |
| scan | 扫描全表，格式为：scan "表名称" ；扫描某一列，格式为：scan "表名称" , ['列名称:'] |
| get | 查看记录，格式为：get '表名称','行名称' |
| count | 用于统计记录数，格式为：count  '表名称' |
| delete | 用于删除记录，格式为：delete  '表名','行名称','列名称' |

查看某一分类所属命令集帮助信息的命令是 help "XXX"，如输入 help "DML"。若查看

某一具体命令，格式类似。

下面给出查看 help 命令的帮助信息：

```
hbase(main):013:0> help "put"
Put a cell 'value' at specified table/row/column and optionally
timestamp coordinates. To put a cell value into table 't1' at
row 'r1' under column 'c1' marked with the time 'ts1', do:

  hbase> put 't1', 'r1', 'c1', 'value', ts1
```

## 13.2.4　HBase 的命令实践

本小节通过对表、字段、记录等相关命令的实践，演示如何使用 HBase 创建与管理数据库。

### 1. 表创建

创建一张 infor 表，里面包括 ID、name、age 三个字段，具体命令如下所示：

```
hbase(main):005:0> create 'infor','id','name','age'
0 row(s) in 1.7780 seconds

hbase(main):006:0> list
TABLE
infor
1 row(s) in 0.0130 seconds
```

### 2. 表查看

查看创建的 infor 表的状态，如下所示：

```
hbase(main):008:0> describe 'infor'
DESCRIPTION
ENABLED
 {NAME => 'infor', FAMILIES => [{NAME => 'age', BLOOMFILTER => 'NONE',
REPLICATI true
 ON_SCOPE => '0', COMPRESSION => 'NONE', VERSIONS => '3', TTL => '2147483647',
BLOCKSIZE => '65536', IN_MEMORY => 'false', BLOCKCACHE => 'true'}, {NAME => 'id',
BLOOMFILTER => 'NONE', REPLICATION_SCOPE => '0', COMPRESSION => 'NONE', VERSI
ONS => '3', TTL => '2147483647', BLOCKSIZE => '65536', IN_MEMORY => 'false',
BLOCKCACHE => 'true'}, {NAME => 'name', BLOOMFILTER => 'NONE',
REPLICATION_SCOPE
=> '0', COMPRESSION => 'NONE', VERSIONS => '3', TTL => '2147483647', BLOCKSIZE
=> '65536', IN_MEMORY => 'false', BLOCKCACHE => 'true'}]]
1 row(s) in 0.0360 seconds
```

### 3. 记录添加

向 infor 表中添加两条记录：(1,liu,23)(2,li,33)，命令以列的形式分多次加入，具体命令如下所示：

```
hbase(main):011:0> put 'infor','1','id','1'
0 row(s) in 0.0080 seconds
hbase(main):012:0> put 'infor','1','name','liu'
0 row(s) in 0.0070 seconds
```

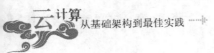

```
hbase(main):013:0> put 'infor','1','age','23'
0 row(s) in 0.0060 seconds
hbase(main):019:0> put 'infor','2','id','2'
0 row(s) in 0.0060 seconds
hbase(main):020:0> put 'infor','2','name','li'
0 row(s) in 0.0060 seconds
hbase(main):021:0> put 'infor','2','age','33'
0 row(s) in 0.0050 seconds
```

### 4. 表扫描

通过 scan 命令可以扫描出 infor 表的全部记录，如下所示：

```
hbase(main):022:0> scan 'infor'
ROW                         COLUMN+CELL
 1                          column=age:, timestamp=1349529509972, value=23
 1                          column=id:, timestamp=1349529546750, value=1
 1                          column=name:, timestamp=1349529502611,
value=liu
 2                          column=age:, timestamp=1349529574954, value=33
 2                          column=id:, timestamp=1349529563345, value=2
 2                          column=name:, timestamp=1349529569139,
value=li
2 row(s) in 0.0200 seconds
```

### 5. 查看某一行记录

通过 get 命令可以精细查看具体某一行或某一列的记录，如下所示：

```
hbase(main):024:0> get 'infor', '2'
COLUMN                      CELL
 age:                       timestamp=1349529574954, value=33
 id:                        timestamp=1349529563345, value=2
 name:                      timestamp=1349529569139, value=li
3 row(s) in 0.0160 seconds

hbase(main):026:0> get 'infor', '2','name'
COLUMN                      CELL
 name:                      timestamp=1349529569139, value=li
```

### 6. 记录修改

当前要修改 liu 的年龄为 25，命令如下所示：

```
hbase(main):029:0> put 'infor','1','age','25'
0 row(s) in 0.0140 seconds

hbase(main):030:0> get 'infor', '1'
COLUMN                      CELL
 age:                       timestamp=1349529915948, value=25
 id:                        timestamp=1349529546750, value=1
 name:                      timestamp=1349529502611, value=liu
```

### 7. 记录删除

通过 deleteall 可以删除整行。如下所示为删除第一行：

```
hbase(main):027:0> deleteall 'infor','1'
0 row(s) in 0.0070 seconds

hbase(main):028:0> scan 'infor'
ROW                         COLUMN+CELL
```

```
2                          column=age:, timestamp=1349529574954, value=33
2                          column=id:, timestamp=1349529563345, value=2
2                          column=name:, timestamp=1349529569139,
value=li
1 row(s) in 0.0340 seconds
```

### 8. 表字段调整

通过 alter 命令可以调整某些字段，如删除 id 字段，增加 address 字段。执行上述操作所经历主要步骤包括停用 infor 表、更新 address 字段、删除 id 字段、查看新表结构、启用 infor 表等。

具体如下：

```
hbase(main):030:0> disable 'infor'
0 row(s) in 2.0360 seconds

hbase(main):032:0> alter 'infor',NAME =>'address'
0 row(s) in 0.0280 seconds

hbase(main):033:0> alter 'infor',NAME => 'id',METHOD => 'delete'
0 row(s) in 0.0310 seconds

hbase(main):034:0> describe 'infor'
DESCRIPTION
ENABLED
 {NAME => 'infor', FAMILIES => [{NAME => 'address', BLOOMFILTER => 'NONE',
REPLI false
 CATION SCOPE => '0', VERSIONS => '3', COMPRESSION => 'NONE', TTL =>
'2147483647
 ', BLOCKSIZE => '65536', IN MEMORY => 'false', BLOCKCACHE => 'true'}, {NAME
=>
 'age', BLOOMFILTER => 'NONE', REPLICATION SCOPE => '0', COMPRESSION =>
'NONE',
 VERSIONS => '3', TTL => '2147483647', BLOCKSIZE => '65536', IN MEMORY =>
'false
 ', BLOCKCACHE => 'true'}, {NAME => 'name', BLOOMFILTER => 'NONE',
REPLICATION S
 COPE => '0', COMPRESSION => 'NONE', VERSIONS => '3', TTL => '2147483647',
BLOCK
 SIZE => '65536', IN MEMORY => 'false', BLOCKCACHE => 'true'}]}
1 row(s) in 0.0290 seconds

hbase(main):035:0> enable 'infor'
0 row(s) in 2.0280 seconds
```

### 9. 表删除

删除表需要先停止表的使用，再通过 drop 命令进行删除。如下所示：

```
hbase(main):042:0> disable 'infor'
0 row(s) in 2.0250 seconds

hbase(main):043:0> drop 'infor'
0 row(s) in 1.0590 seconds

hbase(main):044:0> list
TABLE
0 row(s) in 0.0060 seconds
```

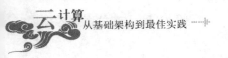

# 13.3 HBase 的数据模型与架构

本小节将介绍 HBase 的数据模型原理与架构，如 Key-value 机制、列存储机制、Table 与 region 模型、体系结构等内容。

## 13.3.1 HBase 的数据模型

HBase 采用 Key-value 机制的列式存储原理。HBase 本身由数据表组成，数据表包括行键值、时间戳、列簇等对象。

HBase 这些对象的定义如下。

● 行键值：对应于数据表中一行记录的索引，通过这个行索引值可以定位到这条记录。

● 时间戳：在一条记录中通过时间戳来区分列数据的最新变化，HBase 中对任一列的数据变化会通过时间戳进行记录，这种机制可以保证对数据变化的记录，可用于数据的多版本控制，默认显示的是最近时间戳的列值。

● 列簇：一行记录水平方向可以由多个列簇组成，一个列簇包括多个列，列簇本身是可扩展的；列簇中的所有列的值均以二进制形式进行存放，在使用这些值时需要用户自己进行类型定义与转换。

为帮助读者理解 HBase 的数据表存储格式，以表 13-2 为例，详细介绍它的存储方式。

表 13-2　HBase 数据表案例

| 行键值 | 时间戳 | 列簇(column family) | | | |
| (Row Key) | (TimeStamp) | id | name | age | address |
| R1 | t3 | | liu | | beijing |
| | t2 | | | 23 | |
| | t1 | 1 | tt | 22 | |
| R2 | t5 | | | | tianjing |
| | t4 | 2 | zhao | 33 | |

表 13-2 的含义如下。

(1) 这是一张用户创建的 infor 表。

(2) HBase 表的字段列由用户自定义及系统自带的行键值与时间戳两个字段共同构成。如 infor 表有四个自定义字段(id、name、age、address)。

(3) 记录由 Key-value 组成，其中行键值是指 key；用户在某一时刻(时间戳)更新的列字段的值构成 value。

(4) 通过 key 值可以定位到一条具体的记录的最新信息，通过在这条记录里比对时间戳可以追溯至用户每一次对列值的修改，当然用户可以一次对全部的列进行修改，也可以一次只修改一个或几个列。

以第一条记录 R1 为例，用户共计修改了三次，其中在 t1 时间更新了 id、name、age 的值；在 t2 时间更新了 age 的值；在 t3 字段更新了 name 与 address 的值；而此时如果针对这条记录进行全部信息查询，得到的结果是每个列的最近时间的修改值，为(1、liu、23、beijing)。若用户想查看 t3 时间之前的姓名，通过增加时间戳过滤机制可以找到之前的值。

通过上面的介绍，可以看出 HBase 具有灵活的列字段扩展性，甚至可以针对某些行自定义专用的列(其他行不用填充该列即可实现)，采用这种方式无疑大大提升了系统数据设计的灵活性；此外基于这种时间戳的设计，从机制上可缓解数据发生风险时信息回滚的问题，提升了数据的安全保护能力；最后基于列的机制也能够较好地解决单表高并发访问时由读写冲突导致的死锁问题。

## 13.3.2　HBase 的表与区域

HBase 管理的对象是表，但随着表规模的扩大(高达数 TB 时)，会带来查询与管理低效的问题。这时 HBase 针对表进行了再分解，将一个表分成若干个区域(Region)，每个区域单独存储表中的一部分记录，这些区域会自动分配至不同的计算节点上。

采用这种方式，HBase 与分布式计算环境很好地结合在一起，其数据处理性能会随着集群数量的增长而增长。

HBase 表与区域的关系如图 13-6 所示。

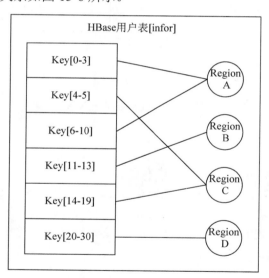

图 13-6　HBase 表与区域的分布

一张用户表根据规模可以对应多个区域，每个区域具体存储的记录通过行键值标记的区间进行确定，这里的区域可以分布于多个计算节点上。

对于用户的请求，首先通过查询记录位于的区间找到具体的区域，再将用户的请求定向到具体区域所在的计算节点进行处理，通过这种机制可以分担计算压力，降低全局计算与响应时间，充分发挥 Hadoop 集群的优势。

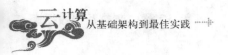
为了管理用户数据表，在 HBase 中有两个特殊的表，一个是表-ROOT-；另一个是表.meta。其中-ROOT-表用于记录.meta 表的 region 信息；而.mata 表用于记录所有用户表的 region 信息。

-ROOT-的位置信息由 Zookeeper file 记录，如图 13-7 所示，对于一次用户请求，完整的流程如下。

(1) 通过查询 ZooKeeper file 找到-ROOT-表的路径。

(2) 通过-ROOT-信息查找到.meta 表。

(3) 通过查找.meta 表，定位具体的用户表及其所处的区域。

(4) 与区域所属的节点交互，获取响应。

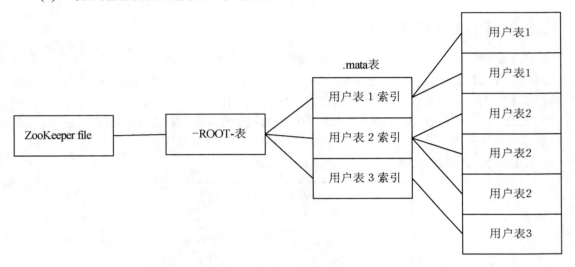

图 13-7　HBase 查询流程

> **小提示**
> - HBase 中的所有表均以文件形式存在。
> - -ROOT-表只有一个区域(Region)，.meta 表可以由多个区域组成。
> - HBase 表的存放地点位于 hbase.rootdir 所描述的目录中。
> - HBase 中各用户表的区域文件存放于各计算节点，借助 HDFS 对这些数据文件进行存储与多副本管理。

### 13.3.3　HBase 的系统架构

在系统架构方面，HBase 的各功能组件类似于 HDFS，由 ZooKeeper、HMaster、HRegionServer 组成。其中 HMaster 的作用类似于 HDFS 中的名字节点；HRegionServer 的作用类似于数据节点。整个 HBase 系统架构如图 13-8 所示。

HBase 各个组件的具体作用如下。

(1) 客户机同 HMaster、HregionServer 之间采用 RPC 机制进行通信，其中与 HMaster

进行控制信息交互；与 HRegionServer 进行数据信息交互。

(2) Zookeeper 存储-ROOT-与 HMaster 的位置，并感知 HMaster 的状态，当主 HMaster 出现问题时，可以启用备用 HMaster。

(3) HMaster 对用户数据表与区域进行管理，如响应对数据表的增加、删除、修改、查询；响应对区域的划分、区域的迁移。

(4) HRegionServer 用于响应用户对具体的数据流的读写操作，并转化成可被 HDFS 识别的语义与底层的 HDFS 进行交互。

(5) HRegion 从属于 HRegionServer，一个 HRegionServer 可以管理多个 HRegion；一个 HRegion 对应用户表中的一个区域；每个 HRegion 由多个 HStore 组成，一个 HStore 实质上是对应于数据表中的一个列簇(Column Family)。

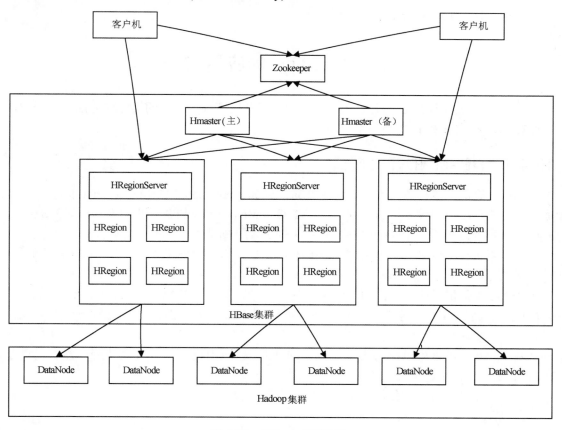

图 13-8　HBase 系统架构

HRegion 由 HLog(用于处理数据灾备与冗余)和多个 Store 文件(数据文件存放)组成。其中一个 Store 文件由一个 MemStore 与多个 StoreFile 组成。

HBase 底层数据文件最终依赖于 DataNode 节点，这些数据文件以分块的形式分散存放于 DataNode 节点中，副本数量依赖于 HDFS 配置文件中的设定。

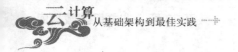
小提示

- HBase 执行数据写入、合并与拆分等操作。
- 数据客户端的请求先写入内存 (MemStore)中。
- MemStore 写满后，会刷新并形成一个 StoreFile。
- 当积累多个 StoreFile 时，会触发一次合并操作，形成一个 Store。
- 当积累 50 个左右 Store 后会形成一个 Region。
- 当一个 Region 持续被写满时，会触发拆分操作，形成两个 Region。
- 每个 Region 会分配至相应的 DataNode 节点上，最后会形成庞大数据量的 HBase 数据群。
- HBase 的数据量只增不减。

# 13.4  HBase 的应用实践

本小节将介绍 HBase 的开发接口、应用程序开发流程、常用的类库与方法。并介绍如何通过 Java 语言编写 HBase 应用程序。

## 13.4.1  HBase 的开发接口

HBase 提供了多种访问接口，包括 HBase Shell、Java API、Thrift Gateway(序列化技术，适合于异构环境下的编程语言访问)、REST Gateway(基于 HTTP API 的方式访问 HBase)、Pig、HIVE(通过编译成 Hadoop 任务调用 HBase 数据)等。

这里以 Java API 接口为重点，介绍 HBase 常用的 Java 开发接口、常用对象、程序流程、常用函数等。

HBase 中提供了比较全面的 Java API 访问接口，整个 API 包括对表、列簇、记录、列、区域的增、删、改、查等操作；另外还支持对 HBase 配置、监测、优化等方面的功能性操作。

基于 Java 语言可以编写出功能强大的 HBase 应用程序，并且这些程序能够借助于 Hadoop 集群进行快速执行。

下面介绍开发接口的使用、常用对象与方法集合。

### 1. 程序流程

使用 HBase Java API 开发 HBase 程序，通常有如下四个步骤：

(1) 通过 Configuration 建立 Zookeeper 的连接通道，端口是 2181，借助于 Zookeeper 的通道与 HBase 进行通信。

(2) 根据程序要求，可对 HBase 的 Java API 接口进行再封装与调用，借助于已建立起来的通道，传输控制流和数据流。

(3) 对上述两个步骤编写出的 Java 程序进行编译，并用 jar 工具将编译后的字节码打包成.jar 文件。

(4) 将生成的.jar 文件以任务的形式加载至 Hadoop 集群执行，并验证输出结果是否正确。

通常初始化配置的代码如下：

```
private static Configuration hbaseConf= null;
static {
        Configuration conf = new Configuration();
        conf.set("hbase.zookeeper.quorum", "127.0.0.1");
        conf.set("hbase.zookeeper.property.clientPort", "2181");
        hbaseConf = HBaseConfiguration.create(conf);
}
```

其中，hbaseConf 是全局配置管道，它与本地的 zookeeper 建立关系。访问需要体现服务器 IP 地址，也可以指定机器名称，默认服务端口号是 2181。不过具体信息还要参考 hbase-site.xml 文件中 hbase.zookeeper.quorum 与 hbase.zookeeper.property.clientPort 参数的配置。

### 2. API 的表与结构操作

API 中对用户数据表的管理是通过 HbaseAdmin 对象完成的，这个对象定义了表的创建、删除、状态禁用、状态启用等操作。

创建一张表的方法如下：

```
public void createTable(
    HTableDescriptor desc,
    byte[] startKey,
    byte[] endKey,
    int numRegions)
```

删除一张表方法如下：

```
public void disableTable(String tableName)
public void deleteTable(String tableName)
```

对表中列的管理，可以通过下面的方法完成(增、删、改)：

```
public void  modifyColumn(byte[] tableName, HColumnDescriptor descriptor)
public void  addColumn(String tableName, HColumnDescriptor column)
public void  deleteColumn(String tableName, String columnName)
```

对区域可以通过 split 方法进行拆分：

```
public void split(String tableNameOrRegionName, String splitPoint)
```

### 3. API 的数据操作

可以应用 HTable 对象管理数据的增加、删除与修改，如增加数据可以利用 put 方法，并应用 Put 对象构造要加入的数据。如下所示：

```
public void put(Put put)
```

同理可以调用 get 方法，获取某一指定行中所有列的值。如下所示：

```
public Result get(Get get)
```

对于数据的删除，可以调用 delete 方法。如下所示：

```
public void delete(Delete delete)
```

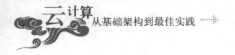

#### 4. 帮助

HBase 提供了大量的包、类及方法，限于篇幅无法一一介绍，对于有兴趣的开发者，可以通过下面的地址查找相应的 HBase Java 包：

http://hbase.apache.org/apidocs/overview-summary.html

也可以通过下面的地址查看所有的类：

http://hbase.apache.org/apidocs/allclasses-noframe.html

单击上面的链接可以查看具体类的描述、使用方式以及方法集合。如：这里查看 HBaseRPC 类(http://hbase.apache.org/apidocs/org/apache/hadoop/hbase/ipc/HBaseRPC.html)，效果如图 13-9 所示。

**Overview  Package  Class  Use  Tree  Deprecated  Index  Help**
**PREV CLASS    NEXT CLASS**
SUMMARY: NESTED | FIELD | CONSTR | METHOD

**org.apache.hadoop.hbase.ipc**
## Class HBaseRPC

java.lang.Object
  └ **org.apache.hadoop.hbase.ipc.HBaseRPC**

@InterfaceAudience.Private
public class **HBaseRPC**
extends Object

A simple RPC mechanism. This is a local hbase copy of the hadoop RPC so we can do things confusing it w/ hadoop versions.

图 13-9　HBaseRPC 类描述

## 13.4.2　HBase 应用开发实践

这里编写一个简单的 HBase 示例程序，帮助读者掌握 HBase 开发过程。示例的功能非常简单，即动态创建一张用户数据表 hbase_test，内有两个字段(f1、f2)；向数据表中添加三条记录。

#### 1. 程序开发

根据上面的需求，程序的结构如下。

(1)　建立一个名为 htest 的主类。

(2)　建立两个方法，一个是用于创建数据表；一个是用于添加记录。

(3)　在 main 函数时调用这些方法，完成对表的创建、记录的添加。

具体的代码如下：

```
import java.io.*;
import org.apache.hadoop.conf.Configuration;
import org.apache.hadoop.hbase.client.HBaseAdmin;
import org.apache.hadoop.hbase.HBaseConfiguration;
import org.apache.hadoop.hbase.HColumnDescriptor;
import org.apache.hadoop.hbase.HTableDescriptor;
import org.apache.hadoop.hbase.client.HTable;
import org.apache.hadoop.hbase.client.Put;
import org.apache.hadoop.hbase.util.Bytes;
```

```java
public class htest {

    private static Configuration conf = null;

    static {
        Configuration testconf = new Configuration();
        testconf.set("hbase.zookeeper.quorum", "127.0.0.1");
        testconf.set("hbase.zookeeper.property.clientPort", "2181");
        conf = HBaseConfiguration.create(testconf);
    }
    /**
     * 创建表
     */
    public static void CreatTable(String strTableName, String[] columns)
        throws Exception {
        HBaseAdmin hbTable = new HBaseAdmin(conf);
        if (hbTable.tableExists(strTableName)){
            System.out.println("Status: [Warnning] table already exists!");
        }
         else{
            HTableDescriptor desc = new HTableDescriptor(strTableName);
            for(int i = 0; i < columns.length; i++){
                desc.addFamily(new HColumnDescriptor(columns[i]));
            }
            hbTable.createTable(desc);
            System.out.println("Status: [Sucess] Create Table name [" +
                strTableName + "] ok...");
        }
    }

    /**
     * 插入一行记录
     */
    public static void InsertFieldValue(String strTableName, String rKey,
        String strFieldName, String strDesc, String strValue)
            throws Exception{
        try {
            HTable table = new HTable(conf, strTableName);
            Put put = new Put(Bytes.toBytes(rKey));
            put.add(Bytes.toBytes(strFieldName),Bytes.toBytes(strDesc),
                Bytes.toBytes(strValue));
            table.put(put);
            System.out.println("Status: [Sucess] insert recored " + rKey + "
                to table " + strTableName +" ok...");
        } catch (IOException e) {
            e.printStackTrace();
        }
    }

     /**
     * main 函数
     */
    public static void main (String [] agrs) {
        try {
            String strTableName = "hbase_test";
            String[] columns = {"f1", "f2"};
            htest.CreatTable(strTableName, columns);

            htest.InsertFieldValue(strTableName,"1","f1","","a");
            htest.InsertFieldValue(strTableName,"1","f2","","a1");
```

```
        htest.InsertFieldValue(strTableName,"2","f1","","b");
      htest.InsertFieldValue(strTableName,"2","f2","","b1");
        htest.InsertFieldValue(strTableName,"3","f1","","c");
      htest.InsertFieldValue(strTableName,"4","f2","","d1");

  } catch (Exception e) {
    e.printStackTrace();
  }
  }
}
```

### 2. 编译

通过 javac 对 htest.java 文件进行编译，通常的编译代码是 javac htest.java。

但这里需要注意一点，由于 htest.java 文件使用了 Hadoop 与 HBase 的一些开发包，因此需要指定这些开发包才能编译成功，这些包分别是：

```
hadoop-0.20.2-core.jar
hbase-0.90.5.jar
zookeeper-3.3.2.jar
```

具体编译命令如下：

```
[root@lb htest]# javac htest.java -classpath
/usr/local/hbase/hbase-0.90.5.jar:
/usr/local/hadoop/hadoop-0.20.2-core.jar:/usr/local/hbase/lib/zookeeper-
3.3.2.jar
[root@lb htest]# ls
htest.class  htest.java
```

### 3. 打包

将编译后的字节码文件通过 jar 命令打包成 jar 文件，这里需要先编写 jar 描述文件，名称为 manifest.mf。

编辑这个文件，需要填充版本号( Manifest-Version)、所用类库的目录(Class-Path)、主类名称(Main-Class)，这些字段要用 ":+空格" 的方式跟后面的值隔开；另外在 Main-Class 后面要空出一行。具体如下所示：

```
[root@lb htest]# vi manifest.mf
Manifest-Version: 1.0
Class-Path: /usr/local/hbase/hbase-0.90.5.jar
/usr/local/hadoop/hadoop-0.20.2-core.jar
/usr/local/hbase/lib/zookeeper-3.3.2.jar
Main-Class: htest

[root@lb htest]# ls
htest.class  htest.java  manifest.mf
```

通过 jar 命令执行打包操作，具体如下：

```
[root@lb htest]# jar -cvf htest.jar htest.class
adding: META-INF/ (in=0) (out=0) (stored 0%)
adding: META-INF/MANIFEST.MF (in=56) (out=56) (stored 0%)
adding: htest.class (in=2938) (out=1475) (deflated 49%)
Total:
------
(in = 2982) (out = 1849) (deflated 37%)
[root@lb htest]# ls
```

htest.class  htest.jar  htest.java  manifest.mf

## 4. 运行与测试

将生成的 htest.jar 文件加载至 Hadoop 集群，以任务的形式执行。加载的命令如下：

```
hadoop jar htest.jar htest
```

具体的执行结果如下所示：

```
[root@lb htest]# hadoop jar htest.jar htest
12/10/10 17:13:15 INFO zookeeper.ZooKeeper: Client
environment:host.name=lb.rde.testlinux
12/10/10 17:13:15 INFO zookeeper.ZooKeeper: Client
environment:java.version=1.6.0_25
12/10/10 17:13:15 INFO zookeeper.ZooKeeper: Client
environment:java.io.tmpdir=/tmp
12/10/10 17:13:15 INFO zookeeper.ZooKeeper: Client
environment:java.compiler=<NA>
12/10/10 17:13:15 INFO zookeeper.ZooKeeper: Client
environment:os.name=Linux
12/10/10 17:13:15 INFO zookeeper.ZooKeeper: Client environment:os.arch=i386
12/10/10 17:13:15 INFO zookeeper.ZooKeeper: Client
environment:user.name=root
12/10/10 17:13:15 INFO zookeeper.ZooKeeper: Client
environment:user.home=/root
12/10/10 17:13:15 INFO zookeeper.ZooKeeper: Client
environment:user.dir=/home/HBaseJava/htest
Status: [Sucess] Create Table name [hbase_test] ok...
Status: [Sucess] insert recored 1 to table hbase_test ok...
Status: [Sucess] insert recored 1 to table hbase_test ok...
Status: [Sucess] insert recored 2 to table hbase_test ok...
Status: [Sucess] insert recored 2 to table hbase_test ok...
Status: [Sucess] insert recored 3 to table hbase_test ok...
Status: [Sucess] insert recored 4 to table hbase_test ok...
```

执行完后，可以通过 HBase Shell 进行验证、查看表及记录是否操作成功，如下所示：

```
hbase(main):004:0> list
TABLE
hbase_test
infor
2 row(s) in 0.0080 seconds

hbase(main):005:0> describe 'hbase_test'
DESCRIPTION
ENABLED
 {NAME => 'hbase_test', FAMILIES => [{NAME => 'f1', BLOOMFILTER => 'NONE',
REPLICATION_SCOPE => ' true
 0', COMPRESSION => 'NONE', VERSIONS => '3', TTL => '2147483647', BLOCKSIZE
=> '65536', IN_MEMORY
 => 'false', BLOCKCACHE => 'true'}, {NAME => 'f2', BLOOMFILTER => 'NONE',
REPLICATION_SCOPE =>
 0', COMPRESSION => 'NONE', VERSIONS => '3', TTL => '2147483647', BLOCKSIZE
=> '65536', IN_MEMORY
 => 'false', BLOCKCACHE => 'true'}]}
1 row(s) in 0.0120 seconds

hbase(main):006:0> scan 'hbase_test'
ROW                        COLUMN+CELL
 1                          column=f1:, timestamp=1349860397066, value=a
 1                          column=f2:, timestamp=1349860397068, value=a1
```

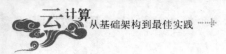

```
2               column=f1:, timestamp=1349860397070, value=b
2               column=f2:, timestamp=1349860397071, value=b1
3               column=f1:, timestamp=1349860397072, value=c
4               column=f2:, timestamp=1349860397073, value=d1
4 row(s) in 0.2250 seconds
```

# 13.5 小　　结

　　本章首先介绍了非关系型数据库的背景、原理、架构及相关的开源平台；之后以 HBase 为实例，讲解了 HBase 的架构、原理、数据模型、常用的 Shell 命令及其使用；最后介绍了 Java API 开发接口，以及如何通过 Java 编写 HBase 应用程序。

　　通过本章的学习，读者应能够对非关系数据库有一定的认识，能够部署与使用 HBase 平台，开发简单的 HBase 应用程序。有兴趣的读者不妨扩展一下，解决集群环境下的 HBase 部署问题、借助于 HDFS 与 HBase 解决相对复杂的大数据处理问题。